Junk DNA

隐形的遗传密码

(Nessa Carey)
[英] 妮莎 · 凯里 / 著　　祝锦杰 / 译

中信出版集团 | 北京

图书在版编目（CIP）数据

隐形的遗传密码 /（英）妮莎 · 凯里著；祝锦杰译
. -- 北京：中信出版社，2023.4

书名原文：Junk DNA: A Journey Through the Dark
Matter of the Genome

ISBN 978-7-5217-5444-5

I. ①隐… II. ①妮… ②祝… III. ①遗传学－普及
读物 IV. ① Q3-49

中国国家版本馆 CIP 数据核字（2023）第 036613 号

Junk DNA: A Journey Through the Dark Matter of the Genome by NESSA CAREY

隐形的遗传密码
著者：　［英］妮莎 · 凯里
译者：　祝锦杰
出版发行：中信出版集团股份有限公司
（北京市朝阳区东三环北路 27 号嘉铭中心　邮编　100020）
承印者：　宝蕾元仁浩（天津）印刷有限公司

开本：880mm × 1230mm 1/32　　印张：11.75　　字数：228 千字
版次：2023 年 4 月第 1 版　　印次：2023 年 4 月第 1 次印刷
京权图字：01-2023-0085　　书号：ISBN 978-7-5217-5444-5
定价：69.00 元

献给阿比·雷诺兹，你总是陪在我的身边

献给谢尔顿，很高兴再次见到你

目录

推荐序

1990 年，人类基因组计划正式启动。这个被誉为生命科学“登月计划”的人类科学史上的伟大工程，旨在测定组成人类基因组DNA中 30 亿个碱基对的序列，从而破译人类的遗传信息。伴随着这项历时 13 年耗资 30 亿美元的工程宣告完成，科学家们发现了一些令人震惊的现象。与曾经在公众中广为流传的预期大相径庭，科学家们无法在人类基因组中发现“10 万个”基因，目前公认的数值是大约只有 2 万个编码蛋白质的基因。这说明虽然人类基因组的容量比线虫、果蝇和小鼠都要大得多，但是它们能够编码蛋白质的基因数量差不多。换句话说，没有用于编码蛋白质的DNA序列在基因组中的比例高达 98%，这简直可以用令人震惊来形容。这些大量的非编码序列曾经被称为“无用”DNA，它们就像一片片荒漠，一度被认为无关紧要，也无人探索。然而，这些“无用”DNA并不是无用的。也许，很多关系人类健康、决定人类与其他物种差异的信息就储存在这大量尚未开采的“荒漠”中。

作为生命科学的研究者，我常常感到自己对生命体了解得越多，却越发现自己的无知。人类基因组计划的发现也很好地诠释了这一现象。对生命现象的理解一次又一次挑战着我们的认知，探索一个新的研究领域，时常需要勇敢地面对来自经典理论和科学界同行的质疑。对“无用”DNA的研究也经历着这样的过程。我很欣喜地看到了《隐形的遗传密码》这本书对这一新兴领域的翔实介绍。从翻开这本书的那一刻起，我就被作者对于生物学现象和疾病研究史的讲解迷住了。这本书的作者非常巧妙地运用了各种比喻，对原本晦涩难懂的生物学知识进行了生动的讲解。开篇作者即将DNA的遗传信息比喻为“世界上最卓越的剧本”，并且通过在莎士比亚的作品中加入大量的无意义字符，完美地诠释了基因组中编码蛋白质的序列淹没在海量的“无用”DNA中的现象。再比如，作者用“带云梯的消防车”比喻对细胞分裂起重要作用的纺锤体和纺锤丝；用“木头和木屑”说明长链非编码RNA有可能是基因表达时的协同产物。每每读到这些比喻，我都不禁拍案叫绝！在此就不过多剧透，相信每一位读者都能爱上这本可读性非常强的科普书。

科普书籍在我心中有着很重的分量。小的时候，我家里有一套《十万个为什么》，里面所介绍的各种自然现象、人体的生理现象等都对我有着极大的吸引力。我闲暇时会抱着这套书反复看，以至于书的扉页都被翻破了。我很想借此机会推荐各位学子，以及各位家长鼓励孩子们多阅读科普书籍。它给予我们探索未知的启蒙，解答了我们对自然、对人类自身的那些“为什么”。它极大程度地保护着我们最初始、最纯粹的好奇心。而好奇心正是这些年来帮助和支持我一步步走在生命科学研究道路上的基石。

小时候，我很喜欢蹲在地上观察蚂蚁，看它们是怎样在发现食物后回到洞穴里召唤同伴，又是怎样分割了食物，再排着队把食物运回家的。

我也经常会好奇，树叶为什么会变黄，为什么会脱落。自然界的生命如此神奇，我有太多的不理解、太多的好奇。现如今，我从事细胞生物学研究，更感叹于细胞内所有过程的精细调控。为什么这么多的蛋白质能够有序地协同合作？这些神奇而美妙的过程就如同是早就设计好的一般。好奇心驱动的科学探索是有趣而充满魅力的。它仿佛是一次次智力挑战，先提出假设，进而设计和开展实验，再通过实验结果对假设进行修正以及再次实验。每一次等待实验结果的时候都令人充满希望，很期待看到结果究竟是怎么样的。更别提那些对实验现象绞尽脑汁、百思不得其解之后灵光一现的开悟，以及对生命现象有了新的发现和认知时的激动和狂喜。

感谢中信出版·鹦鹉螺团队，你们出版的一系列科普书籍让科学变得有魅力、有温度。我真切地希望《隐形的遗传密码》这本书能够在某个正在阅读它的学子心中埋下科学的种子，希望在不久之后这颗种子会发芽、开花，他/她会笃定地说“长大了我也想做科学家”。希望更多的人能够与科学同行！

刘颖

2023 年春

中文版新版序言

当一名就前沿科学领域展开写作的科普作家，有时是一件很可怕的事。你的本意是让读者了解某个新兴领域，向他们介绍激动人心的最新进展。可是，如果你的步子迈得太大了该怎么办？你总是会害怕，担心自己在热闹的起哄声里对一个新领域大书特书，结果几年之后，你和你的预言却悉数沦为笑话。

对于我而言，这正是我在创作《隐形的遗传密码》这本书时内心的真实写照。首先，在分子生物学领域，没有人能给“无用”DNA下一个公认的定义，所以，这本书的内容注定会惹恼部分专业人士。而对非专业人士来说，要理解为什么基因组里的非编码序列能受到如此多的关注其实并不容易，毕竟从概念上来看，它们在基因组里的地位似乎无足轻重。

距离我动笔写《隐形的遗传密码》已经过去了 8 年，幸好我的预言和主张都没有落空。科学家还在不断地发现非编码序列扮演的新角色，它们的重要性也在与日俱增。如今，进入DNA世界的年轻科学家完全能够认同：把98%的基因组序列排除在研究之外是没有道理和狭隘的。这种趋势不仅让生物学美丽的复杂性增色不少，也促成了新的治疗技术。

这种变化不仅仅是时间推移的结果，三种关键技术的应用也功不可没，它们都在过去几年间取得了长足的进步，并且日臻成熟。这三种技术分别是高通量测序、人工智能（机器学习），以及CRISPR（规律间隔成簇短回文重复序列）技术，即基因编辑。

当效率和敏感性不断提高的DNA测序技术遇上分析能力强大的人工智能时，美妙的研究成果便开始涌现。科学家不再对高度复杂的数据集束手无策，而是能解析出特定的DNA序列与疾病之间的关联，这在10年之前甚至难以想象。变化是如此之大，以至于现在我们已经能够识别与复杂疾病相关的基因组“签名”了，在这种情况下疾病与多个DNA片段有关，但每个片段的影响都很小。类似的疾病信号位点越来越多地落在神秘的“无用”序列内，而不是编码蛋白质的区域。

在此仅举一例，以作说明。普林斯顿大学的周謇（音译）与合作者一起，调查了2 000多个孤独症家庭。在他们发现的与孤独症有关的关键性DNA中，位于编码序列内的和位于“无用”序列内的几乎一样多。他们还利用机器学习对这些非编码序列的功能进行了预测，结果显示，绝大多数都能影响编码蛋白质的基因的表达。类似这样的研究可以帮助我们更加全面地认识DNA的工作方式，以及它在复杂疾病的发生中所扮演的角色。新的研究带来了新的假设，在神经多样性及其他复杂的精神病症领域，我们之前几乎已经没有可以深入研究的新观点了。

“无用”DNA的重要性日益凸显的另一个研究领域是癌症研究。这涉及人类基因组最令人迷惑的某些特征，包括巨量的DNA重复序列，其中许多都是古老的病毒在感染人体后残留的碎片。伦敦的科学家发现，这些重复序列会在细胞分裂时阻碍DNA的复制，为危险的突变创造机会。其他类型的“无用”DNA也在癌症的发生中起作用，相关的证据在过去的几年间显著增加。我们还渐渐看到，各种各样的非编码RNA在肿瘤的发生和发展以及癌细胞的耐药性中发挥着各自的作用。

或许，没有什么比投入新型治疗技术的研发经费数目更能反映我们对于“无用”DNA的巨大改观。保守估计，这个领域的投入已经达到了数百亿美元的级别。各种“无用”DNA的表达可以作为癌症患者分期的生物标志物，不仅能为制定最合适的治疗方案提供参考，还能用于甄别哪些患者最有可能对标准的一线疗法产生耐受。此外，有临床试验正在测试将“无用”DNA序列直接作为抗癌药物的效果。

因为“无用”DNA的数量实在是太多了，再加上就某个个体的某种疾病而言，基因组的许多区域都可能与之有关，所以科学家面临的问题是如何确定哪些区域在发挥关键的作用，以及如何验证他们的猜想是否正确。10年之前，这是一个过于困难且工作量过于庞大的问题。但CRISPR/基因编辑技术的发明彻底颠覆了这个领域。基因编辑能够以不可思议的低廉成本、速度和简便性，实现对DNA序列的精确修改，让科学家可以快速检验自己的想法。大数据科学家利用测序和分析工具，识别并筛选可能有关联的“无用”DNA序列，然后把备选的结果交给一线的实验室科学家，后者再用CRISPR技术检验哪些“无用”序列的生物学意义最大。能够通过这种方式检验与基因组相关的假设，是这个领域从理论研究走向实证研究的关键，它在消除围绕“无用”DNA重要性的疑云的过程中扮演了不可或缺的角色。

CRISPR技术不仅加快了我们对生物学的认识，还给某些从前难以治愈的绝症带来了新的疗法。科学家正在研究用CRISPR治疗一大类由

“无用”DNA的变异造成的疾病。在这些疾病中，单单一个变异就足以导致发病，而且病症往往非常严重。这种修正“无用”DNA的治疗方法还在研究当中，从一种遗传性失明到一种早衰，针对形形色色的疾病进行研究。虽然相关的研究刚刚起步，但已经出现了令人信服的成果。

最值得一提的例子是镰状细胞贫血，这是一种红细胞的病变。患者的生活质量很差，症状痛苦且致命，经常需要住院治疗。一家生物技术公司找到了一种用CRISPR技术修改患者的某段非编码DNA的治疗方法。这改变了某个关键基因的表达，使患者获得了产生正常红细胞的能力。治疗的效果十分惊人，参与试验的患者们已经健康地生活了一年多的时间，而在此前，他们每个月至少要去一次医院。如此巨大的差异，仅仅源于“无用”DNA上一处小小的改变。

我们还有很多需要学习的东西。基因表达的调控网络极其复杂，光是想要弄清单个细胞内全部的调节回路和网络就已经非常困难了，更不用说整个人体。但是，科学家正在努力地进行跨学科研究，尤其是数学家和生物学家之间的相互学习，可谓成果斐然，卓有成效。我很高兴看到，在短短数年的时间内，“无用”DNA从无关紧要的基因组垃圾，变成了生命这场伟大游戏中的重磅玩家。

妮莎·凯里

2023年3月

序言

基因组的暗物质

我们来设想有这样一部剧本，它可以是戏剧、电影或者电视剧。有人爱读书，自然就有人会读剧本，这不是什么稀罕事。剧本的价值在于它可被用于创造另一部作品，它不仅仅是一串文字。让演员念出台词，做出动作，才是剧本真正的功能。

如此说来，DNA（脱氧核糖核酸）可以算是世界上最卓越的剧本。只用区区 4 个字母，它就编码了地球上的万千生物，从细菌到大象，从啤酒酵母到蓝鲸。不过，试管里的DNA非常无聊，它没有任何功能。只有在细胞或者生物体内发挥作用时，DNA才能表现出神奇的一面。DNA是合成蛋白质的密码，而生物需要靠这些蛋白质进行呼吸、摄食、排泄、繁殖，正是这些生理活动让生命显得如此独特。

蛋白质非常重要，以至于 20 世纪的科学家曾用蛋白质来定义“基因”这个概念：基因被认为是一段能够编码蛋白质的DNA序列。

我们来说说有史以来最著名的剧作家之一——威廉·莎士比亚。在莎士比亚去世后，英语经历了数百年的演变，这也是莎士比亚的作品对现代人来说稍显晦涩的原因。即便需要花时间适应，读者也不至于怀疑莎士比亚的写作水平。我们相信，他用的每个词都恰到好处，让演员可以基于剧本精彩地演绎。

打个比方，莎士比亚不可能写出这样的文字：

vjeqriugfrhbvruewhqoerahcxnqowhvgbutyunyhewq
icxhjafvurytnpemxoqp[etjhnuvrwwwebcxewmoipzo
wqmroseuiednrcvtycuxmqpzjmoimxdcnibyrwvyteb
anyhcuxqimokzqoxkmdcifwrvjhentbubygdecftywer
ftxunihzxqwemiuqwjiqpodqeotherpowhdymrxname
hnfeicvbrgytrchguthhhhhhgcwouldupaizmjdpq
smellmjzufernnvgbyunasechuxhrtgcnionytuiongdjsi
oniodefnionihyhoniosdreniokikiniourvjcxoiqweopap
qsweetwxmocviknoitrbiobeierrrrrrruorytnihgfiwosw
akxdcjdrfuhrqplwjkdhvmogmrfbvhncdjiwemxsklowe

他实际写的只可能是加了下划线的部分：

vjeqriugfrhbvruewhqoerahcxnqowhvgbutyunyhewq
icxhjafvurytnpemxoqp[etjhnuvrwwwebcxewmoipzo
wqmroseuiednrcvtycuxmqpzjmoimxdcnibyrwvyteb
anyhcuxqimokzqoxkmdcifwrvjhentbubygdecftywer
ftxunihzxqwemiuqwjiqpodqeotherpowhdymrxname
hnfeicvbrgytrchguthhhhhhgcwouldupaizmjdpq
smellmjzufernnvgbyunasechuxhrtgcnionytuiongdjsi
oniodefnionihyhoniosdreniokikiniourvjcxoiqweopap
qsweetwxmocviknoitrbiobeierrrrrrruorytnihgfiwosw
akxdcjdrfuhrqplwjkdhvmogmrfbvhncdjiwemxsklowe

连在一起就是“A rose by any other name would smell as sweet”，字面意思为“玫瑰不管叫什么名字，都芬芳依旧”。[①]

莎士比亚创作的台词文字紧凑，表意明确，我们的DNA却不是这

① 出自《罗密欧与朱丽叶》。——译者注

样。现实中的蛋白质编码序列在基因组中的观感犹如上面那堆乱码，它们虽是有意义的单词，却被淹没在海量的胡言乱语之中。

历经多年，科学家依然无法解释为什么我们的基因组中有那么多不编码蛋白质的DNA序列。所以，他们提出了“无用”DNA这个概念，然后把这个问题束之高阁。但是渐渐地，出于不胜枚举的原因，这样的处置方式变得越来越站不住脚。

促使我们转变观念的最根本原因，或许是细胞中“无用”DNA的庞大体量。2001 年，人类基因组计划顺利完成，当时最轰动的发现之一就是：人类细胞中 98%的序列是“无用”DNA。这些序列不编码任何蛋白质。其实，上面借莎士比亚的剧作打比方还不够还原。在人类的基因组中，废话与有用信息的比率是上面那一串字符中比率的 4 倍：平均每 50 个字母中，仅 1 个有确切的含义。

我们还可以借助其他方法来设想这种情景。比如，假设你去参观一家生产汽车的工厂，想从那里购买一台法拉利之类的豪华汽车。如果你在工厂里看到每 100 个工人中只有 2 个工人在装配漂亮的红色跑车，剩下的 98 个人无所事事，想必一定会觉得十分惊讶。谁都能看出这种安排的荒谬之处，那为什么我们的基因组却偏偏是这个样子呢？诚然，没有哪种生物是尽善尽美的，不够完美的地方还经常成为证明物种亲缘关系的强有力证据，比如：人类并不需要阑尾，它只是一个严重退化的遗留器官，这正好可以说明我们是某种需要阑尾的生物的后裔。可即便如此，基因组也似乎有些过于不完美了。

我们还是以只有 2 个工人负责装配汽车的工厂为例，如果那 98 个不参与车辆装配的人也有各自的工作，他们的职责是保证工厂的正常运营，似乎就合理多了：筹集资金、清算账目、产品宣发、管理退休金、清理厕所、推销汽车等。这样的构想似乎能够相对合理地解释“无用”DNA在人类基因组中所扮演的角色。我们可以把蛋白质看成生命需要的最终产品，而“无用”DNA正是协调和保证蛋白质正常合成的必要组分。虽然2个工人足以装配出一台汽车，但不足以经营一家销售汽车的公司，更不可能打造出名利双收的知名汽车品牌。相反，如果没有那2个技术工人，公司无车可卖，那么不管其余的98个员工能把地板拖得多干净、让办公室多热闹，它都不可能成为一家销售汽车的公司。只有这100个人各司其职，整个工厂才能运转起来。同样的道理也适用于我们的基因组。

人类非凡而复杂的解剖结构、生理机能、智力与行为竟无法用经典的基因理论解释，这是人类全基因组测序结果带给我们的另一个冲击。就基因的数量而言，人体能够合成的蛋白质种类（大约2万种）与只有用显微镜才能看见的蠕虫相当。不仅数量相近，更让人想不到的是，绝大多数的蠕虫基因都能在人类的基因组中找到相同或极其相似的对应物。

科学家曾想在DNA的层面上寻找并解释人类与其他生物的区别，但随着研究变得深入，他们逐渐意识到基因本身并不足以诠释那些差异。事实上，唯一与生物进化程度明显正相关的遗传因素是“无用”DNA的数量：越是复杂的生物体，“无用”DNA在其基因组中占的比例也越大。直到这时，科学家才开始认真看待“‘无用’DNA可能是衡量物种进化程度的关键指标”这个极富争议的设想。

在某种程度上，其实我们的问题非常简单且明确。如果“无用”DNA非常重要，那么它的功能到底是什么？如果它的功能不是编码蛋白质，那么它究竟在细胞里扮演了怎样的角色？就目前的发现来看，“无用”DNA是具备许多不同功能的多面手。考虑到它在基因组中所占的比例，这倒也不奇怪。

人类的DNA不是裸露的，而是以一种名叫染色体的巨型分子的形式存在。有的“无用”DNA能在染色体内形成特殊的结构，防止染色体因结构变得松散而受损。随着我们衰老，这些在染色体中起结构稳定作用的成分会变得越来越少，直到少于某个引起质变的临界值。这时候，我们的遗传物质将脆弱不堪，在面对有可能导致细胞死亡或癌变的破坏性变化时显得力不从心。也有一些“无用”DNA会参与细胞分裂的过程，它们的功能是作为锚定点，保证每个子细胞获得的染色体完全相同（子细胞是指来源于同一个母细胞的细胞，这里的“子”和“母”仅仅指细胞之间的来源关系，与性别无关）。还有一些“无用”DNA充当染色体内的隔离带，它们的功能是让转录活动局限在特定的区段内，严防外溢。

可是，我们体内的许多“无用”DNA都不是单纯凑数的结构性序列。它们不编码蛋白质，而是编码另一种分子——RNA（核糖核酸）。细胞用于合成蛋白质的分子工厂，就是由一大批这类RNA构成的。蛋白质工厂还需要原料，而负责运送原料的则是另一类RNA，它们同样是由“无用”DNA编码的。

除此之外，有的“无用”DNA原本并不属于人类，它们来源于整合到人类基因组中的病毒或者其他微型生物的基因组，犹如潜伏在人体内的基因间谍。这些早已支离破碎的入侵者仍然对细胞、个体乃至整个生物种群构成潜在的威胁。哺乳动物的细胞进化出许多手段和机制，确保残留在基因组内的病毒碎片不会死灰复燃，只可惜百密一疏。防范措施出现漏洞的后果可轻可重，诸如某个毛色发生改变的小鼠品系此类情况较轻，而较为严重的后果则可能是大大增加个体罹患癌症的概率。

“无用”DNA的另一项重要功能是直到最近这些年才被科学界主流

认识和认可的：调节基因的表达。在某些情况下，这项功能对生物个体产生巨大且显著的影响。例如，有一种特殊的“无用”DNA，它与基因在雌性动物体内的正常表达有明确而密切的关联，这种效应在日常生活中简直俯拾皆是，比如猫中常见的玳瑁毛色。相同机制也能解释，为什么有时一对同卵双胞胎女孩患有同一种遗传病，症状却天差地别。在极端情况下，这种差距可以大到其中一个人饱受折磨、性命垂危，而她的姐妹与健康的正常人并无二致。

科学家认为，有成千上万段“无用”DNA序列参与了错综复杂的基因表达调控。如果基因是一出话剧的剧本，那么“无用”DNA无异于舞台指导，只是这种指导过于复杂，远比我们在剧院里看到的大费周章。别提什么“在熊的追逐下，退场”，那太过简单，如果把基因调控的指令写在剧本上，它可能更接近“如果在温哥华演出《哈姆雷特》，或在珀斯上演《暴风雨》，就用重音读这句来自《麦克白》的台词的第四个音节。除非有业余剧团在蒙巴萨表演《查理三世》且基多正大雨瓢泼”。

对于梳理“无用”DNA网络的庞杂关系，科学家才刚刚开了个头儿。这是一个极富争议的领域。有的科学家认为现有的实验尚待完善，不可妄下结论；而另一些针锋相对的人则觉得，有整整一代（这还是乐观估计）科学家同行不知变通，冥顽不灵，看不到也不理解这种世界的新规则。

这种强烈的分歧可以部分归咎于目前探测“无用”DNA功能的技术还相对落后。技术手段的缺乏有时会让科研人员难以通过实验验证理论的真实性，毕竟我们研究这个问题的时间还很短。但是请记住，实验室不是万能的。我们偶尔也应该从实验台上抽身，从实验设备上收回目光。我们身处的世界本身就是一个巨大的实验室，大自然和生物演化在过去几十亿年的时间里试尽了无数种可能。哪怕人类从诞生到崛起的过程只相当于地质史上的一瞬，大自然在这须臾之间经历的万千变化也已经远远超出了任何身披白大褂的科学家所能设想和验证的极限。因此，本书将用相当长的篇幅探讨人类的遗传学，以此为火把，照亮未知的黑暗角落。

探索人类基因组的途径不止一条，而我们将选择从一些怪异但确凿无疑的事实入手，作为安营扎寨的第一步。有些遗传病的病因是“无用”DNA的变异，要进入隐秘的基因组世界，或许没有比这更理想的切入点了。

为什么要研究基因组“暗物质”？

生活对某些家庭来说或许太过沉重和残酷了，比如下面这一家人。一个小男孩降生了，我们就姑且叫他丹尼尔吧。小丹尼尔出生的时候，全身的肌肉都是松弛的，没有外力帮助的话甚至无法呼吸。经过全力医治，丹尼尔成功地活了下来，他的肌肉力量恢复了一些，因此他不再需要依赖辅助呼吸的装置，还拥有了一定的行动能力。但是麻烦并没有结束，随着丹尼尔逐渐长大，谁都能看出来他的学习能力明显有问题，这种缺陷将伴随并影响他的余生。

母亲萨拉很疼爱丹尼尔，每天都悉心照顾他。但是当萨拉 30 多岁时，她开始感到力不从心，因为她的身体出现了一些奇怪的症状。她的肌肉变得非常僵硬，以致握住东西后会无法松手。萨拉本是一名非常娴熟的兼职瓷器修复师，这使得她不得不放弃这份工作。除了肌肉僵硬，她的肌肉还在以肉眼可见的速度萎缩。即便如此，萨拉也还是设法维持着自己的生活。但当她 42 岁时，她突然因为心律失常而撒手人寰。心律失常是一种严重的心脏功能障碍，病因是协调心脏搏动节律的肌电信号出现紊乱。

萨拉去世后，照顾丹尼尔的重担落到了外婆珍妮特的肩上。之所以说是重担，不仅是因为外孙那无药可医的病症和女儿英年早逝带来的悲痛，还因为珍妮特在 50 岁出头的时候患上了白内障，视力一直不太好。

乍看起来，这似乎只是一个祖孙三代分别得了三种不同疾病的不幸家庭。但后来，专业人士发现了吊诡的地方——一家人中，先是长辈得了白内障，然后是白内障患者的女儿出现肌肉僵硬和心脏功能障碍，最后是孙辈表现出奇怪的肌肉松弛和智力障碍，这样的事情发生在很多不同的家庭里，而这些家庭遍布全世界各个国家和地区，相互之间没有任何血缘关系。

科学家意识到这其实是一种遗传病。他们将其命名为“强直性肌营养不良”（“强直”是肌肉僵直的意思，“营养不良”指的是因肌肉萎缩而显得消瘦）。在受该病影响的家族中，几乎每一代都会有患病的家庭成员。如果父母中有一方是患者，那么平均而言，他们的每个孩子都有 1/2 的概率患病。男性和女性患病的概率相同，都能遗传给后代。[1]

这种遗传模式属于典型的单基因遗传病，是由单个基因的变异引起的——所谓的变异，简单来说就是基因组序列发生的改变。在我们的细胞内，每个基因通常都有两份拷贝，一份来自母亲，另一份来自父亲。像强直性肌营养不良这样每一代都有患者的情况，我们会倾向于认为它是一种显性遗传病。“显性”体现在只要两份拷贝中有一份是变异的基因，就会使人表现出变异后的性状。按照这个定义，将显性的致病基因遗传给患者的人也应当是同一种病的患者。即使细胞内的另一份拷贝是正常基因，也不能让个体免于患病，如此蛮横霸道的作风正是“显性”的含义[①]。

然而，强直性肌营养不良有一些明显区别于显性遗传病的特征。首先，在从亲代遗传给子代的过程中，普通的显性遗传病并不会随代际传递的次数增加而变得越来越严重。这种逐渐加重的现象从机制上也说不通，因为孩子不幸获得的致病基因应当与父母基因并无不同。患者发病的时间会一代比一代早，这一点也不同于典型的显性遗传病。

除了上面两点，强直性肌营养不良还有一个不符合经典遗传规律的特征。作为症状之一，严重的智力缺陷（丹尼尔的情况）只出现在母亲是患者的孩子身上。如果父亲是患者，孩子就不会有这种严重的智力缺陷。

20 世纪 90 年代初，有数个研究团队相继发现了能够导致强直性肌营养不良的遗传变异。这是一种十分奇怪的变异，不过与该病怪异的症状相契合。强直性肌营养不良的致病基因由一段重复多次的 DNA 序列构成。[2] 这段重复出现的序列很短，由 3 个不同的“字母”构成，依次是“C”“T”“G”（DNA 一共含有 4 种碱基，它们是书写生物遗传信息的“字母”，第 4 种碱基的缩写是“A”）。

正常人的这个基因同样是由“CTG”序列多次重复构成的，它们首尾相连，重复次数约为 5~30 次。正常情况下，由父母遗传给孩子

---

① “显性”对应的英文为“dominate”，意思是“占支配地位的”。——编者注

时，这段序列的重复次数理应恒定不变。如果重复次数继续增加，比如超过 35 次，这段序列就会变得有点不太稳定，“CTG”的重复次数有可能在遗传的过程中发生改变。要是重复次数超过 50 次，那么这段序列将毫无遗传稳定性可言，在这种情况下，孩子的重复序列会远远长于父母的。短序列的重复次数越多，疾病的症状就越严重，发病的时间也就越早。这样的遗传病每往下传一代，恶性程度都会提高一个档次，本章开头介绍的那个家庭就是典型案例。研究人员逐渐意识到的另一个明显事实是，只有女性患者才有机会把那些长得夸张的重复序列遗传给自己的后代，而正是这种超长序列造成后代具有严重的先天性缺陷。

作为一种变异的机制，能够不断自发扩增的DNA序列显得十分不同寻常。但是，这种科学家在研究强直性肌营养不良的病因时偶然发现的现象只是故事的序章，它引出了更为奇特的后续。

DNA与织毛衣

我们直到最近几年依然认为，只有基因序列的变异才是值得关注的。并不是说DNA本身的改变有多么重要，关键在于由此引发的后果。我们可以用织毛衣来打个比方：DNA好比毛衣花纹的设计图纸，任凭它变得如何面目全非，也只不过是纸面上的谬误而已。但是，如果有人按照错误的图纸织出了这件毛衣，原本纸上谈兵的错误就变成了货真价实的残次品——要么是胸口上有个大洞，要么是多织出一条袖子，总之，这样的毛衣是不能穿的。

基因（解释毛衣织法的图纸）最终都是为了指导蛋白质（毛衣本

身）的合成。我们认为蛋白质才是细胞所有职能的唯一承担者，这类生物大分子拥有数不清的功能，譬如红细胞中的血红蛋白能为全身输送氧气，又比如另一种叫作胰岛素的蛋白质，它由胰腺分泌，可以促进肌肉细胞对葡萄糖的吸收。类似的例子不胜枚举，蛋白质的种类成千上万，功能叫人眼花缭乱，没有它们就没有生命。

构成蛋白质的基本单位叫作氨基酸。通常而言，基因的变异会改变蛋白质的氨基酸序列。变异的后果可轻可重，这取决于变异的类型和变异发生的位置。异常的蛋白质可能在细胞中执行错误的功能，乃至不具备任何功能。

不过，上面的解释也有行不通的时候，因为造成强直性肌营养不良的变异并没有改变氨基酸的序列。虽然基因的序列有变，但并未波及它所编码的蛋白质。一种对蛋白质的结构秋毫无犯的变异却造成了疾病，过去的人曾对此百思不得其解。

为了顾全生物学研究的“大局”，我们本可以把强直性肌营养不良和导致该疾病的变异当成一个古怪的特例，将其排除在主流理论之外，权当看不见，这样做既方便又省力。但事与愿违，它不是特例，更不是孤例。

脆性X染色体综合征是造成遗传性智力障碍的最常见原因之一。携带致病基因的母亲通常不会受到影响，也不会表现出该病的症状，但是她们的儿子可能就没有那么幸运了。这种遗传病与强直性肌营养不良一样，是由一段三核苷酸序列（CCG）的异常扩增引起的。除此之外，二者还有另一个相同之处：DNA序列的扩增并没有改变它所编码蛋白质的氨基酸序列。

弗里德赖希共济失调是一种进行性肌萎缩，通常在年龄较大的儿童或者年纪尚小的青少年中发病。不同于强直性肌营养不良的情况，患儿的母亲和父亲往往没有症状。他们都是致病基因的携带者，各自拥有一个正常的基因和一个异常的基因。两名携带者的后代一旦同时获得了双方的异常基因，就会患上这种疾病。弗里德赖希共济失调同样可以归咎于一段三核苷酸序列（GAA）的过度扩增。而且不用说你也能猜到，这个变异并没有影响蛋白质的结构。[3]

虽然上面提到了三种不同的遗传病，它们无论家族史、症状还是遗传方式都大相径庭，但科学家从中看出了确凿无疑的共性：即使不改变蛋白质的氨基酸序列，有的变异也能够引发疾病。

无因之疾

几年后，科学家有了更为惊人的发现。有一种主要累及人体面部、肩膀和上肢的遗传性肌萎缩，它会使这三个部位的肌肉逐渐无力、消瘦并退化。这也是为什么这种疾病会被命名为“面肩肱型肌营养不良”。因为名字有些拗口，所以必要的时候多以它的英文缩写“FSHD”相称。这种病常常在患者 20 岁出头的时候发病。FSHD和强直性肌营养不良一样是显性遗传病，如果孩子是患者，那么父母中至少有一方也一定是患者。[4]

科学家为寻找FSHD的致病基因花费了很多年时间。最终，他们将嫌疑锁定在一段重复的DNA序列上。然而，这次的情况与强直性肌营养不良、脆性X染色体综合征，以及弗里德赖希共济失调的三核苷酸重复单元完全不同——这段可能与FSHD有关的单元序列非常长，超过了 3 000 个碱基对。这样的序列已经不是短序列了，应该被称为区段。在没有受到FSHD困扰的人的基因组中，这个单元区段的重复次数约为11~100次，它们首尾相接。相同的区段在FSHD患者体内的重复次数则很少，最多也只会重复10次。这相当出人意料。而更让当时的研究者没有想到的是，他们费了九牛二虎之力也没能在这段超长重复序列附近找到真正意义上的基因。

在过去约100年的时间里，针对遗传病的研究大大促进了我们对生物学的理解。这话说起来很轻巧，可知识的普及常常叫人忘记了它的来之不易。上文提到的那些变异，它们的发现无不归功于许许多多的人动辄数十载的辛勤耕耘和付出。更不要说患者为此做出的贡献：如果没有患者和家属自愿提供的血液样本，没有他们回顾的家族病史，科学家就无法追溯和锁定具有分析价值的关键个体，相关的研究和理论根本无从谈起。

这种分析之所以困难，是因为科学家需要搜寻的范围太大，而目标又太小：想在人类的基因组中定位一个变异，几乎相当于要在一片丛林里找到某颗特定的橡子。2001年，人类的全基因组序列公布，此后这件事的难度才大幅降低。一种生物的基因组就是指其细胞内所有DNA序列。

多亏人类基因组计划的顺利完成，我们才能知道所有基因的相对位置（基因与基因之间的相对位置关系）以及每个基因的序列。再加上DNA测序技术取得的巨大进步，如今，即便面对非常罕见的遗传病，我们也能在极短的时间内，以极为经济的成本找到导致该病的变异。

然而，人类基因组测序的价值可不仅仅是方便了致病基因的定位和识别。它撼动了某些根本性的认知——某些自从我们发现生物遗传的物质基础是DNA后，就一直支撑着生物学的基本认识。

过去60多年，研究细胞的工作机制时，几乎每位科学家都只关心蛋白质在其中扮演的角色。可在人类全基因组序列公布的那一刻，他们不得不面对一个令人迷惑又为难的问题：如果蛋白质对细胞来说真的这么重要，那么为什么编码蛋白质（氨基酸序列）的DNA只占2%，剩下98%的序列到底有什么用？

什么时候“暗物质”会变成破坏者？

非编码序列在基因组中所占的比例之高，完全可以用令人震惊来形容。科学家早就知道有的DNA序列是不编码蛋白质的，并对此抱有预期，可他们万万没想到非编码序列在基因组中竟如此普遍地存在着。事实上，这是自DNA的分子结构得到阐明之后，科学家第一次被遗传学的重大发现打了个措手不及。然而，在惊讶之余，当时谁也没能预见这种非编码序列的重要性，也没有人想到它们竟然会与某些遗传病有关系。

说到这里，我们可以花点儿时间深入讲讲构成人类基因组的基本单位。“DNA”只是 3 个非常简短的英文字母，而构成它的基本单位也不多，仅用 4 个字母就能表示：A，C，G和T。这 4 个字母代表的化学成分有一个专门的术语：碱基。每个人体细胞都含有巨量的碱基，所以仅凭这 4 个字母的排列组合，细胞就能承载海量的遗传信息。每个人都可以从母亲和父亲身上获得 30 亿个碱基对，来自双方的两份遗传密码相似。如果把DNA想象成一架梯子，把每对碱基看成梯子的横档，相邻横档之间间隔 25 厘米，那么这架梯子的长度将超过 7 500 万千米，大约等同于地球到火星的距离（这两颗行星之间的距离有近日距和远日距之分，取决于它们在各自公转轨道上的相对位置①）。

我们还可以换一种比较的方式。据说，莎士比亚所有作品的总词数为 3 695 990。[1]也就是说，如果一个单词对应一个碱基对，我们每个人从父母亲那里获得的碱基对，其数量就相当于把这位大文豪毕生的心血抄写 811 遍。想象一下，这是何等庞大的信息量。

让我们把这个用字母表来类比DNA序列的比喻再拓展一下：每 3 个字母（3 个碱基对）可以构成DNA的一个单词，每个单词对应一个氨基酸，也就是蛋白质的基本单位。如此一来，我们可以把基因看作由一长串单词构成的句子，并且其中的每个单词都只包含 3 个字母。图 2.1 中有更为直观的展示。

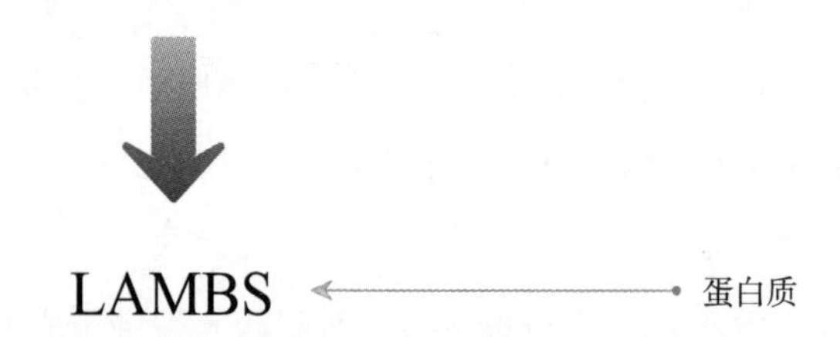

图 2.1 基因与蛋白质的关系。基因序列中的每 3 个连续字母组合编码一个构成蛋白质的基本单位②

① 考虑到火星轨道的偏心率，地球与火星的距离大约在 0.55 亿~4 亿千米。——译者注

② 图中上方“THE EWE PUT OUT TWO”意为“母羊生出了两只”，下方“LAMBS”是“羔羊”。——编者注

在同一个细胞内，每个基因通常都有两份拷贝，一份来自母亲，另一份来自父亲。虽然每个细胞中的基因拷贝数只有两个，但它们编码的产物可不止两个，细胞可以根据某个基因的指令合成成千上万个蛋白质分子。

这是因为基因在表达过程中有两种增强机制。首先，细胞并不直接以DNA的碱基序列为合成蛋白质的模板，而是使用它的复制品。这种复制品与构成基因的DNA十分类似，但不完全相同。这种基因的复制品被称为RNA，RNA与DNA两者在化学成分上有细微的差别。[①]另一个区别是碱基的种类，RNA的碱基字母表中没有T，取而代之的是U。DNA是一种双链分子，两条单链通过碱基配对缠绕在一起。你可以把这种分子结构想象成现实生活中的火车轨道，两条轨道伸出的碱基相互对接，犹如紧紧相握的双手。碱基之间严格遵循两两对应的原则：T只能与A配对，C只能与G配对。也正是因为有这个规律，我们才会习惯性地使用“碱基对”这个概念。相比之下，RNA是一种单链分子，相当于只有一条铁轨。图2.2罗列了DNA和

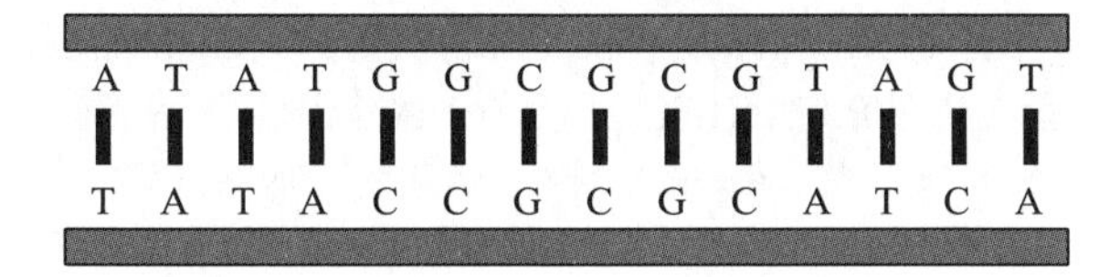

图2.2 上方的双链分子代表DNA，两条单链靠成对的碱基相互连接。DNA有4种碱基，分别是A，C，G和T，A总是与T配对，C总是与G配对。下方的单链分子代表RNA，RNA分子主干的化学组成与DNA略有差别，所以图中采用两种不同的灰度加以标示。另外，RNA的4种碱基里没有T，而是替换成了U

---

① DNA是脱氧核糖核酸，其组成单元为碱基、磷酸和脱氧核糖；RNA是核糖核酸，用核糖取代了DNA中的脱氧核糖。——编者注

RNA的主要差异。细胞能以基因的DNA为模板，在短时间内合成数以千计的RNA复制品，这是基因表达过程中出现的第一个增强效应。

合成完毕后，RNA被运送到细胞的另一个区域——细胞质。在这个区域内，RNA分子将作为蛋白质合成的模板，决定每一个氨基酸的顺序和位置。每个RNA分子都能重复使用多次，这也是基因表达过程中的第二个增强效应。图 2.3 是整个基因表达过程的示意图。

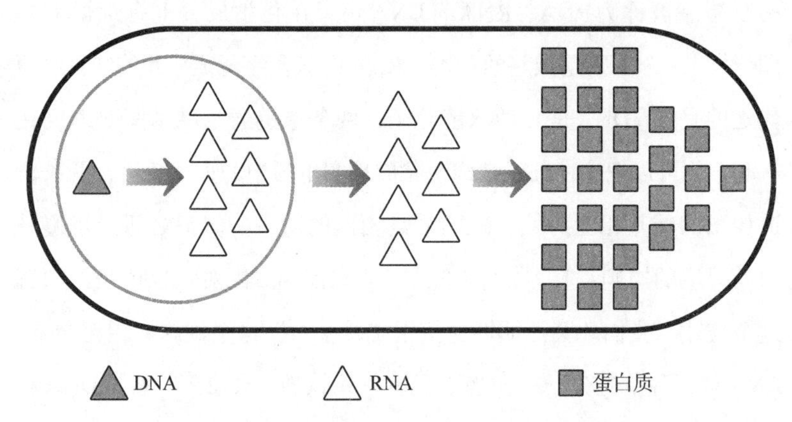

图 2.3　以单个基因的DNA序列为模板，基因表达的第一步是在细胞核内批量合成作为信使的RNA分子。随后，这些RNA分子被运到细胞核外。每个信使RNA分子都可以作为模板，指导蛋白质的合成，而且每条RNA链都可以重复使用多次。至此，从DNA序列到蛋白质的生物合成反应先后经历了两次增强。为了方便说明，这里只考虑了基因的一份拷贝，事实上每个基因都有两份拷贝，它们分别来自父亲和母亲

我们可以借用第 1 章里织毛衣的比喻，直观地类比这个过程。基因的DNA序列相当于毛衣一开始敲定的设计方案，设计方案可以批量打印，这些打印的设计图相当于RNA分子。我们把设计图分发给许多人，每个人又可以各自按照图纸，织出不止一件毛衣。如果是在细胞质中，蛋白质就是这里所说的毛衣。这种工作模式简单易行又高效：只需敲定一种设计方案，然后让整个系统运作起来，就像“二战”中让许多前线士兵穿上温暖毛衣的机制一样。

RNA分子在这里扮演了信使的角色，它将基因携带的信息从细胞的DNA带到了蛋白质装配工厂，所以科学家把它称为“信使RNA”（mRNA），可谓名副其实。

去除基因中的“废话”

到这里为止，一切都还相当简单易懂。然而，在很早之前，科学家就发现事情并没有看上去这么简单。绝大多数基因都由两种序列构成：一种是编码氨基酸的序列，它们直接决定了蛋白质的氨基酸组成；另一种是不编码氨基酸的序列。这两种序列在基因内间隔分布，互相穿插。这样的组合仿佛是在一段表意清晰的文本内强行插入了一堆破碎的文字垃圾，科学家把基因内这种不编码氨基酸的间隔序列称为内含子。

细胞在合成RNA时，起初会将基因的全部DNA序列复制出来，其中也包括所有不编码氨基酸的序列。但是随后，细胞又会剔除不编码氨基酸的序列，防止它们干扰信使RNA发挥作为蛋白质模板的功能。这个现象被称为RNA剪接，具体的过程可以参考图2.4。

如图2.4所示，编码蛋白质的信息并不是连续的，而是一个又一个间隔的模块。模块化的结构让细胞在处理和加工RNA时有了极高的灵活度：通过将RNA内不同的信息模块组合到一起，细胞可以调整信使RNA的最终结构，由此得到一大类结构相似但不完全相同的蛋白质产物。具体的过程可以参考图2.5。

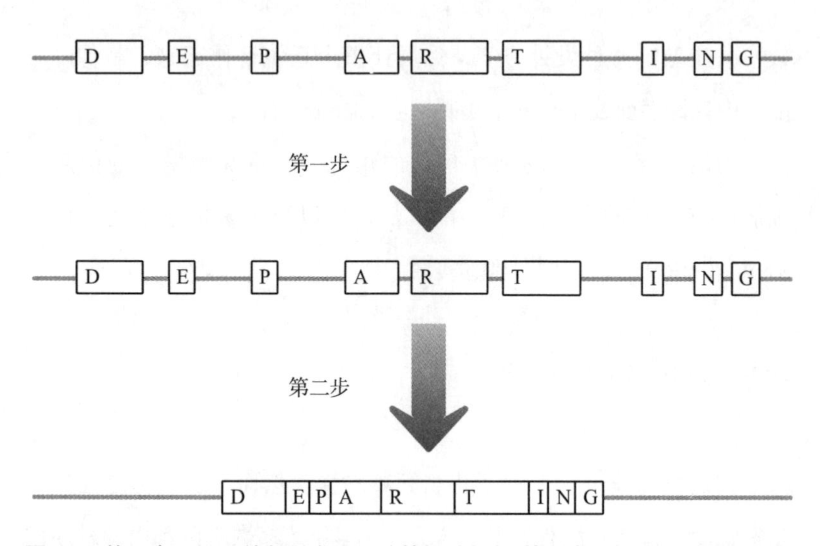

图 2.4　第一步，DNA 被复制成 RNA（转录过程）。第二步，加工 RNA 分子，只将编码氨基酸的部分保留并拼接到一起，这些区域在图中以带字母的方块表示。如此一来，间隔的"无用"序列就被剔除，不会出现在成熟的信使 RNA 分子中

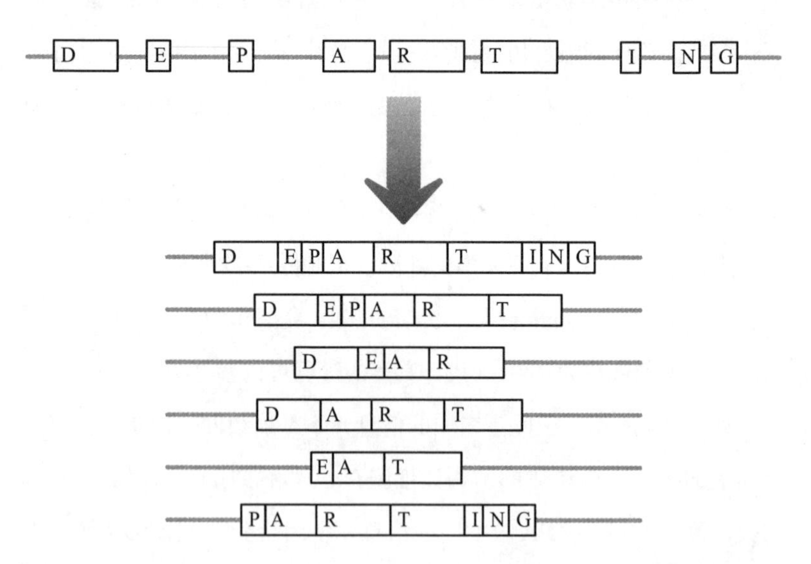

图 2.5　细胞可以对 RNA 分子进行多样化的加工和处理，通过改变拼接方式，将不同的编码序列组合到一起。这种拼接机制使得一个基因能够同时编码数种不同的蛋白质

穿插在一个基因的不同部分编码序列之间的间隔序列，曾一度被认为是没有意义和功能的无用信息。科学家将其称为“无用”DNA，几乎对其视而不见。从这里开始，本书将把所有不编码蛋白质的序列统称为“无用”DNA，如此定义的缘由我已经在本书的开篇解释过了。

可是如今，我们已经知道这些“无用”序列并非无关紧要。以第 1 章介绍过的弗里德赖希共济失调为例，它的病因与夹在两段编码序列之间的一段“无用”DNA 有关：这段序列内的“GAA”片段发生了异常的重复扩增。所以你肯定会问，既然“无用”DNA 不能影响蛋白质的氨基酸序列，为什么发生在“无用”DNA 的变异却会让人患上严重的遗传病呢？

导致弗里德赖希共济失调的变异位于基因的“无用”序列内，确切地说，是位于致病基因的头两个编码序列之间的“无用”序列内。以图 2.5 中为例，我们这里所说的变异就发生在方块“D”和“E”之间的区域。正常人的这个区域含有 5~30 个“GAA”片段的重复，而患者的重复次数超过 70 次，甚至多达 1 000 次。[2] 科学家发现，“GAA”片段的重复次数过多将导致该基因的信使 RNA 无法合成。没有了信使 RNA，细胞就无法合成对应的蛋白质。这就像是没有了设计图，前线的士兵自然也就没有毛衣可穿了。

实际上，别说没有设计图的终稿（成熟的信使 RNA 分子），就连设计图的草稿（未经加工的 RNA 分子）都没有。[3] 冗长的“GAA”重复序列非常“黏”，致使 RNA 的合成陷入停滞。如果把信使 RNA 分子的合成比作复印一沓 50 页的文件，“GAA”片段的异常扩增就如同用胶水把文件的第 4 页到第 12 页粘在一起。因为过厚的纸张塞不进复印机，所以这份文件的复印只能到此为止。回到弗里德赖希共济失调这种病的情景里，无法复印就是无法合成信使RNA，也就没有蛋白质。

我们仍不清楚缺少致病基因所编码的蛋白质与弗里德赖希共济失调的症状之间存在怎样的关联。弗里德赖希共济失调患者无法合成的这种蛋白质，似乎与防止细胞产能部位的铁超载有关。[4] 如果细胞缺乏这种蛋白质，铁离子将持续积累并达到毒性浓度。人体内的某些细胞对铁离子的浓度似乎十分敏感，而与弗里德赖希共济失调有关的几种细胞恰好属于此类。

我们在第 1 章还介绍过能够影响智力的脆性X染色体综合征，它的机制与弗里德赖希共济失调类似，但不完全相同。对智力的影响是“CCG”三核苷酸重复序列的异常扩增所致，正常人与患者的区别同样在于该序列的重复次数，普通人的重复次数为 15~65 次，而患者的重复次数则从 200 次到上千次不等。[5, 6] 脆性X染色体综合征与弗里德赖希共济失调的不同之处是变异所在的位置。前者的变异位于致病基因的第一段编码序列之前，也就是图 2.5 中方块“D”左侧的“无用”序列内。如果这段重复的“无用”序列变得非常长，紧随其后的基因就无法产生信使RNA，更遑论蛋白质。[7]

脆性X染色体综合征的致病基因原本编码的是一种负责在细胞内转运许多种RNA分子的蛋白质。这种蛋白质把RNA分子运送到正确的位置，保证它们得到正确的加工，确保相应的蛋白质能够正常合成。所以，当细胞无法合成这种蛋白质时，自然会有很多RNA分子受到波及，严重影响细胞的正常机能。[8] 出于某种目前未知的原因，人类的神经元似乎对上面这种影响尤其敏感，因此，有的脆性X染色体综合征患者才会表现出明显的智力缺陷。

这样的解释可能有些抽象和枯燥，让我们用日常生活中的情景打个比方。在英国，只需一场相对而言不算大的降雪，公共交通就有可能陷入瘫痪。覆盖公路及火车轨道的积雪会让汽车和列车无法通行。一旦发生这样的情况，大批员工无法赶到工作岗位，各种各样的社会问题便接踵而至：学校停课、物流停运、银行无法提款等等。而这一切的起因是一场降雪，因为它使整个社会的交通系统瘫痪了。脆性X染色体综合征的病因也是如此：引起这种疾病的变异破坏了细胞内的运输系统，就像降雪阻断了公路和铁路，继而导致众多负面的连锁效应。

无论是弗里德赖希共济失调，还是脆性X染色体综合征，二者都与某个特定的基因丧失表达能力密切相关，这种理论得到了非常罕见的病例的佐证。而在这两种遗传病的患病人群中，还有一些数量不算多的患者，他们的“无用”序列并没有异常扩增，重复序列的长度与大多数正常人无异。导致这些患者发病的变异出现在编码氨基酸的序列中，而氨基酸的改变最终使蛋白质的合成受阻。换句话说，就患者表现出的症状而言，根本原因是细胞缺失了特定的蛋白质，至于缺失的原因是什么，其实并没有那么重要。

难以达成的完美理论

读到这里，你可能又会觉得，简单易懂的真相正在缓缓浮出水面：我们可以说“无用”DNA的长度很重要，因为重复序列的过度扩增有可能导致DNA的功能异常，这让细胞束手无策，使其失去合成某种关键蛋白质的能力；而在正常情况下，“无用”序列对细胞来说并不重要，也没有什么实际功能。

可是，事实并非如此简单。脆性X染色体综合征与弗里德赖希共济失调的重复序列都有一个正常的长度范围，只要“无用”序列的长度落在相应的范围内，人就不会患这两种病。这种安全范围不仅适用于当今全世界各地的人口，而且在人类的整个演化过程中一脉相承，源远流长。如果“无用”序列毫无意义或功能，那么我们应当会看到它们随时间推移而呈现出随机变化的趋势，可事实上它们并没有。这意味着正常长度的“无用”序列理应起到了某种作用。

真正让人打开思路的疑难杂症要数第1章开头介绍的强直性肌营养不良。强直性肌营养不良的重复序列会在代际传递的过程中变得越来越长。父母的染色体上或许只有重复出现100次的首尾相连的“CTG”序列，但当他们把它遗传给后代时，孩子的染色体上可能会出现多达500个首尾相连的“CTG”拷贝。“CTG”序列重复的次数越多，患者的症状就越严重。如果“无用”序列的长度只影响与它相邻的基因的开启或关闭，很难想象它要如何才能造成上面所说的效应。强直性肌营养不良患者体内的所有细胞都含有两份基因拷贝，其中一份拷贝的重复序列长度是正常的，另一份则有异常的扩增。也就是说，即使是在患者的体内，也有1/2的基因可以合成正常的蛋白质。在这种情况下，与正常人相比，患者体内某种关键的蛋白质最多也只会减少50%。

我们可以假设，随着重复序列延长，变异基因的表达能力会逐渐下降，这也会导致该蛋白质的总合成量递减——从少量的序列扩增导致1%的轻微下降，到重复序列足够长时达50%的最大降幅。蛋白质总量降幅的多少决定了症状的轻重。这样的假设完全合乎情理，可问题在于，现实中并没有类似的例子。我们从来没见过有哪种遗传病，在基因表达的微小改变可以引起如此显著的效应（所有基因中含有异常扩增序列的患者都表现出症状）的同时，却又具备如此明确的量变关系（症状的严重程度与序列异常扩增的程度正相关）。

我们可以仔细看看强直性肌营养不良的基因变异发生在哪里：它位于基因的末端，距离最后一个编码氨基酸的区域很远。依旧以图2.5作为参照，它相当于方块“G”右侧的那条横线。这意味着在碰上冗长的重复序列之前，细胞就已经把所有编码氨基酸的信息都录入RNA分子里了。

我们现在已知的一点是，重复序列本身也会成为RNA分子的一部分，甚至会被保留在经过剪接和加工后的信使RNA分子内。强直性肌营养不良致病基因的信使RNA分子有一项特别的功能，它可以与细胞内的许多蛋白质分子相结合。重复的序列越长，能够结合的蛋白质也越多。致病基因的信使RNA犹如一块海绵，会像吸水一般把上面所说的蛋白质吸收掉。通常情况下，这些与信使RNA的重复序列相结合的蛋白质也与许多其他信使RNA分子的调控有关，它们能影响信使RNA在细胞内的运输和存续时间长短，以及合成蛋白质的效率。如果这些调节性分子被强直性肌营养不良致病基因上的重复序列吸了个精光，它们自然就无法执行原本的功能。[9] 这个过程如图2.6所示。

我们可以再打个比方以帮助理解。假设有一座城市，城里全部的警力都被派到了同一个地方镇压暴动。没有了巡逻的警察，入室盗窃犯和偷车贼便开始兴风作浪。强直性肌营养不良患者的细胞内所发生的事基本就是这样：致病基因内的"CTG"重复序列吸引了众多调节性分子的注意，最终导致其他基因的表达严重失调。

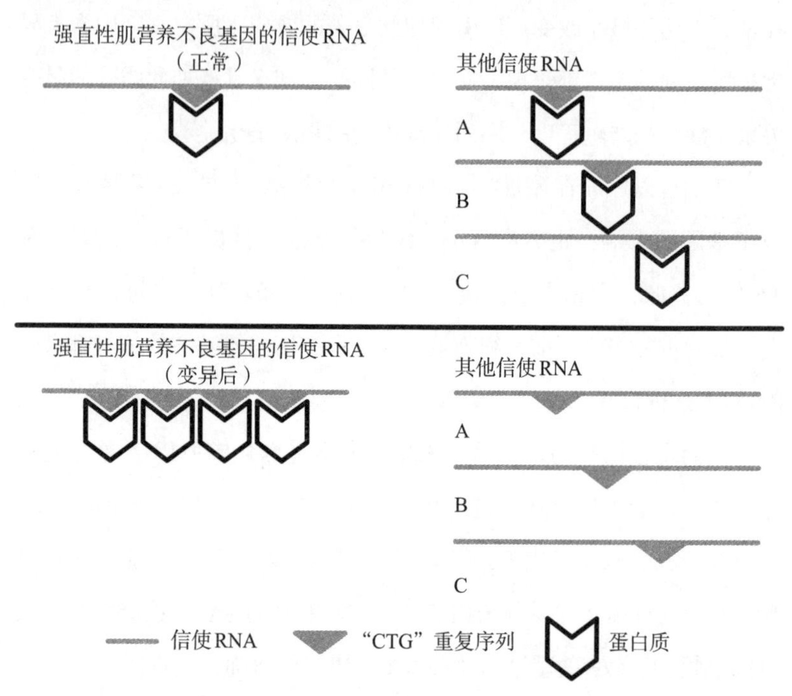

图 2.6　图中上半部分是健康人体内的情况。V字形图案代表一类特定的蛋白质，它们能与强直性肌营养不良基因的信使RNA结合，结合的目标是"CTG"重复序列[①]。这类蛋白质在细胞内的含量很丰富，足够与其他信使RNA结合并对它们进行调节。下半部分则是强直性肌营养不良患者体内的情况。变异后的致病基因信使RNA分子中，"CTG"重复序列的长度增加，因而致病基因的信使RNA能大量吸收上述的调节蛋白，导致细胞无法对其他信使RNA分子进行有效的调控。为了绘图的简明和方便，这里只象征性地多画了几个重复序列。现实情况是，"CTG"序列的重复次数在病情严重的患者体内可能多达数千次

① "CTG"是基因中的DNA重复序列，RNA分子不包含碱基T。这里只是遗传学的一种表述习惯，在探讨问题时，以DNA的序列而不是RNA上实际的序列作为指代对象。——译者注

重复序列越长，它占用的结合蛋白就越多，这干扰了大量其他的信使RNA，因此给细胞的正常运作带来了麻烦。最终，携带强直性肌营养不良致病基因的患者因为细胞各种功能的障碍而表现出多样化的症状，这也可以解释为什么重复序列最长的患者，临床症状往往最严重。

同弗里德赖希共济失调和脆性X染色体综合征的情况一样，“CTG”序列的重复次数有一个正常范围，并且在人类的演化中高度保守，这似乎暗示了它们对维持人体健康有重要的作用。尤其是在强直性肌营养不良这个例子中，那些能与致病基因信使RNA上的重复序列结合的蛋白质，同样也能与正常信使RNA的重复序列结合。区别仅仅是，当重复序列很长时，它们结合的蛋白质数量更多。

强直性肌营养不良的情况非常有启发性，它让我们看到信使RNA中的非编码序列也是有功能的。这些序列是分子调控的关键，它们决定了细胞如何使用信使RNA分子，为基因表达的调控增添了另一个新的维度，以实现对蛋白质最终产量的精确控制。强直性肌营养不良致病基因的鉴定大约比人类基因组计划的完成早了 10 年，当时的人们都还没有意识到，这种精确控制的机制究竟是何等精巧、复杂和多样。

基因都去哪儿了?

2000年6月26日，人类全基因组序列的第一版草图宣告完成。2001年2月，第一批详细论述这版草图的论文陆续发表。人类基因组计划历时多年，它是技术进步的结晶，更是一场头破血流的竞赛。人类基因组计划总计耗资近27亿美元[1]，美国国立卫生研究院和英国维康信托基金会为其提供了研究所需的大部分资金。整个项目由国际社会合作完成，首批详细解析研究成果的论文来自全世界20多个实验室，由2 500多名作者贡献。主要的测序工作由5家实验室完成，其中4家位于美国，1家位于英国。与此同时，一家名叫塞雷拉基因组的私人企业也在筹划入局人类基因组测序领域，目标是靠这个赚钱。为了对抗塞雷拉的商业企图，由公共资金支持的国际研究联盟与它展开了竞争，前者以天为单位，每日实时更新当天的测序进度，确保人类基因组序列能顺利进入公共资源领域，而不会被私人企业收入囊中。[2]

人类基因组计划的完成引来了无比喧闹的围观和赞赏，其中调门最高的一位可能要数时任美国总统比尔·克林顿，他宣称“今天，我们学会了上帝在创造生命时所用的语言”。[3]恰逢这技术界为之沸腾的欢庆时刻，眼见着一位政治人物在电视广播上将自己耗费多年努力才取得的科研成果归功于上帝，不知道当初那些为人类基因组计划立下了汗马功劳的科学家会作何感想。幸亏科研工作者一般都很腼腆，尤其是面对名人和摄像机的时候，所以几乎没有人对此公开表达过顾虑或不满。

英国的维康信托基金会为人类基因组计划投入巨资，该机构的负责人名叫迈克尔·德克斯特。德克斯特对人类基因组草图的评价并不比克林顿谦虚，只是措辞中的有神论色彩要淡得多，他认为人类的全基因组序列“不只是在我们的有生之年，就算放在全人类的历史上，也是伟大成就”。[4]

人类基因组计划耗资巨大，就投入的资金和产出的成果而言，许多其他的发现可能都比它高出一筹：火、车轮、数字零、文字等，你或许还能想到其他的东西。怀有类似想法的人其实很多。不仅如此，当初有些人认为人类基因组计划将很快给医疗行业带来天翻地覆的变化，例如，时任英国科学大臣大卫·塞恩斯伯里声称“如今，实现我们在医学领域中的所有夙愿将成为可能”[5]，这样的预期后来也没有变成现实。

绝大多数熟悉遗传学发展脉络的科学家都明白，这些高谈阔论不足为信。我们仅以一些公众相对熟悉的遗传病为例。进行性假肥大性肌营养不良（DMD）是一种令人绝望的疾病，也称迪谢内肌营养不良，男性患者的肌肉会慢慢萎缩，体质每况愈下，逐渐丧失行动能力，而且大多在青少年时期就夭折。囊性纤维化也是一种遗传病，患者的肺部容易积痰，他们更容易因为严重的感染而死亡。虽然今天有许多囊性纤维化患者能活到 40 多岁，但他们需要每天接受高强度物理治疗，以保持肺部的清洁，此外，摄入工业级剂量的抗生素必不可少。

进行性假肥大性肌营养不良的致病基因在 1987 年得到鉴定，而囊性纤维化的致病基因则在 1989 年得到鉴定。这两个致病基因的发现比人类基因组计划的完成早了 10 多年，如今距离人类全基因组序列的公布又过去了 20 多年，但是尝试治愈这两种遗传病的努力依旧颗粒无收。显然，想要应对一种危及生命的常见疾病，仅仅知道人类基因组的序列还远远不够，尤其是当一种遗传病的致病基因不止一个，或者该遗传病由一个或多个基因与环境相互作用而引起时。这恰好是现实中大部分遗传病的情况。

不过，我们不应该只针对前文提到的那些政客。科学家也没少吹嘘这项研究的重要意义。毕竟，如果想从金主手里拿到价值 30 亿美元的投资，任谁都得把手头的项目说得天花乱坠。科学家当然知道人类的全基因组序列不可能如公众预期的那般，解答我们对疾病和健康的所有疑问，但这并不代表人类基因组计划没有科学价值。人类基因组计划相当于一项科学基建工程，如果没有它建立的数据库，许多其他的问题就将永远没有答案。

当然，人类的基因组不止一个，每个人的基因组序列都不完全相同。2001 年，每 100 万个碱基对的测序成本为将近 5 300 美元。到 2013 年 4 月，成本降到了 6 美分。这意味着，同样是给自己进行全基因组测序，你在 2001 年需要花费超过 9 500 万美元，而在 2013 年花费不足 6 000 美元就能完成[6]。不仅如此，目前已经有至少一家公司宣称，全基因组测序的“1 000 美元时代”已经来临。[7] 多亏测序成本飞速下降，才让科学家有了比较基因组个体差异的机会，这是很有用处的。有些严重的遗传病十分罕见，患者数量极少，主要局限在婚配关系封闭的特定人群中，比如美国的阿米什人社区。[8] 测序成本的降低让科研人员得以鉴定出这类疾病背后的罕见变异。对癌症患者和癌细胞的测序也成为可能，这不仅有助于评估癌症的进展和转归，在某些特定的情况下，测序的结果还能为制定个性化治疗方案提供依据。[9] 另外，DNA 序列分析技术的出现极大地促进了与人类演化和迁徙有关的研究。[10]

天啊，基因到底在哪里！

但上面说的这些用处都是我们后来才知道的。回到 2001 年，在一片万众瞩目的喧嚣之中，科学家却紧盯着新鲜出炉的人类基因组序列，思考着一个简单的问题：基因究竟在哪儿？对人体和细胞的功能来说无比重要的那些蛋白质，编码它们的基因序列到底在哪里？没有哪个物种像人类这么复杂。没有其他任何物种能建造城市、创作艺术、种植作物，或者打乒乓球。虽然从哲学上来说，这些特点未必能证明我们比其他物种“更优越”，但这种正反兼顾的哲思本身，无疑可以说明我们比地球上的任何其他生物都更复杂。

我们应当如何在分子水平上理解生物的复杂和精妙？过去，曾有一种相对合理且普遍的共识，认为答案藏在我们的基因中。我们认为相比蠕虫、果蝇和兔子等较为简单的动物，人类的基因数量更多。

早在人类全基因组序列的草图公布之前，科学家就已经完成了对其他多种生物的测序。这些生物的基因组无论容量还是复杂程度都不如人类，截至 2001 年，完成全基因组测序的有机体包括数百种病毒、数十种细菌、两种低等的动物、一种真菌和一种植物。科研人员曾用这些测序的结果，并综合从其他实验中获得的数据，估算了人类基因组含有的基因总数。他们估计的数字为 3 万~12 万，可以看出这种推算其实非常粗糙。“10 万”这个数字在大众媒体上流传得最广，虽然只是一个约数，却逐渐深入人心。一线的科研人员则相对保守一些，多数人预期的数字都约为 4 万。

然而，当人类全基因组序列的草图在 2001 年 2 月完成时，科研人员怎么也找不到 4 万个能够编码蛋白质的基因，更不用说公众预期的 10 万个了。塞雷拉基因组公司的科学家一开始鉴定出了 2.6 万个基因，后来又勉勉强强地凑出了 1.2 万个；由公立机构组成的国际研究联盟只鉴定出了 2.2 万个基因，并预测基因的总数仅为 3.1 万个。自人类基因组序列的草图公布之后，科学家估计的基因总数一直在下降，如今的观点普遍认为，人类的基因组中大约有 2 万个编码蛋白质的基因。[11]

人类基因组序列草图公布了，而科学家居然无法在第一时间就人类有多少个基因达成一致，是不是有些奇怪？这是因为基因的识别和鉴定需要建立在对序列数据的分析之上，实际的过程可没有听上去那么容易。基因组中的基因序列没有醒目的颜色标识，也没有特殊的遗传字母将它与非基因序列相区分。为了识别编码蛋白质的基因，你必须寻找并分析特征性的依据，比如，如果一段序列恰好能编码一条氨基酸链，它就极有可能是基因的一部分。

我们在第2章里看到，编码蛋白质的DNA序列并不是连续的。它们的结构是模块化的，编码蛋白质的序列与不编码蛋白质的“无用”序列间隔分布。通常而言，人类的基因序列比果蝇和线虫的基因序列都要长，后两者是遗传学实验中常用的模式生物。但人类的蛋白质与果蝇和线虫的蛋白质分子大小相当。其中的差异并不在编码蛋白质的序列上，而是在于人类的基因内有冗长的“无用”序列。人类基因内的间隔序列往往比较为简单的生物长10倍，有的间隔序列长达数万个碱基对。

这给人类遗传序列数据的分析工作带来了严重干扰。虽然我们把一段序列称为基因，但编码蛋白质的序列其实只占其中非常小的比例，犹如飘在“无用”DNA序列这片汪洋大海上的一叶叶扁舟。

那么，回到我们开始的问题。如果我们的基因与果蝇和蠕虫的区别不大，人类凭什么比其他的生物更复杂？有的理论认为，这与我们在第2章介绍过的剪接机制有关。人类细胞更擅长用同一个基因产生不同版本的蛋白质，超过60%的人类基因都有这种“一个基因对应多种蛋白”的剪接现象。让我们再看看图2.5。人类细胞能够通过这个基因合成DEPARTING、DEPART、DEAR、DART、EAT和PARTING这6种蛋白质。在不同的组织内，该基因会以不同的比重指导这6种蛋白质的合成。例如，大脑可以高水平地表达DEPARTING、DEAR和EAT这3种蛋白质；与此同时，肾脏只表达DEPARTING和DART。如果论数量，肾脏细胞合成的DEPARTING可能是DART的20倍。而在较低等的生物体内，细胞或许只能表达DEPARTING和PARTING，并且以相对固定的比例合成它们，没有不同组织和器官中的差异。类似的剪接机制让人类的细胞能够合成比低等生物更为丰富多样的蛋白质。

研究人类基因组的科学家曾推测，有些基因可能是人类独有的，它们可以解释我们为什么如此复杂。但现实似乎并非如此。人类的基因组含有将近 1 300 个基因家族，它们在生物界几乎无处不在（从最简单的生命形式到高等生物）。在这些基因家族中，有大约 100 个基因家族是脊椎动物所特有的，但就连这些也是在脊椎动物演化的早期就已经出现了。这些脊椎动物特有的基因家族大多与复杂的生理特征相关，比如免疫系统的记忆能力、精巧复杂的脑细胞连接、凝血功能，以及细胞之间的信号传导。

我们的基因组有点儿像巨型的乐高玩具。绝大多数乐高套装（尤其是入门款）都会额外附带一小堆零件，允许玩家发挥想象力，进行一系列有限的改装。乐高的零件有长方形和正方形的，有斜块，也有拱形的。虽然积木的颜色、比例和大小各有不同，但都是换汤不换药。你可以用这些乐高积木拼出几乎所有的基本结构，从简单的台阶到整栋房屋。只有当你希望拼出非常特别的模型时，比如《星球大战》中的死星，才会需要一些区别于常规乐高积木的特殊零件。

在生物的演化中，基因组就是由类似乐高积木的标准模板一点一点拼合而成的，只有在非常罕见的情况下，才会用到全新的部件。因此，“众多的人类专属基因”并不能解释我们的复杂性。事实上，根本没有这回事。

但就基因组的容量而言，当我们把人类和其他生物放在一起比较时，又会发现奇怪的现象。如图 3.1 所示，我们可以看到人类基因组的容量比秀丽隐杆线虫的大得多，跟酵母菌的相比更是大得难以言喻。不过，从能够编码蛋白质的基因的数量看，三者的差距反而没有那么悬殊。

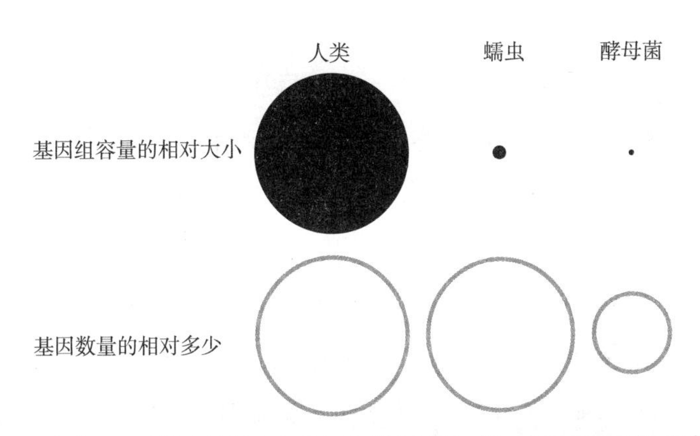

图 3.1 人类、一种微小的蠕虫和单细胞的酵母菌。第一行的圆形面积代表了三者基因组容量的相对大小，可以看到人类的基因组容量比相对简单的另外两种生物要大得多。第二行的圆形面积则分别代表这三种生物基因的相对数量。第二行的差异明显小于第一行。人类的基因组显得过于臃肿，它巨大的容量无法简单地用基因的数量来解释

这显然可以说明，人类基因组中不编码蛋白质的DNA序列所占的比例远超预期。我们认为蛋白质至关紧要，因为它们是细胞和生物体执行功能的关键分子，可多达98%的人类遗传物质并不是用来编码蛋白质的。我们为什么会需要这么多“无用”DNA序列呢?

剧毒的鱼和遗传绝缘理论

有一种可能性是，这个问题本身无关痛痒或不够恰当。也许“无用”NDA序列根本就没有功能和生物学意义。看见一个东西存在，就默认它有存在的理由和深意，这是一种错误的惯性思维。例如，人类的阑尾就没有实际功能，它不过是一个演化上的遗留器官。曾有科学家在 2001 年推测，人类绝大多数的“无用”DNA 序列或许就像基因组的阑尾。

这种推测的部分依据来自一种很有趣的动物——河鲀（俗称河豚）。河鲀非常神奇，它们行动迟钝，游起来十分笨拙，根本不可能靠敏捷的身姿躲避捕食者。当遇到危险时，河鲀会迅速吞入巨量的水，让自己的身体鼓成球形。有些河鲀不仅躯干能膨胀，还周身覆盖着尖刺。如果这些仍不足以吓退捕食者，河鲀的体内还含有一种毒性比氰化物强 1 000 多倍的毒素。讽刺的是，致命的毒性反倒让河鲀成了极其名贵的食材。日本人把河鲀奉为珍馐美馔，但历史上不知有多少食客因为厨师不够内行而丢了性命。

遗传学家钟爱河鲀，至少是非常喜欢它们的DNA。有一种学名叫红鳍东方鲀的河鲀，它的基因组是脊椎动物中长度最短、结构最紧凑的。红鳍东方鲀的基因组容量仅为人类的 13%，却包含了几乎所有脊椎动物常见的基因。[12] 河鲀的基因组之所以这么小，是因为它的“无用”DNA 不多。在那个测序就是“烧钱”的年代，要比较不同物种的基因组，河鲀是非常方便好用的实验对象。极少的“无用”DNA序列也让鉴定和识别每个基因的工作变得相对简单，因为它没有人类基因组那么“嘈杂”的干扰。科学家不费吹灰之力就能找出红鳍东方鲀的基因，然后用这些数据作为参照，在“无用”DNA序列造成严重混淆的其他生物体内寻找类似的基因，比如我们人类身上。

考虑到河鲀体内的“无用”DNA序列非常少，但它又是十分奇特且成功的生物，所以有人认为，人类基因组中的非编码序列或许“仅仅是一类依附在基因组上的、自私的DNA元件而已”。[13] 但这个假设的逻辑依然不够严密：不能因为某种结构在一种特定的生物体内没有功能，就将相同的结论无限演绎到所有的物种身上。生物演化的素材和部件是相对有限的（还记得乐高积木的比方吗），相同的结构和特征通过改变组合方式实现新的功能可谓常事。由此推论，“无用”DNA序列当然有可能在河鲀以外的生物体内发挥重要功能，尤其是在那些复杂的高等生物体内。

还有一点值得一提：为了容纳数量庞大的“无用”DNA，细胞需要付出功能性的代价。人体起源于单个细胞，卵子和精子的融合标志着个体的诞生。最初的那个细胞经过分裂形成2个细胞，2个细胞又通过分裂形成4个细胞，同样的过程不断循环。一个成年人的身体大约由50万亿~70万亿个细胞构成。这么多细胞到底是什么概念呢？我们按照下面这种方式来设想一下。如果把每个细胞看成一美元的纸币，再把50万亿张钞票叠起来，这堆钱可以从地球一直延伸到月球，再从月球回到地月的中点附近。

受精卵最少要完成46轮分裂才能得到这么多的细胞，而DNA的复制是每一次细胞分裂的必要前提。如果只有那2%的DNA有用，余下的序列没有用处，那它们为什么能在演化中被保留下来呢？前文提到过，演化并不总是完美的，最好的例证就是那些我们从祖先身上继承的、已经失去原本功能的遗留特征或器官（比如阑尾）。但是，劳师动众地合成50个碱基对，消耗大量的资源，却只有1个碱基对是有用的？这样的“遗留”再怎么说也有点儿过于铺张了。

早在人类全基因组序列的草图公布之前，科学家就已经知道人类的基因组有如此多的DNA，也知道有相当一部分序列不编码蛋白质。他们那时就曾尝试过解释这种现象，遗传绝缘理论就是早期的假说之一。

想象一下，你有一块表。不是一块普普通通的老手表，而是那种价格惊人的古董名表，比如价值数百万美元的百达翡丽。我们再假设附近有一只体形魁梧、脾气火暴的狒狒，正拖着一根沉重的棍子四处游荡。现在，你需要把手表藏起来，但你的选择有限。你不能阻止狒狒进入任何一个房间，只能决定把手表放进哪个房间里。你有两个选择：

A. 一个空空的小房间，除了一张桌子什么也没有，你只能把手表放在桌面上。

B. 一个巨大的房间，里面堆着50卷阁楼上用的绝缘材料，每卷长5米、厚20厘米，你可以从50卷绝缘材料中任选一卷，把手表深深地藏进里面。

要想从这两个选择里挑出一个，最大限度地保证手表免遭狒狒的毒手，并不是什么困难的事，对吧？遗传绝缘理论的基本假设与此类似。编码蛋白质的基因拥有无与伦比的重要性。基因总是处在极高的选择压力下，这就解释了为什么如今的生物拥有的每个基因都是最精简、最有用的。而DNA的变异（碱基对的改变）不太可能进一步优化和提升蛋白质的性能，更有可能干扰蛋白质的活动，影响它的功能，造成负面的结果。

问题是，生活在现实世界中，我们的基因组时常受到各种环境因素的影响，有害因素对DNA的狂轰滥炸几乎无法避免。你可能会觉得，我们这里所说的环境因素都是现代文明的副产物，尤其以灾害性事故导致的核辐射泄漏为代表——前有切尔诺贝利，后有福岛核电站。然而事实上，环境因素对遗传物质的影响从人类诞生之日起就一直存在。从阳光中的紫外线到食物中的致癌成分，再到天然花岗岩释放的氡气，生而为人，我们的基因组时刻都处于八面受敌的境地，稍不留神就有可能万劫不复。有时候这不是大问题，比如，紫外线导致某个皮肤细胞产生了致死性的突变。我们根本不需要担心，因为人体有很多皮肤细胞，总是有皮肤细胞在不断地死亡，也总是有新的细胞作为替换，多换一个细胞无伤大雅。

但是，如果变异让一个细胞获得了比周围所有同类细胞都强的生存能力，很可能就是把它往癌变的路上推了一把，要是放任其发展，后果就会很严重。举个例子，在美国，平均每年有 7.5 万名新增确诊的黑色素瘤患者以及 1 万例死亡病例。[14] 过度暴露在紫外线中是这种癌症最主要的风险因素。从生物演化的角度看，发生在卵子或精子内的变异危害要更大一些，因为它们可以被遗传给后代。

当我们用这种“基因组时常处于环境因素的攻击之下”的眼光看待问题时，遗传绝缘理论似乎能相当合理地解释“无用”DNA 存在的意义。因为如果每 50 个碱基对中只有 1 个是必要的，剩下 49 个全是可有可无的，那么来自环境的不利因素只有 1/50 的概率会损伤重要的编码序列。

这也可以解释图 3.1 中的现象，即为什么相比蠕虫和酵母菌这些较为低等的生物，人类基因组中的“无用”DNA 比例要高得多。这是因为蠕虫和酵母菌的个体寿命很短，繁殖的后代数量众多。对它们来说，把过多的资源用在保护基因组上意义不大。只要绝大多数个体能把基因组完整地延续下去，即使有一些后代因为基因变异而无法很好地适应环境也没有关系。相比之下，人类的繁殖周期长，后代数量少。我们没有那么多的试错机会，也承担不起试错的成本，因此耗费大量的资源以建立完善的保护机制，从而保护那些可编码蛋白质的重要基因，就从演化的角度说得通了。

因势利导是大自然发展的基本规律，自然界没有一劳永逸的万全之策。虽然遗传绝缘理论听上去很有道理，但它也引发了新的疑问："无用"DNA的功能就只有隔绝环境因素的伤害吗？这些作为炮灰的"无用"序列，最初是从哪里来的呢？

赖着不走的入侵者

每个英国学童都知道，1066 年对英国来说是一个特殊的年份。这一年，来自诺曼底（今属法国）的“征服者”威廉率领大军入侵英格兰。这不是一场来去匆匆的劫掠。外族人战胜后便在英格兰定居下来，他们拖家带口，人数和影响力都与日俱增。最终，外族人与英格兰人发生了同化，深刻地影响并改变了英格兰的政治、文化、社会和语言。

同样地，每个美国学童都知道 1620 年的历史意义。这一年，五月花号在科德角下锚停靠，拉开了欧洲人涌向北美大陆的历史序幕。同 500 年前定居英格兰的诺曼人一样，五月花号上的殖民者也在新的土地上安家落户，他们的人数激增，并永远改变了北美大陆的风貌和历史走向。

人类的基因组里也在上演着类似的故事。很久以前，人类的基因组曾遭受外来DNA的入侵，侵略者大量扩增，最终整合到我们的基因组中，成为遗传遗产的稳定组成部分。这种外来序列充当了我们基因组的化石记录者，犹如现实生活中远古物种遗留在岩层内的化石残骸。不过，基因组的“化石”是活的，它们可以影响基因的功能与人体的健康。

虽然这些外来序列能影响其他基因的表达，但它们本身并不是基因，也不编码蛋白质。这样的特点使它们成了非常典型的“无用”DNA。

我们在人类全基因组序列的草图公布时惊奇地发现，这些“遗传学入侵者”对人类基因组的渗透竟然如此之广。[1] 超过 40% 的人类基因组都是由这种寄生序列构成的。它们被称为“散在重复序列”，可以分成主要的四大类。[①] 从名字就能看出，这种序列是由特定的单元序列重复排列而成的。散在重复序列的数量十分惊人，人类的基因组包含了超过 400 万段这样的序列，光是四大类的其中一类就有 85 万段，其序列总长度占到了人类全基因组的 20%。

这种序列大多曾经找到了在人类基因组中扩增的办法。它们常常模仿某些病毒的行为，比如艾滋病毒。基本过程如图 4.1 所示；其机制是不断复制并合成自身的片段，再将其插入基因组。反复的自我扩增让重复序列的长度迅速增加，远远快于基因组的其他序列。

重复序列通过各种各样的方法实现了在基因组中的扩增和蔓延，但万变不离其宗的是“复制粘贴”的效果。

我们基因组中巨量的重复序列就是这些入侵者扩增的结果。问题

---

① 这四类分别是SINEs（短散在重复序列）、LINEs（长散在重复序列）、LTRs（长末端重复序列）和DNA转座子。

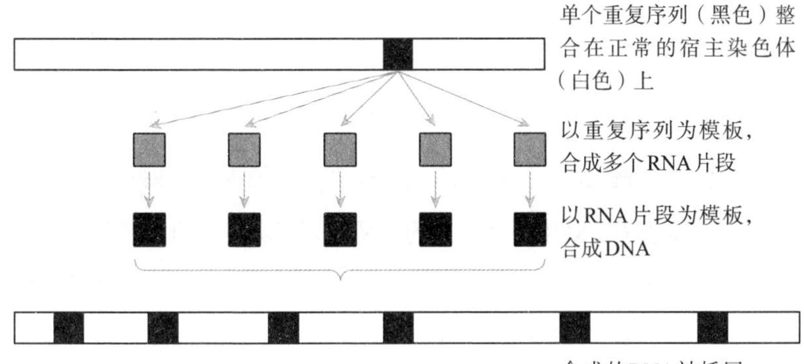

图4.1 以一段DNA序列为模板，合成它的多个RNA复制品。通过一种相对不常见的方式，细胞又以RNA分子为模板，合成它的DNA复制品。此时，一段DNA序列变成了多段，这些复制序列随后又被插回基因组中。重复序列就这样实现了扩增。类似的过程在人类演化的早期或许曾密集地发生过，这里为了清晰说明，只以一轮循环作为例子

是这些序列究竟重不重要？它们是基因组的功能性结构，还是搭便车的外来序列，对我们既没有好处也没有坏处？

我们可以从很多角度看待这个问题。上面说到的几类重复序列在溯源演化进程时大多非常古老。同其他动物的比较研究发现，绝大多数重复序列的起源至少可以追溯到1.25亿年前，比胎盘哺乳动物出现的时间更早。自从2 500万年前，人类在演化路上与旧世界猴[①]分道扬镳之后，前文提过的四大类重复序列中至少有一类再也没有出现过新的扩增活动。也就是说，人类体内的这些重复序列曾在远古时代疯狂地扩增，随后扩增的速度又变得极慢，这或许意味着人体对重复序列的长度存在耐受上限。另外，我们的基因组似乎在以非常缓慢的速度清除这类重复序列，所以，或许只要它们的数量没有超过某个上

① “旧世界猴”是英语中对猴科的俗称。——译者注

限，我们就能忍受它们的存在，并且应对自如。

但是与其他物种相比，人类的基因组处理这些重复序列的方式有一些独特的地方。整体而言，哺乳动物重复序列的种类比其他物种更多。但是，造成这种多样性的原因是许多古老的重复序列一直被保留到今天。其他生物会逐渐将古老的重复序列清除掉，再用新的取而代之。人类全基因组序列草图的绘制者们通过计算确定，果蝇非功能性DNA序列的半衰期大约为1 200万年，而哺乳动物的则是大约8亿年。

哺乳动物已经算特别了，可人类似乎更为特别。重复序列曾在哺乳动物祖先的基因组中疯狂地扩增，而人科动物的重复序列却一直在减少。啮齿动物的基因组则没有出现这种现象。人类基因组的大部分重复序列已经不再有“复制粘贴”的活动。总体而言，啮齿动物的重复序列要比灵长类的更活跃。

活跃未必就是好事，重复序列给啮齿动物造成的麻烦比人类更多。因为倘若基因组里的重复序列有复制的活性，它们就有可能插到编码蛋白质的基因内部或附近，干扰基因的正常功能。有时候，这会导致某种蛋白质完全无法合成；另一些时候，这又会造成蛋白质的过量表达。由于重复序列插入基因组的新位点而引发的遗传问题，小鼠细胞出现这种情况的概率是人类细胞的60多倍：小鼠的新遗传变异中有10%源于重复序列的活动，而人类的这个比值则仅为1/600。人类对基因组的管控似乎比我们的啮齿动物“表亲”严格得多。

危险的重复序列

也许这是好事，尤其如果你知道这种变异的机制给啮齿动物造成了多么严重的后果。比如，有一种无尾小鼠的品系就是因为这种变异产生的。没有尾巴倒不是什么大问题，真正要命的是这种小鼠的肾脏无法正常发育。[2]造成这种结果的原因是，插入基因组的重复序列导致邻近的一个基因过量表达。还有另一个小鼠品系，插入序列关闭了中枢神经系统内一个重要的基因。这种小鼠一旦被触碰就会痉挛，而且只有两周的寿命。[3]

我们也可以根据相反的现象得出与这种重复序列有关的类似结论，比如，看看基因组里有哪些地方是这种重复序列从来不会插入的。

有一个名为*HOX*的基因簇①，它对多细胞生物的发育来说至关重要。在生物发育过程中，这个基因簇内的基因按照严格的先后顺序开启和关闭，表达的水平受到高度精确的调控，任何微小的偏差都会造成严重且影响深远的后果。*HOX*基因簇的重要性当初是科学家在果蝇身上观察到的。*HOX*基因发生变异会使果蝇出现一些非同寻常的特征，最知名的例子是一批头顶上长了两条腿而不是两根触角的果蝇。[4]

哺乳动物和果蝇一样，躯体的正常发育有赖于*HOX*基因簇的正确表达。也许是因为它们实在太重要了，所以发生在人类*HOX*基因簇内的变异非常罕见。但是，罕见不等同于没有，目前已经证实，至少有一个*HOX*基因的变异与四肢末端的发育缺陷相关。[5]

*HOX*基因簇是人类基因组内少数几乎完全不含散在重复序列的区域之一。这说明即便是相对无害的外源序列插入也有可能妨碍

① 基因簇是指数个排列在一起、通常属于同一个家族的基因。——译者注

*HOX*基因的表达，所以生物体才会在演化的过程中将这些区域精心地保护起来。这样做的不仅是人类，其他灵长类动物以及啮齿动物的*HOX*基因簇同样不含散在重复序列。

往基因组里插入散在重复序列可能会造成意想不到的结果。有一类不同寻常的重复序列被称为*ERV*，是“endogenous retrovirus”（内源性反转录病毒）的缩写。导致艾滋病的病原体——HIV（人类免疫缺陷病毒）就是一种反转录病毒，这类病毒的特征之一是它们以RNA而非DNA为遗传物质。在侵入宿主后，病毒能以RNA为模板合成自己的DNA，然后将后者整合到宿主的基因组内。宿主会像对待自己的DNA一样对待病毒的DNA，在转录和复制的时候一视同仁，最终帮病毒完成增殖。

在人类的演化过程中，某些反转录病毒从很久以前开始便完全融入我们的基因组。其中的许多如今都成了埋藏在基因组里的“病毒化石”。因为有的反转录病毒丢失了关键序列而失去了增殖的能力，但也有一些反转录病毒保留着增殖所需的所有功能成分，这种序列通常会受到细胞的严格监督和管控。[6]科学家发现，人体的免疫系统不仅要保护我们免受外源性病毒的侵犯，还要时刻提防内源性反转录病毒的死灰复燃。如果用基因工程的手段阉割掉小鼠免疫系统的部分功能，潜伏在基因组中的病毒就会趁机危害小鼠的健康。[7]

对某个医疗领域来说，内源性反转录病毒与宿主免疫系统之间的博弈是一件格外令人头疼的麻烦事。由于供体器官严重不足，每年都有成千上万名亟需器官移植的患者在等待中死去。以心脏移植为例，等候名单上大约有 1/3 的病人永远也看不到配型成功的那一天，而如果有合适的供体，这些人原本都能靠移植手术继续活下去。[8]

将动物的心脏作为供体器官是解决短缺问题的可能手段之一。让人类使用动物器官的做法被称为异种移植。就心脏的异种移植手术而言，猪是理想的器官供体，因为无论大小还是机能，它的心脏都与人类的相差无几。

要把这个手术从设想变成现实，有很多需要克服的技术障碍（以及伦理问题，考虑到一些宗教团体对使用猪的心脏的看法）。[9] 例如，把猪的细胞和组织安放到人类的心血管系统内，可能会招致人类免疫系统的猛烈围攻，幸好转基因猪的诞生让免疫排异方面的问题有了解决的可能。但事情或许没有那么简单。猪和人类一样，基因组中含有内源性反转录病毒，但猪的这类病毒同人的不一样。20 世纪末的相关研究发现，在满足特定的条件时，猪的某些反转录病毒也能够感染人体细胞。[10]

科学家很担心一种有可能发生的情况：任何接受猪心移植手术的患者都会不可避免地服用免疫抑制药物，以防止自身的免疫系统攻击外来的器官。抑制免疫系统给内源性反转录病毒的复苏创造了绝佳的条件。不仅如此，漫长的演化把人类的免疫系统塑造成了人体的专职保镖，或许它是针对人类内源性反转录病毒的一把好手，但要对付潜藏在猪基因组内的病毒可能有心无力。这些假想的状况都指向同一个后果：内源性反转录病毒有可能从猪的心脏中逃逸，攻击并侵犯人类患者的细胞；它甚至可能进一步以接受移植手术的患者为跳板，感染更大规模的人群。

最新的研究数据表明，我们过去可能高估了上述情况发生的风险，[11] 即便如此，异种器官移植的推广必须以我们对“无用”DNA 有更深入的研究和认识作为前提，这一点是毋庸置疑的。

其他的重复序列引发健康问题的方式就显得直接多了。基因组中有一些巨大的片段，有的序列长度能达到几十万个碱基对，相对于人类的演化史，这种序列的复制往往是新近才发生的。“原版”和“复制版”可能位于基因组的不同位置，甚至可以不在同一条染色体上。

这种孪生长片段会在卵子和精子形成时造成麻烦。同源染色体之间的“交叉互换”是精细胞和卵细胞形成过程中的关键性事件。所谓的同源染色体是指成对的两条染色体，它们一条来自母亲，一条来自父亲，这两条染色体会在特定的时期（比如精子和卵子形成时）发生交叉，并趁机交换一小部分DNA。正常情况下，交叉互换可以改变同源染色体的基因构成，增加基因库的多样性。假如基因组中有两段非常相似的长序列（虽然其中一段是另一段的复制品，但它们各自所在的染色体并不是同源染色体），在这种情况下，交叉互换依旧有可能会发生，从而造成染色体之间不正常的遗传物质交换。由此导致的后果很可能是，最终产生的卵子和精子基因组内有多余的DNA片段，或者缺少重要的序列。[12]

不幸获得这种缺陷基因组的个体就有可能患病。遗传性运动感觉神经病就是一个很好的例子，这种遗传病会导致患者的感觉信号传导受阻，以及对运动能力的控制异常。[13]还有威廉姆斯综合征，该病以患者发育迟缓为主要特征，伴随由此导致的身材矮小、多种异常的行为特征、轻微的学习障碍和远视。[14]

在基因组中，能够造成错误交叉互换的长片段通常含有不止一个编码蛋白质的基因。可想而知，由这种错误交换导致的遗传病，因为同时波及多个基因的表达通路，所以其症状往往相当复杂。

奇怪的是，即便有可能引发如此大的麻烦，人类在演化的过程中也依然保留了这些大型的复制片段。事实上，形成精子和卵子的细胞在绝大多数情况下都能正常地完成染色体的交叉互换，不会让不相干的两条染色体随意配对。从演化的角度看，复制大型的片段是让某些基因的数量快速增多的有效手段。这在特定的情境中会非常有用。“多余”的片段没准是新基因的原材料，可以为适应性演化提供“弹药”。一段基因序列只需经过数次变动，它编码的产物就有可能会变成另一种形态相似但功能不同的蛋白质。哺乳动物有一个庞大的基因家族，它们的功能是让动物拥有区分各种气味的能力，这个基因家族或许就是通过类似的方式演化而来的。[15] 对已有的基因和蛋白质进行修修补补、废物利用，而不是豪气地另起炉灶、从零开始，这的确非常符合人类基因组在演化过程中那抠抠搜搜的一贯气质，堪称基因组版的“买一送一”大酬宾。

“无用”DNA与司法判决

到目前为止，我们在本章中探讨的绝大多数“无用”重复序列都是相当长的DNA片段。它们的长度在100个碱基对以上，其中很多甚至远远不止这个数字。这是“无用”DNA能在基因组中占到如此高比例的部分原因。但也有一些“无用”重复序列没有那么长。相比上面所说的序列，它们非常短小，仅由为数不多的碱基对构成，被称为简单重复序列（又称微卫星）。其实在介绍脆性X染色体综合征、弗里德赖希共济失调和强直性肌营养不良时，我们就已经接触过这类重复序列了：这三种遗传病的病因都与某个三核苷酸序列的重复次数突破相应的上限有关。

所有短重复序列的总长度约占人类基因组的3%。这类序列有明显的个体差异。让我们随意设想一个短序列，比如二碱基对“GT”，假设它们的重复序列位于人类6号染色体上的某个位置。由于存在个体差异，我从母亲那里获得的6号染色体上可能有8个“GT”重复（GTGTGTGTGTGTGTGT），从父亲那里获得的6号染色体上则有7个“GT”重复；再看你，你可能从母亲处获得了10个“GT”重复，而从父亲处获得了4个“GT”重复。

简单重复序列非常有用，因为它们分布在基因组的各个角落，具有显著的个体差异，而且很容易检测，检测手段的成本低、精度高。

正是由于这些特征，简单重复序列衍生出了“DNA指纹分析技术”，这是一种只需凭借血液或组织样本就能精确辨别特定个体的理念和技术，它不仅降低了亲子关系的证明难度，还让整个法医学领域改头换面。从诞生之日起，DNA指纹分析技术已经被应用到了社会生活的许多方面，包括鉴定遇难人员的身份、将犯罪分子绳之以法，以及为清白无辜者洗脱嫌疑，比如曾有蒙冤入狱数十年后终得平反的案例。美国已经有300多人凭借DNA测序自证清白并获释出狱，其中有将近20人曾在刑期内被关进死刑牢房，差一点儿就含冤而死。[16] 另外，在大约1/2的上述案件中，人们利用DNA证据不仅还了嫌疑人清白，而且揪出了真正的犯人。

这样的“无用”DNA，可真有用。

端粒：上了年纪后，一切都在缩水

1983 年，由丹·艾克罗伊德、艾迪·墨菲和杰米·李·柯蒂斯主演的电影《颠倒乾坤》大获成功，该片在美国拿下了 9 000 万美元的票房。[1] 作为一部喜剧片，《颠倒乾坤》的剧情设计略微有些复杂，它想要探讨的主题是先天的基因和后天的环境到底哪个更重要。一个成功的男人之所以能成功，究竟是因为他内在的品质，还是因为他身处的环境？这部电影坚定地认为，答案是后者。

我们的基因组恐怕也会给出相同的答案。相对于整个人体而言，单个基因能起到的作用实在有些微不足道，你甚至可以说，如果单看每个基因，它们的功能都是帮助细胞活着，谁也没有比谁多重要。要让细胞活着，基因需要以正确的速率指导蛋白质的合成，而影响蛋白质合成量的关键因素之一是基因在染色体上所处的位置。

那么现在，我们假设有一个基因被放到了新的环境里，就如同

《颠倒乾坤》中由丹·艾克罗伊德饰演的商界精英沦落到了贫民窟，或者由艾迪·墨菲扮演的街头混混发现自己莫名其妙地住进了豪宅。在这全新的环境里，我们那迷途的基因发现周遭充斥着陌生的基因组信息，大声地命令着它合成更多的蛋白质。于是，过多的蛋白质像奴隶主的鞭子一样催着细胞动起来，逼迫它以更快的速度生长和分裂。这可能会成为细胞癌变的第一步。基因本身并没有什么不同，都是因为在一个错误的时间被放到了一个错误的位置。

这种基因易位的情况，可能发生在细胞中两条染色体同时断裂的时候。细胞有一套专门应对染色体断裂的修复机制，能迅速将染色体的两个断口重新接上。通常而言，细胞在修复染色体断裂方面可谓驾轻就熟，但是如果有两条（或者多条）染色体同时断裂，事态就严重了。如图 5.1 所示，细胞有可能把错误的断口接到一起。如果一

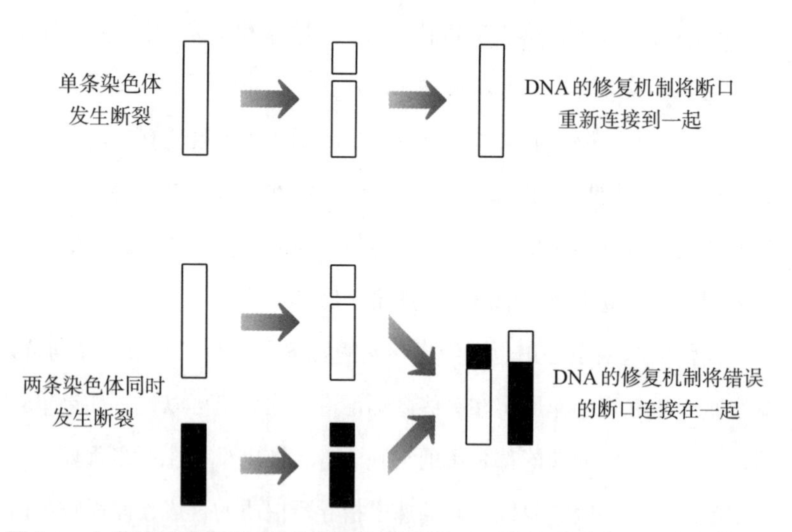

图 5.1　上半部分图的情况是单条染色体断裂，而后被细胞修复。下半部分图中则有两条染色体同时断裂，细胞的修复机制可能分不清谁是谁，所以把错误的片段连接在了一起，导致杂交染色体形成

个“好”基因被放到了“坏”的环境里，它就会开始兴风作浪。这个问题相当严重，因为染色体的错误对接会通过细胞分裂传递给每一个子细胞。最家喻户晓的例子可能要数一种被称为伯基特淋巴瘤的白血病，它的病因是人类8号和14号染色体上的基因发生了易位，这导致某个能够促进细胞疯狂增殖的基因*MYC*过量表达。[2]

万幸的是，两条染色体同时断裂的情况少之又少。绝大多数时候，就算有两条染色体断裂，也多少会分个先后。这是因为在经历了漫长的演化之后，DNA修复机制的效率已然变得非常高，毕竟修复的速度越快，细胞内出现多条染色体同时断裂的可能性就越小。细胞只要一发现断裂的DNA片段就会立即启动修复机制，这种迅速的反应得益于细胞对染色体断口敏锐的探查能力。

但是，这又引发了一连串新的疑问。每个细胞都有46条线性的染色体，如果每条染色体有2个端点，那么正常的细胞内理应有92个染色体末端。可想而知，细胞的DNA修复机制不得不找到一种方法，以便准确地识别和区分染色体的正常末端与异常断口。

DNA与鞋带

细胞想出的解决方案是，用一种特殊的结构作为染色体的正常末端。你穿的鞋子有没有鞋带？如果有，可以低头看一眼，每根鞋带的末端应该都有一个金属或塑料质地的小帽。这个小帽的功能是防止线头发生散线和磨损。我们的染色体也有这种结构，而且这对基因组保持自身的完整性而言至关重要。

染色体的这种结构被称作“端粒”，我们在很多年前就已经知道，端粒是由一种特殊的“无用”DNA与多种蛋白复合物构成的。端粒DNA序列是6个碱基对的重复——TTAGGG，所有端粒都是这个六核苷酸序列一遍又一遍重复而形成的。[3] 在人类新生儿的脐带血中，每条染色体的端粒平均长度大约在1万个碱基对左右。[4]

端粒不只是一段DNA，上面还结合着各种蛋白质复合物，它们的作用是维持端粒的结构完整性。①实际上，“端粒”是对“无用”DNA序列与蛋白质复合物的统称。2007年，有科研人员通过小鼠实验生动地展示了端粒蛋白的重要性：他们利用基因敲除技术彻底关闭了某个端粒蛋白基因的表达，结果，小鼠的胚胎在发育早期便纷纷死亡。②

科研人员随即检查了这些敲除鼠的染色体，他们发现许多染色体都粘到了一起，连接点恰好在末端上。这是因为细胞的DNA修复机制没能识别出染色体的端粒，所以把染色体的正常末端当成了断口，于是兢兢业业地履行了自己的职责，不遗余力地把“断裂”的染色体连接了起来。然而事与愿违，修复机制越是卖力，基因的表达就越是陷入混乱不堪的境地。染色体和细胞的功能持续异常，最终难以为继，触发了细胞的自杀机制③，导致胚胎的发育完全停滞。

端粒还有一个十分吸引生物学家和医学家的特征。20世纪60年代，科研人员在实验室里研究细胞是如何分裂的。肿瘤细胞是正常细

---

① 我很想在这里写“结构完整力场”。没错儿，我是《星际迷航》的影迷，所以偶尔也想卖弄一下相关的彩蛋。

② 研究人员敲除的这个基因叫*GCN5*。这个基因编码的蛋白质有多种作用，其中之一是将一种名为乙酰基的小分子基团添加到蛋白质的赖氨酸残基上。

③ 细胞的自杀行为有专门的术语，叫程序性细胞死亡，也叫细胞凋亡。

胞发生异常变化而产生的，它们拥有无限的生命力和分裂能力，因此科研人员没有选择用肿瘤细胞系研究细胞的分裂过程，他们采用的实验对象是成纤维细胞。成纤维细胞广泛分布于人体的各个组织，它们分泌的物质能像贴墙纸的胶水一样将细胞粘在适当的位置上，这种固定细胞的组织成分被称为细胞外基质。人体某些部位的成纤维细胞非常容易获取，比如皮肤细胞，它们能在体外培养基中持续地生长和分裂。可是当年科学家发现，从人体内取出的成纤维细胞无法一直分裂。即使提供充足的营养和氧气，它们也会在一段时间后停止分裂活动。不再分裂的成纤维细胞并没有立刻死亡，只是没有了增殖的迹象。这个现象被称为衰老。[5]

科学家后来注意到，细胞每完成一次分裂，染色体的端粒就变短一些。细胞会在分裂前把所有的DNA完整地复制一遍，以保证每个子细胞都能获得完全相同的 46 条染色体。但是，细胞对染色体末端的复制似乎并不在行，所以在经历了一轮又一轮细胞分裂后，端粒的长度会变得越来越短。[6]

不过，这并不能证明端粒的缩短就是细胞衰老的原因。端粒的长度也极有可能只是一种单纯的标记手段，用来记录细胞增殖了多少轮，而对细胞的功能和行为表现没有任何实质的影响。

这是科学研究中一种非常重要的思维方式。我们经常可以看到两个有关联的现象或事物，但不能因为两者有关联就直接认定它们之间存在因果关系。比如下面这个例子：得肺癌和吃润喉糖这两件事有极强的关联性，但是吃润喉糖显然并不是导致肺癌的原因。持续咳嗽是许多得肺癌的人最早出现的症状之一，其中自然有一些人会想到用润喉糖来缓解咳嗽引起的不适。

20 世纪 90 年代，端粒的缩短与细胞衰老的因果关系终于得到了证实。科学家发现，只要他们设法延长成纤维细胞的端粒，细胞就不会衰老，并且能一直保持生长和分裂的能力。[7]

如今，我们普遍认为端粒是一种分子计时器，它的长度揭示了细胞还剩多少时日。不过，出于各种各样的原因，端粒的研究一直是生物学领域的难点，还存在很多亟待阐明的细节问题。其中一个问题就是，在不同的细胞里，92 个染色体端粒（每条染色体有 2 个）的长度并不一致。这让测量端粒长度的意义大打折扣：如果一个细胞中的端粒长度和寿命都各不相同，我们要怎么用端粒的长度来衡量个体的寿命呢？[8] 另外，作为实验室最常使用的动物模型，小鼠并不适合用来研究端粒与衰老的关系。这是因为啮齿动物的端粒非常长，比人类的要长得多。啮齿动物的寿命当然远远不及人类，可见端粒的长短不是决定生物能活多久的唯一因素。不过，越来越多的研究证据显示，端粒对人类寿命的影响应当非常大。

保养“鞋带”

就我们目前所知，人类的细胞也不是任由衰老宰割的羔羊，它们也会抗争，而不是坐以待毙。细胞有一些尽可能维持端粒长度和完整性的机制，比如一种叫作端粒酶的分子。端粒酶修复体系的功能是为染色体的末端添加新的“TTAGGG”序列，但它量入为出，基本上只是帮助细胞弥补因为分裂而损失的“无用”DNA。端粒酶修复体系包含两种主要的组分，一种是酶本身，它负责把重复序列添加到染色体的尾巴上；另一种是一段序列固定的RNA，它充当模板，保证酶分子所添加的序列的正确性。①

我们可以看到，染色体的末端与不编码蛋白质的“无用”DNA有千丝万缕的关系：首先，端粒本身就是“无用”DNA；其次，为了维持端粒结构的稳定，细胞还需要一段由DNA编码的RNA作为模板。虽然这段DNA不编码蛋白质，但由它转录而成的RNA同样是一种在细胞内扮演了重要角色的功能性分子。[9]

既然我们的细胞可以凭借端粒酶修复体系维持端粒的长度，为什么端粒还是会逐渐缩短呢？这个修复系统到底出了什么问题，才导致它没有能够忠实履行自己的职责？

生物体内几乎没有任何一种机制能在缺少监督和调控的情况下，正确地执行应有的功能。端粒酶修复体系恰恰是一种受到严格调控的细胞功能。癌细胞就是端粒酶修复体系失控的产物，它们往往有极高的端粒酶活性和极长的端粒。许多恶性肿瘤激进的生长和增殖模式正是与此有关。抑制端粒酶修复体系的活性，很可能是我们的细胞在演化过程中达成的一种妥协。细胞要让端粒酶发挥足够大的作用，以便我们活到能繁殖后代的年纪（从演化的角度看，一旦完成繁殖，个体的命运便无关紧要了）；但又不能用力过猛，以免我们还没长大成人就癌症缠身。

在生物体发育的过程中，端粒长度的确定时间相当早，通常是在细胞内端粒酶活性出现异常峰值时。[10] 原始生殖细胞（产生卵子和精子的母细胞）内也有很高的端粒酶活性，[11] 这可以保证后代获得足够长的端粒。

---

① 编码这种修复体系的核心酶的基因叫 *TERT*，而编码RNA模板的基因被称为 *TERC*（也称 *TR*）。

人体的许多组织中都有一种被称为“干细胞”的细胞。干细胞为组织提供细胞储备，能在需要的时候分裂产生替换用的细胞。当组织需要新细胞时，一个干细胞可以通过DNA复制和细胞分裂形成两个子细胞。通常情况下，这两个子细胞中的一个将分化为成熟的细胞，供组织使用，而另一个则会成为新的干细胞，然后重复上述过程，不断产生替换用的成熟细胞。

造血干细胞可能是人体内最忙碌的细胞之一，它们负责产生血液中所有的细胞，包括红细胞以及各种各样对抗感染的细胞。造血干细胞的增殖速度快得让人咋舌。因为人体每天都会接触许许多多外来的病原体，所以需要及时补充因抗感染而大量消耗的免疫细胞。此外，我们不得不时刻补充红细胞，因为这种细胞的寿命仅为4个月。说出来你可能不相信，人体每秒都能产生大约200万个新的红细胞。[12] 没有一群极度活跃的干细胞是万万不可能实现如此之高的更新速率的，而且这群细胞必须时刻处于能够分裂的状态。造血干细胞的确拥有很高的端粒酶活性，但即便是它们，也终有端粒太短、无法再胜任高强度工作的那一天。[13，14] 这也是为什么年龄大的人比青壮年更容易被感染，因为他们的免疫细胞已经青黄不接。同样的道理也可以解释为什么得癌症的概率会随年龄增长而升高：正常情况下，我们的免疫系统能高效地清除异常的细胞，但随着造血干细胞变得枯竭，免疫细胞的监察力度也不复往昔。

为什么端粒的长度对我们来说这么重要？端粒上的序列都是“无用”DNA，不编码蛋白质不说，细胞竟然还嫌重复几百次的“TTAGGG”序列太短，必须让它重复几千次才能维持正常的功能，这到底是为什么？问题的关键似乎在于端粒的DNA序列和蛋白复合物之间的关联。当端粒的DNA重复序列长度低于某个下限时，染色体的末端就无法结合数量足够多的保护性蛋白。我们已经在前文那个基因敲除小鼠的实验里见识过缺失端粒蛋白可能导致的致命后果了。

虽然那个例子比较极端，但它无疑能够说明端粒的长短以及能否结合足够多的保护性蛋白对染色体来说生死攸关。人类也有类似的现象，因为有些人的遗传变异正好就发生在与端粒修复有关的关键基因上。这类变异对人类的影响似乎没有我们在基因敲除小鼠的实验中看到的那么大，不过这很有可能是因为过于严重的变异会直接导致胎儿流产，所以他们没有机会出生和长大。我们下面要介绍的变异没有这么致命，就目前已有的案例来看，它们对人体造成的不良后果主要是某些与衰老有关的疾病。

端粒与疾病

导致这类遗传病的变异主要发生在编码端粒酶的基因、编码RNA模板的基因和编码端粒保护蛋白或者提高端粒酶系统效率的蛋白质的基因①上。

总之，无论发生在上述的哪一个部分，这些变异造成的效应都相差无几：它们会让细胞难以保护自己的端粒，结果导致这种患者的端粒缩短速度远快于普通人，这也是为什么他们总会表现出早衰的症状。类似的遗传病都被称为人类的端粒综合征。[15]

先天性角化不良是一种罕见的遗传疾病，发病率大约仅为百万分

① 这个基因名为*DKC1*。

之一。这种病的患者将遭遇许多健康问题。他们的皮肤满是随机分布的黑斑，嘴里生出白色的斑块，很容易发展成口腔癌，手指甲和脚指甲又软又薄。由于骨髓衰竭和肺脏病变，患者将渐渐出现难以逆转的器官衰竭。除此之外，他们罹患癌症的概率也比普通人高。

后来，科学家才意识到，引起先天性角化不良的致病基因不止一个，不同家庭的变异也各不相同。目前我们所知的相关基因已有 8 个，实际的数目很有可能更多。[16] 这些基因的共同点是，它们都与端粒长度的维持有关。可见，无论端粒上的“无用”DNA受到怎样的破坏或影响，反映在患者的症状上都是相似的。

先天性角化不良患者的肺脏病变就是我们常说的肺纤维化，有这种问题的人往往身体虚弱。因为无法有效地排出体内的二氧化碳，也无法吸入足够的氧气，所以他们很容易上气不接下气，还会不停地咳嗽。在显微镜下，病理学家看到大量的炎性物质和纤维组织取代了正常的肺组织，犹如肺中布满疤痕。[17]

同样的临床症状和病理改变在呼吸系统疾病中相当常见，它让科学家联想到了一种被称为特发性肺纤维化的呼吸道疾病，“特发性”意味着这种疾病在临床上缺乏明确的诱因。科学家采集了特发性肺纤维化患者的样本，想看看他们体内保护端粒的基因有没有出现问题。结果，研究人员在大约 1/6 的患者体内发现了相关基因的缺陷，他们有特发性肺纤维化家族史，但此前没有做过基因检测。[18, 19] 哪怕是在没有明确家族史的肺纤维化患者中，也有 1%~3% 的病例具有相同类型的基因变异。[20, 21] 美国约有 10 万名特发性肺纤维化患者，按照保守估计，其中大约有 1.5 万人的发病原因可能与细胞无法正常维持端粒的长度有关。

端粒保护机制的缺陷还能造成另一种疾病。有一种病症叫再生障碍性贫血，患者最主要的问题是骨髓无法产生足够的血细胞。[22] 这种疾病非常少见，发病率仅约为 50 万分之一。大约每 20 个患者中就有一个的端粒酶基因或编码 RNA 模板的基因发生变异。

有些再生障碍性贫血患者会受到骨髓和肺脏问题的双重夹击，区别仅仅是哪一个会首先进展到需要治疗的地步而已。这种情况会给治疗带来意想不到的难度。比如，骨髓移植是治疗再生障碍性贫血的常用手段之一，接受这种治疗的病人需要服用免疫抑制药物，以防止外源性骨髓引起的排斥反应。但是，某些免疫抑制药物对肺有明确的毒害作用，通常情况下，这种毒性并不会对一般的再生障碍性贫血患者构成威胁，可对端粒修复功能不健全的患者来说就不一样了：药物的毒性会加剧肺的纤维化，甚至因此危及患者的性命。[23] 如果考虑不周，本想治病救人的措施反倒有可能会害了患者的性命。

由于背后的遗传机制不够直观，经验不足的临床医生很可能不会马上想到从遗传病的角度来看待这类患者和他们身上的症状。正常情况下，原始生殖细胞内的端粒酶活性非常高，这保证父母能够将足够长的端粒遗传给他们的孩子，但那些编码端粒酶或RNA模板的基因序列发生变异的家族并非如此——因为端粒修复功能存在缺陷，每代人遗传给后代的端粒只会变得越来越短。也就是说，每经历一代人，家族成员就向端粒长度的下限迈进一步，直到失足坠入遗传病的深渊。[24]

这会造成十分匪夷所思的现象：祖父母的端粒还相对较长，所以在 60 多岁的时候患上了肺纤维化；父母的端粒不长不短，所以在 40 多岁的时候出现肺脏的问题；家里的第三代人就没有那么好的运气了，他们的端粒太短，可能没到成年就被确诊为再生障碍性贫血。

由于祖父母和父母的病症都出现在中老年时期，而孩子的症状出现的时间远比长辈早，这让临床医生很难立刻把这家人的情况同遗传病联系起来。更何况，这类遗传病的表现和症状非常多变，轻症者与重症者的情况天差地别，这进一步增加了诊断的难度。

老一辈的患者不管在症状的表现、严重程度，还是发病时间上都和年青一代不同，这种奇怪的遗传规律与我们在第 1 章介绍过的强直性肌营养不良十分相似。类似的遗传现象本就十分不寻常，更叫人浮想联翩的是，这两个最为典型的例子居然都与“无用”DNA序列的长度变化有关。

很多人能发现的一个疑问是，为什么有的组织比别的组织更容易受到端粒长短的影响。虽然我们没有完全弄清这个问题的答案，但依然不乏一些有趣的推断和假说。受端粒长度影响最大的极有可能是那些细胞分裂增殖高度活跃的组织。最经典的例子正是本章刚刚提过的造血干细胞，如果这种细胞无法有效地维持端粒的长度，它们很快就会在任劳任怨的高强度工作中燃烧殆尽。

这样的理论可以用来解释再生障碍性贫血，却不能用来解释肺纤维化，因为肺组织更新迭代的速度相当缓慢，可是肺纤维化在端粒有缺陷的人群中非常普遍。当然，还有一种可能：端粒长度只是影响肺部细胞的因素之一，它还需要与其他干扰基因组以及细胞整体功能的因素协同作用。这种作用需要一定的时间，所以肺部的症状总是比造血干细胞的问题出现得晚。

我们吸入的每一口空气都含有可能危害人体的化学物质，也难怪端粒缺陷对肺部细胞的影响会更严重一些。烟草是吸入物中最常见的危险物质之一，吸烟让全世界的人付出了沉重的健康代价。世界卫生组织估计，全球每年约有 600 万人死于吸烟，其中 50 万人是二手烟的受害者。[25]

科学家曾对吸烟的效应开展过严肃的实验研究。首先，他们利用遗传学手段缩短了小鼠的端粒，再将不同的小鼠分别暴露在有二手烟的环境里。[26] 实验的结果如图 5.2 所示。概括而言，只有那些端粒缩短且接触烟草的小鼠才会出现肺纤维化的问题。

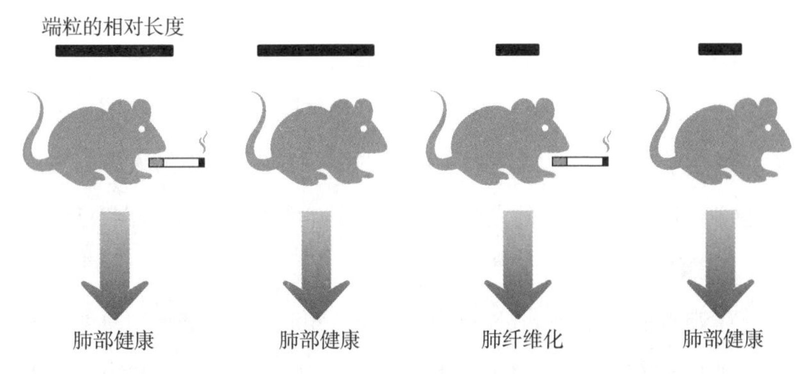

图 5.2　小鼠的肺纤维化需要遗传缺陷和恶劣环境因素的共同作用。仅仅是端粒缩短或者接触烟草，都不会使小鼠出现肺纤维化的问题。但在端粒缩短和接触烟草的双重影响下，小鼠的肺出现了纤维化现象

当然，吸烟不是危害人类健康的唯一因素，但不要吸烟绝对是你能为自己做的最明智的选择。在富裕的国家，衰老是影响居民健康的重大因素。这是近些年来才出现的新趋势，它标志着医学、药学、社会学和技术领域取得的长足进步终于让我们摆脱了从前那些支配人类的致死因素，比如猖獗的传染病、极高的儿童夭折率和普遍的营养不良。

嘀嗒作响的分子时钟

如今，年龄增长已经成为引发慢性病的主要风险因素。如果你对人口老龄化的严重程度还没有概念，那么看看这个数据：截至 2025 年，全世界 60 岁以上的人口数量很可能将超过 12 亿。[27]40 岁之后，患癌症的概率急剧上升。如果你能活到 80 岁，得癌和不得癌的可能性持平；而如果你是一个过了 65 岁的美国人，那么患和不患心血管疾病的概率也相等。[28] 还有相当多的统计数据能让我们提前感受一下略显凄凉的晚景生活，但为什么要自己给自己找不痛快，去在乎这些数据呢？说到自寻烦恼……管它呢，我们再说最后一条：英国皇家精神科医学院宣称，在 65 岁以上的人群中，有大约 3%的人可以被确诊为抑郁症，其中 1/6 的人虽然只是轻度抑郁，但他们的症状已经可以被周围的人觉察到了。[29]

尽管如此，我们也都知道，两个年龄相同的人健康状况可能大不相同。苹果的联合创始人之一史蒂夫 · 乔布斯年仅 56 岁就因癌症去世；而福雅 · 辛格在 89 岁时才初尝马拉松的滋味，从此一发不可收，一直跑到了 101 岁（可别以为他用 12 年才跑完了一场马拉松）。到底是什么决定了寿命的长短？人们总是笼统地说，寿命是遗传、环境和运气综合作用的结果。我们不知道的东西有很多，但有一点是明确的：单纯数一个人活了多少年就像盲人摸象，并不能加深我们对寿命的认识和理解。

我们已经开始认识到，作为一种分子时钟，端粒其实相当复杂、精巧。端粒缩短的速率受到环境因素影响，这意味着端粒不只是简单的计时器，还是健康寿命的度量表。这方面的研究十分粗略，甚至有些研究结果相互矛盾，造成这种情况的部分原因我们曾在前文提到过：目前，端粒的测量和比较方法缺乏一致性。此外，我们通常只测量那些容易获得的细胞（最典型的就是白细胞），但容易测量的细胞并不一定是与我们所研究的问题最相关的细胞。虽不尽如人意，但依然有一些有趣的研究结果逐渐浮出了水面。

让我们把话题转回人类健康的老对手：烟草。曾有一项研究采集了 1 000 多名女性的白细胞样本，并测量和分析了它们的端粒长度。研究人员发现，吸烟的女性白细胞端粒相对更短，平均而言，每抽一年的烟，端粒缩短的速率会提升大约 18%。他们经过计算后认为，每天抽 20 支烟、连续抽 40 年对健康造成的负面效应，几乎相当于损失 7.5 年的端粒寿命。[30]

2003 年一项调查 60 岁以上人群死亡率的研究称，端粒最短的老年人群拥有最高的死亡率。[31] 造成老年人死亡的主要原因是心血管疾病，该结论后来得到了另一项规模更大的研究的支持。[32] 后来的那项研究选择了不同的样本，以阿什肯纳兹犹太人①社群中的百岁老人为调查对象，科学家发现，同样是高龄老人，衰老的症状和认知能力都与端粒的长度相关，较长的端粒往往意味着较轻的衰老症状和较好的认知能力。[33]

有时候我们常常会忘记，能够影响健康和寿命的不只有物理因素。持久的精神压力对人体的许多系统（比如心血管系统和免疫系统）都有负面影响，会严重危害个人的健康。[34] 长期承受精神压力的

---

① 阿什肯纳兹犹太人是起源于中世纪德国莱茵河流域的一支犹太族裔，后迁移至东欧和中东地区。——译者注

人更容易英年早逝。一项针对 20~50 岁女性的研究显示，压力组的端粒长度比非压力组的更短。如果把端粒长度的差异换算成寿命，那么两组女性的寿命差大约为 10 岁。[35]

全球健康问题的“名人堂”里从不缺狠角色，其中很多都是人类自作自受的结果。如果要论谁更生猛一些，肥胖似乎能与吸烟分庭抗礼。还是引用根据世界卫生组织的数据，我们知道每年有将近 300 万人因肥胖或超重而死亡，近 1/4 的心脏病患者属于肥胖或超重。在 2 型糖尿病患者中，肥胖者的比例更加触目惊心（约 1/2 的病例是由体重超标引起的），癌症的情况也没有多好（大约 7%~41% 的病例属于肥胖）。[36] 肥胖已然成为全球性的公共卫生问题，它造成的经济和社会代价高得令人害怕。

最新的数据显示，细胞调节和应对能量及代谢波动的系统与保护基因组完整性（包括维持端粒的稳定性）的系统之间有密切的关联，[37] 也难怪有科学家会专门从肥胖者身上采集细胞，并分析其端粒的长度。前文提过的那项探究吸烟对端粒长度有何影响的研究，还同时分析了肥胖对端粒长度的影响。研究人员发现肥胖造成端粒缩短的负面效应甚至比吸烟更显著，换算之后，它相当于使人减少了近 9 年的寿命。[38]

如果读完上述内容能让你产生控制体重的想法，请你务必仔细选择恰当的方式。根据联合国的数据，世界上百岁老人比例最高的国家是日本。[39] 几乎可以肯定地说，日本人的长寿与日本传统饮食有关，因为饮食西化的日本人也会患上西方社会常见的慢性疾病。日本的传统饮食以低蛋白和相对较高的碳水化合物含量为特点，有的研究也显示，在幼年时期接受低蛋白饮食能让大鼠的端粒更长，这或许就是它们后来寿命更长的原因。[40]

所以，如果你想采取高蛋白、低碳水的阿特金斯饮食法或杜坎减肥法，先问问你的“无用”DNA作何感想。我怀疑你的端粒会站出来反对。

着丝粒：二是最完美的数字

细胞之增殖，一变二，二变四，四变八，如同音乐剧《国王与我》中的唱词，“无穷无尽，无始无终，等等等等”。[1] 成年人身上的 50 多万亿个细胞全都来自当初的那个受精卵。细胞的每次分裂都要确保子细胞能够获得与自身完全相同的遗传物质，不多一分，也不少丝毫。为此，细胞必须首先保证DNA的精确复制，在真核细胞中，这等同于染色体的完美复制。完成复制后，每条染色体起初都和它的复制品连在一起，但随着细胞进行分裂，两条相同的染色体被拉向相反的两极。这个过程如图 6.1 所示。

这里所说的只是体细胞的分裂过程，卵巢或睾丸里的生殖细胞并非如此。与普通的体细胞相比，卵子或精子的染色体数量少了 1/2。这才使得精子和卵子结合后形成的细胞（合子）能拥有数目正常的染色体，然后细胞开始一变二，无穷无尽，无始无终，等等等等。

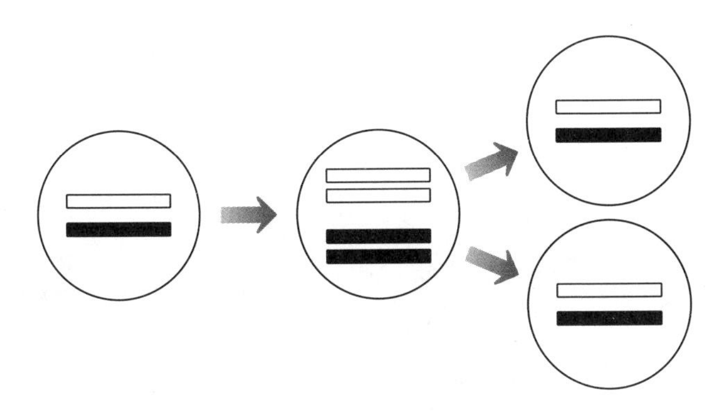

图 6.1　正常的人体细胞含有两组形态相同的染色体，它们分别来自母亲和父亲。在细胞开始分裂之前，每条染色体都要经过复制，以获得与自身一模一样的复制品。分裂开始后，染色体的本体和复制品分别被拉向相反的两极，这保证了子细胞含有与母细胞完全相同的染色体。为了方便起见，这里没有画出全部的 23 对人类染色体，只展示了其中的一对，其余的染色体依此类推。不同的颜色代表不同的亲本来源，分别对应母亲和父亲。这幅示意图只描绘了细胞核分裂的情况，核分裂发生在细胞分裂的早期，其后才会发生细胞质的分裂

正因为我们的染色体是成对的，所以染色体的数量才会出现减半的现象。每对染色体都来自父母，母亲给一条，父亲给一条，图 6.2 展示了在卵子和精子的产生过程中，染色体的数量是如何减半的。

一旦细胞的分裂过程出了差错，不管是在体细胞分裂产生新的体细胞的过程中，还是原始生殖细胞分裂产生卵子和精子时，造成的后果都可能会非常严重，我们将在本章的后续内容中看到这一点。细胞分裂是一种异常复杂的生命现象，它需要数百种蛋白质在高度有序的条件下协调合作。考虑到细胞分裂的复杂性，以及保证其高效且顺利进行的重要性，你可能很难想象它居然极度依赖一段长长的“无用”DNA。

这段特殊的“无用”DNA 被称为着丝粒。与我们在上一章介绍过的端粒不同，着丝粒位于染色体的内部。有的着丝粒恰好居于染色

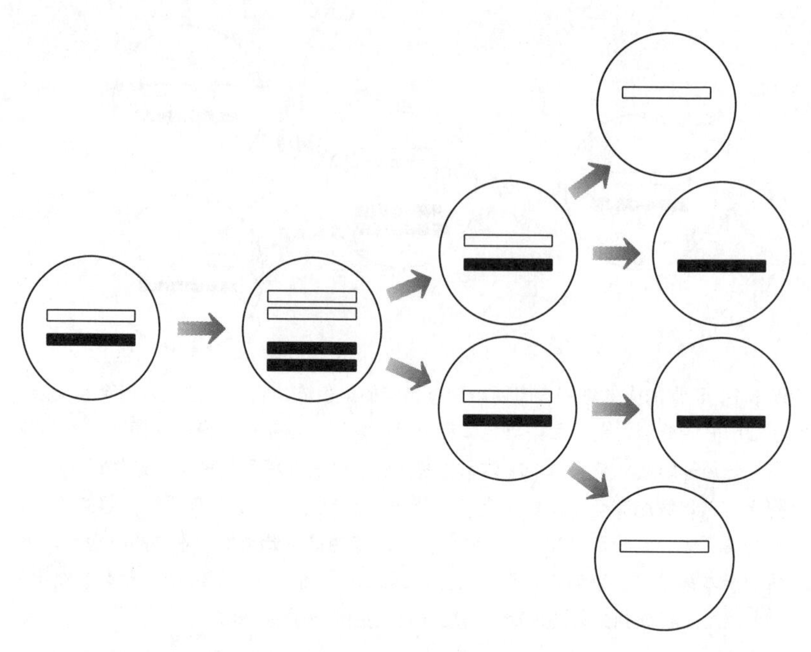

图 6.2 每个配子细胞（卵子或精子）只含有成对染色体中的一条，这张图展示的是配子细胞的形成过程。刚开始的变化与图 6.1 中的过程无异。但是，细胞在完成第一次分裂后，紧接着又进行了第二次分裂，这导致配子细胞内的染色体数量仅为正常细胞的 1/2。在分裂进行的早期，成对的染色体之间还会发生遗传物质的交换，这大大提高了后代的遗传多样性。不过，图中并没有展现交换的过程

体的正中间，有的着丝粒非常靠近染色体的末端，不同的染色体情况不尽相同。但我们仍可以说着丝粒的位置是固定的，比如，人类 1 号染色体的着丝粒总是在中点附近，而 14 号染色体的着丝粒则总是贴近末端。

着丝粒的基本功能是充当特定蛋白质的附着位点，这些蛋白质的作用正是将分离的染色体分别拖向细胞的两极。想象一下站在原地不能动，却想要拿到某件东西的蜘蛛侠。他会先朝目标射出一截蛛丝，再把它拽到身边。同样的道理，你可以想象有一个非常迷你的蜘蛛侠站在细胞的一极，他向自己需要的染色体射出一截蛛丝，等蛛丝黏附在目标上后，他就会把染色体拉到自己所在的那一头。而在细胞的另一极，有一个蜘蛛侠的克隆在做同样的事，他把另一条染色体拉了过去。

实际情况比这个蜘蛛侠的比喻还要再复杂一点儿：染色体的表面绝大部分是防蛛丝附着的，只有一小块地方可供蛛丝附着，这块地方就是着丝粒。细胞内有一种长长的丝线状蛋白质，它能够附着在着丝粒上，将染色体从细胞的中心拉向两极。这种丝线状的蛋白质结构被称为纺锤体。

着丝粒在所有物种中都扮演着至关重要且一成不变的角色，它们都是纺锤体附着的位点。这套牵引系统的正常运作对细胞来说意义非凡，它是细胞分裂正常进行的必要前提。既然它如此重要，就肯定会有很多人认为，着丝粒的DNA序列在演化方面应当极度保守。然而奇怪的是，现实情况根本不是这样。当科学家把目光投向除酵母菌①和蠕虫②以外的生物时，他们发现着丝粒的DNA序列极其多变。[2]事实上，不仅是物种之间，哪怕是同一个细胞内的两条染色体之间，着丝粒的DNA序列也有可能不同。谁能想到，如此多样的序列竟能实现功能上的高度一致。令人欣慰的是，对于这些生死攸关的“无用”DNA如何能够巧妙地规避这种演化上的忌讳，我们已经有了一些眉目。

以人类的染色体为例，构成着丝粒的基本单位是一段171个碱基

① 确切地说是芽殖酵母菌，比如酿酒酵母（*Saccharomyces cerevisiae*）。

② 秀丽隐杆线虫（*Caenorhabditis elegans*）。

对长度的DNA序列。①这171个碱基对能不断重复，重复序列的总长度有时可以达到500万个碱基对。[3] 着丝粒最关键的特征是它能够为一种叫作CENP–A（着丝粒蛋白A）的蛋白质提供锚定的位点。[4] 编码CENP–A的基因在各个物种中都高度保守，这与着丝粒的DNA形成了鲜明对比。

要解释着丝粒在演化上的不合理之处，再次借用蜘蛛侠的比喻或许会很有帮助。其实蜘蛛侠射出的蛛丝上连着CENP–A，只要这种蛋白质黏附在目标上——无论是一块肉、一块砖头、一个马铃薯还是一只灯泡，蜘蛛侠就能通过拉扯蛛丝把CENP–A连同目标物体一起拽到身边。

所以说，不同物种的着丝粒DNA序列千差万别也无妨，哪怕像肥肉和灯泡一样迥异，只要CENP–A保持不变，高度保守的纺锤体也就能在细胞分裂时牢牢地附着在CENP–A上，并将染色体沿相反的方向拉到细胞的两极。

除了CENP–A，科学家还在着丝粒上发现了许多其他种类的蛋白质。我们可以在实验室里敲除编码CENP–A的基因。在这个基因停止表达后，其他本应能够与着丝粒结合的蛋白质也没有再出现在着丝粒上。[5, 6] 但是，如果反过来敲除其他蛋白质的基因，CENP–A照样能与着丝粒结合。[7] 这说明CENP–A在这里扮演了分子地基的角色。

科学家曾让果蝇细胞的CENP–A基因过度表达，结果他们发现，染色体的着丝粒开始出现在正常情况下不会出现的位置上。[8] 人类细胞的情况似乎要更复杂一些，因为CENP–A基因的过量表达并不会导

① 这段长171个碱基对的单位序列被称为“α卫星重复序列”。

致染色体上出现多余的、位置异常的着丝粒。[9] 看来在人类细胞中，CENP–A 只是着丝粒形成的必要条件，而不是充分条件。

纺锤体需要很多蛋白质协助才能执行自己的功能，而CENP–A 就是召集这些蛋白质就位的必要成分。在分裂旺盛的细胞内，CENP–A 会与超过 40 种不同的蛋白质一起组成复合结构。它们的结合犹如拼乐高玩具，遵循严格的先后顺序。一旦完成复制的染色体分别到达细胞的两极，这些由众多蛋白质组合而成的大型复合结构又会立刻分崩离析。从无到有再到无，整个过程通常不超过一个小时。我们不清楚究竟是什么东西在操控这个过程，但它肯定与细胞内的一个简单物理结构有关：通常情况下，细胞核的周围有一层生物膜包裹，蛋白质大分子很难随意穿越这道屏障。当万事俱备，细胞准备将复制完毕的染色体分开时，包裹细胞核的生物膜会暂时崩解，于是，前文提到的那些蛋白质便可以与着丝粒上的复合体发生接触和相互作用了。[10] 打个比方，就像是有一个搬家公司的团队守在你家门外。他们随时准备更换屋子里的家具，但前提是你得先打开房门，招呼他们进屋。

位置，位置，还是位置！

我们依然没能解答一个概念性的问题。虽然着丝粒的DNA序列是否保守其实并不重要，重要的是CENP–A，因为它在染色体的什么位置，着丝粒就在哪里形成，但是即便如此，细胞又怎么“知道”每条染色体上的着丝粒应该出现在什么位置呢？为什么 1 号染色体的着丝粒总是会在染色体的中点，而 14 号染色体的着丝粒又总是出现在末端附近呢？

想要理解这种现象，我们必须用更精巧复杂的眼光看待细胞内的DNA。DNA双螺旋模型已然成为一种文化符号，而且它很可能是最知名的生物学标识。但现实中的DNA看上去并不像双螺旋，它是一种细长分子。假设你能取出一个人体细胞内所有的染色体，再把其中的DNA全部捋直，然后首尾相接地连起来，这些遗传物质的总长度将达到2米。可这么长的DNA被塞进了直径仅为0.01毫米的细胞核内。

这就好比要把一个垂直高度相当于珠穆朗玛峰的东西，装进只有高尔夫球那么大的容器里。如果这个东西是8 000米长的登山绳索，显然谁也无法做到；但如果它是比人的头发还细得多的丝线，这就不是不可能的事了。

虽然人类的DNA很长，但是幸好它很细，所以才能被装进细胞核里。不过，事情从来不会这么简单直白。光是把DNA塞进一个狭小的空间里是远远不够的。要理解这一点，最简单的方法是类比圣诞树上的彩灯。如果在圣诞假期临近结束的时候，你只是草草地把彩灯从圣诞树上卸下来，然后胡乱地塞进收纳盒，那么它们会占用很多的空间。几乎可以肯定，等到来年又要用的时候，你会发现它们乱糟糟地缠成一团。想要解开这堆乱麻不仅得花大力气，而且很可能会弄破一两个灯泡。另外，如果你偶尔有特殊需要，想拿某个特定的灯泡，你一定会感到非常崩溃。

但是，如果你是一个条理清晰的人，会在收起彩灯前把每一段电线都整整齐齐地缠绕在硬纸板上，整洁和勤劳的习惯就会让你在来年的圣诞节受益，能让你从小盒子里拿出彩灯时省下很多力气。整齐的收纳不仅能节约阁楼的储物空间，还能让你非常轻松地解开收起的彩灯，不用担心电线会缠在一起或是断裂，而且方便搜寻，想取哪个灯泡就取哪个。

同样的事情也发生在我们的细胞里。DNA 并非一堆被随意揉成团的遗传物质，相反，它像丝带一样精巧地缠绕在某些蛋白质上。这种结构能防止 DNA 的缠结和断裂，让它在狭小的空间内保持整齐和有序。结构完整、条理清晰的 DNA 有助于细胞随时调取需要的基因，调控每个基因的启动和关闭。

我们的 DNA 缠绕在某些特殊的蛋白质外，这些蛋白质被统称为组蛋白，它们形成的基本结构如图 6.3 所示。有 8 个组蛋白（分属 4 个不同的种类，每种 2 个分子）构成了一种蛋白质八聚体，DNA 缠绕在这种八聚体上，犹如一根跳绳捆住了 8 个网球。在人类的基因组中，这种八聚体数量众多，几乎无处不在。

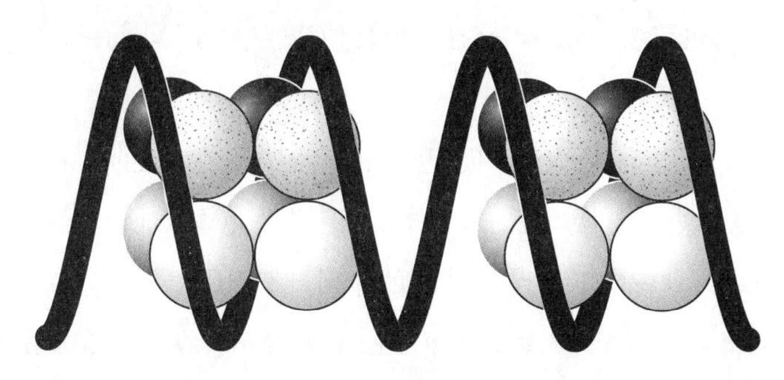

图 6.3　DNA（用黑色的粗实线表示）缠绕在组蛋白八聚体（有 4 种不同类型的组蛋白，每种 2 个）周围

CENP-A 与其中一种组蛋白非常类似，两者的氨基酸序列高度相似，只有一些关键性的微妙区别。如图 6.4 所示，在着丝粒所在的位置，4种常规组蛋白中的1种①不见了，由CENP–A取而代之。[11] 每条染色体的着丝粒上都有数千个含有CENP–A的八聚体。

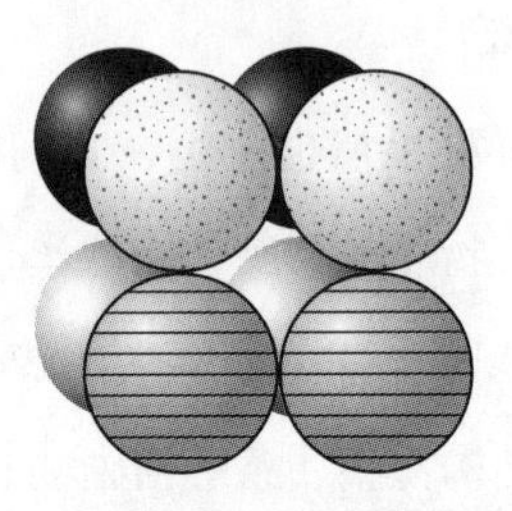

图6.4 左侧的8个圆球代表在基因组中占绝大多数的标准组蛋白八聚体；右侧的8个圆球代表着丝粒内的特殊八聚体，4种标准组蛋白中的1种被着丝粒特有的组蛋白分子所取代，这种蛋白质的名称是CENP–A。右侧的条纹圆球代表着丝粒特有的组蛋白

在将染色体拉开时，着丝粒上数千个八聚体中的CENP–A便成了纺锤体抓握用的“把手”。提高着丝粒的刚性是往八聚体中插入CENP–A造成的效应之一。[12] 你可以想象一下用绳子拉一块果冻和拉一块硬糖的区别，增加着丝粒的坚固程度显然更有利于纺锤体执行自己的功能。

但我们依旧在原先那个问题上原地徘徊，现在它变成了：为什么CENP–A会被插入着丝粒的八聚体，而不是染色体其他位置的八聚体中？首先，这肯定不是因为DNA的序列。基因组里不乏与着丝粒的序列相类似的“无用”DNA，但CENP–A并不会在那些地方扎堆和聚集。[13]CENP–A只出现在着丝粒中，或者在某种程度上这句话应该反过来说，我们其实是把那些有CENP–A附着的位置和结构称为着丝粒。细胞分裂的必要前提当然是保证遗传的稳定性，可是人类细胞的

① 这种组蛋白的名称是“组蛋白H3”。

着丝粒与DNA的序列无关，这种单从遗传的角度来看毫无稳定性可言的机制，为什么能在细胞的演化中担此重任？

这或许与一种“自我播种”式机制有关：一旦CENP–A在染色体上落地生根，它就会设法一直占据那个位置，并把占领的地盘延伸到所有子细胞的基因组里。[14] 这与DNA的序列无关，是由组蛋白八聚体上的小分子修饰基团决定的。

构成八聚体的组蛋白可以有很多种不同的修饰方式。生物体内的蛋白质都是由 20 种氨基酸构成的，由于很多氨基酸可以被修饰，蛋白质分子的修饰方式十分多样。在这一点上，不只是组蛋白，所有的蛋白质都是如此。

如图 6.5 所示，在人类的着丝粒上，含有CENP–A的八聚体并不是一家独大，而是与标准的组蛋白八聚体相间分布。标准的八聚体带有一连串十分独特的化学修饰基团，这些化学修饰又会吸引其他蛋白质前来与之结合，而这种结合的部分效应是保证修饰基团本身的稳定性。[15] 这让标准的组蛋白八聚体把含有CENP–A的着丝粒八聚体牢牢地限制在基因组内特定的位置上。这很可能解释了，作为细胞自我延续最基础也是最根本的手段之一，细胞分裂为什么能把基因组定位这种力求精确的遗传任务，交给不同物种间序列差异极大的着丝粒“无

● 标准的八聚体　　○ 含有CENP–A的八聚体

图 6.5　标准的八聚体和含有CENP–A的八聚体在着丝粒上间隔分布的示意图。现实中的着丝粒通常含有数千个八聚体，为了简洁起见，这里只画出了少数的几个。图中的每个圆圈都代表一个完整的八聚体

用”DNA序列。

着丝粒上的化学修饰，也有让基因组的这个区域保持沉默的作用。虽然最新的研究数据显示，某些着丝粒所在的区域仍有低水平的RNA表达活性，但这种活动对细胞的功能而言是否有意义尚未可知。因此我们可以说，着丝粒上的DNA基本只是一堆没有任何功能的无用序列，它仅仅是CENP-A以及其他相关蛋白的附着位点而已。这就是它对细胞的全部意义。况且，这种DNA没有功能反而更好，因为与含有CENP-A的八聚体结合会阻碍它的表达。这也是着丝粒的DNA能在演化进程中百花齐放的原因，因为它的序列真的不重要。

凡事都不会无中生有

说到这里，我们的问题似乎还剩下一个不甚明了的细节。作为始作俑者的CENP-A，要怎么“知道”哪段“无用”DNA才是正确的结合位置？不过，你只要稍加思考，就会发现这种追根溯源的提问方式其实是思维定式使然：我们假定每个现象都有原因，而原因本身又是另一个原因的结果，周而复始，直到遇上无解的“死胡同”。美国作词作曲家奥斯卡·汉默斯坦二世有一句歌词写得好，在《音乐之声》中，冯·特拉普上校和玛丽亚合唱道：“凡事都不会无中生有。凡事皆不可如此。”[16]

他们唱得实在是太对了。

裸露的人类DNA是没有任何功能的分子。它什么也做不了，当然也不可能主导新个体的诞生。基因组所有的附加信息一点儿也不能少，比如组蛋白和组蛋白上的化学修饰，而且DNA必须位于活细胞内。当染色体与自己的副本分离时，二者分别被拉向细胞的两极，它们都带走了一部分组蛋白的八聚体。这些八聚体已经位于正确的位置，带有必要的修饰基团。有了这些便足够了，它们就像基因组的种子，能帮助子细胞重新安排组蛋白和组蛋白上的修饰。不仅标准的八聚体是这样，含有CENP–A的八聚体也是一样，后者的分布同时还决定了着丝粒所在的位置。这两种八聚体微妙的氨基酸差异可以吸引不同的蛋白质，这是二者具有不同功能的前提和关键所在。[17]

作为遗传序列的辅助信息，有的化学修饰在卵子和精子生成时仍会被原封不动地保留下来。[18] 卵子和精子结合形成受精卵，一个小小的受精卵最终将变成含有上万亿个细胞的人体，而在这个过程中，含有CENP–A的八聚体从始至终都占据着相同的位置。我们的着丝粒在人类繁衍生息的过程中代代相传，甚至在人类的祖先出现之前便已经就位，决定它们位置的是蛋白质，并非与蛋白质相结合的DNA。

有一些药物可以针对性地干扰纺锤丝对染色体的牵拉。纺锤体是由许多蛋白质装配而成的，这些蛋白质只有在染色体准备分离的时候才会聚集到一起。一种名叫紫杉醇的药物能让纺锤体的化学性质变得过度稳定，致使构成纺锤体的蛋白质无法分离、纺锤体无法分解。[19]

过于稳定的纺锤体对细胞有害，我们可以用带云梯的消防车打个比方。云梯能够伸长，把消防队员送上失火的高层建筑救人，这当然是好事。但是，如果火情平息之后，消防员无法将其收回，只能拖着长长的云梯在市区里驱车赶路，那要不了多久，肯定会发生严重的意外事故。受到紫杉醇毒害的细胞也是这样。细胞可以通过特定的机制觉察到纺锤体没有正常地分解，这会触发整个细胞的崩溃。在英国，紫杉醇是一种得到批准的抗癌药物，它适用于许多癌症，比如非小细胞肺癌、乳腺癌和卵巢癌。[20]

紫杉醇的抗癌效果很可能与癌细胞旺盛的分裂能力有关。一种可以干扰细胞分裂的药物，对癌细胞的杀伤力自然会比对正常体细胞的影响大得多，因为后者的增殖速率远不及前者。不过我们也知道，干扰染色体分离的过程并不是治疗癌症的万能手段，因为染色体的异常分离恰恰是某些癌细胞的标志性特征。

数量决定命运

如果染色体的分离出现差错，其中一个子细胞就有可能同时得到某条染色体的“本体”和“复制体”，而另一个子细胞则什么也得不到。由此导致的结果是，某条染色体的数量在第一个子细胞内超标，而在第二个子细胞内却不足。这种染色体数目不对的情况被称为“非整倍性”。相应的英文单词“aneuploidy”源于希腊语，*an*表示“非”，*eu*表示“整”,*ploos*表示“倍数”(相对于“一倍”“两倍”中的“倍”)。顾名思义，非整倍性代表基因组处于不均衡的状态。

令人惊讶的是，多达90%的实体瘤都含有异常的非整倍体细胞，换句话说，这些细胞内的染色体数目不对。[21] 非整倍性的情况相当复杂多变，比如在一个癌细胞内，第一种染色体可能有4条，第二种可能有2条，而第三种却只有1条，或者也可以是另一种完全不同的数量组合。这或许意味着当染色体的分离出现错误时，它造成的后果有相当高的随机成分。由于非整倍性表现出这种多样性，我们很难确定它到底是癌症的因还是果：它可能是直接导致细胞癌变的罪魁祸首，也可能是受细胞癌变的影响才出现的特征性改变。最有可能的情况是，因为染色体的数目异常基本上是一种随机事件，所以数目的异常程度与引发的后果之间存在一定程度的量变关系。比如，有的染色体数目异常会加快细胞的增殖速度，而有的则正好相反，会触发癌细胞的凋亡。另外，也有可能存在正负抵消的情况，即染色体的数目异常最终没有引发任何可见的效应。[22]

值得注意的是，非整倍性现象似乎也会出现在某些正常的细胞中。有研究称，小鼠和人类的大脑中可能有多达10%的细胞是非整倍体。[23]而在胚胎神经系统的发育过程中，这个比例更高，约为30%。不过，许多非整倍体细胞都在后来的发育中被清除了。[24]就我们目前所知，遗留在大脑内的非整倍体细胞拥有非常活跃的功能。[25]没有人能解释我们为什么需要这些染色体数目异常的脑细胞，另外，科学家在肝脏里发现了类似的情况，但他们同样不知道这些非整倍体肝细胞存在的意义。[26]

上面所说的情况，都出现在人体绝大部分的体细胞产生之后。因为成熟的人体仍能凭借细胞分裂获得新的体细胞，当然有时也会得到癌细胞，非整倍体细胞就是借着这种机会出现的。在类似的情况下，染色体的错误分离就算对人体有不良的影响，通常也很轻微。原因很可能是有大量的正常细胞作为补偿，稀释了异常细胞的负面作用。

不过，要是非整倍性现象出现在卵子或精子（配子细胞）的形成过程中，性质就不同了。如果有一对染色体没能正确地分离，那么最终会出现两种配子：一种多一条染色体，另一种少一条。我们以卵子为例，假设21号染色体在卵子的形成过程中分离异常，那么将有一半的卵子含有两条21号染色体，另一半卵子没有21号染色体。

如果不含21号染色体的卵子与精子发生结合，所得的胚胎就只有一条 21 号染色体，这种胚胎很快就会死亡；如果是含有两条 21 号染色体的卵子与精子结合，胚胎将拥有三条 21 号染色体，虽然这种胚胎相比正常的胚胎更容易发生自然流产，但是依旧有很多可以发育成熟并顺利降生。

我们中的绝大多数人都认识或者至少见过含有三条 21 号染色体的人，含有三条同源染色体在生物学上被称为三体，因此这些人所患疾病被称为 21 三体综合征，又称唐氏综合征。[27] 造成这种疾病的原因有很多，比如也有可能是染色体在精子的形成过程中发生错误的分离，或者在受精卵最初的几次分裂中出现同样的错误，只不过卵子出错的情况最为常见。

唐氏综合征在新生儿中的发病率大约为 1/700，它的症状复杂多样，常常伴随心脏缺陷、特征性的体态和面容，以及或轻或重的智力障碍。多亏了药物和手术技术的进步，今天的唐氏综合征患者比过去更容易活到成年，但他们罹患早发型阿尔茨海默病的风险仍然高于正常人。[28]

唐氏综合征复杂的症状和难以捉摸的病理性质让我们清楚地看到，保持染色体的数目正确对细胞而言有多重要。唐氏综合征患者只是多了一条 21 号染色体，但是这 50% 的同源染色体增量（以及相应的基因数量增幅）对细胞和个体造成了巨大影响。我们的细胞对这条多余的染色体束手无策，由此可见正常情况下基因的表达肯定受到了严格的调控，基因之间一定维系着微妙的平衡，以至于只能容许非常有限的偏差，稍有不慎就会超过细胞的代偿能力。

人类还有两种已知的三体综合征，每一种的症状都比唐氏综合征严重得多。18 三体综合征（又称爱德华综合征）是由三条 18 号染色体的异常情况引起的，在新生儿中的发病率约为1/3 000。将近3/4的18三体综合征胎儿会胎死腹中，即使能顺利出生，大约90%的患儿也会在周岁前死于心血管缺陷。患儿在子宫里发育得非常慢，出生体重很低，头部、下颌和嘴都偏小，还有其他多个系统存在问题，比如严重的智力障碍。[29]

而最罕见的要数13三体综合征（又称帕塔综合征），它在新生儿中的发病率是1/7 000。出生的患儿有严重的发育问题，几乎没有患者能活到周岁。该病累及众多器官，包括心脏和肾脏。严重的颅骨变形是常见的症状，患者的智力极度低下。[30]

可以看到，从妊娠开始就多一条染色体，会对胚胎的发育造成明显的负面影响。不管是上面说的哪一种三体综合征，患儿在降生的时候都已经表现出了严重的问题和症状。想应对这种情况也不难，产前筛查可以在怀孕期间探查出绝大多数患有三体综合征的胎儿。这告诉我们，发育的过程十分精巧，经受不住染色体数量异常的考验。

肯定会有人忍不住琢磨：13号、18号和21号染色体是不是有什么不同寻常的特点，会不会是因为其着丝粒的结构特殊，才导致它们在卵子和精子的形成过程中更容易出现分离错误的情况？或者是其他的染色体也可出现三体情况，但因为它们的三体情况没有什么临床效应，所以被我们忽视了？

这是典型的井底之蛙思维：只盯着自己看到的，而不去想或许还有很多没有看到的东西。我们之所以能看到13、18和21号染色体的三体患儿，是因为这三种情况相对不严重——虽然这听上去似乎很反直觉。通常而言，越大的染色体含有的基因也越多。这三条染色体属于尺寸最小的染色体，含有的基因数量相对而言很少。所以，我们从来没有见过其他染色体（比如1号染色体）的三体现象，是因为它们太大了。1号染色体非常大，包含的基因也很多。但凡精卵结合产生的合子内存在第三条1号染色体，由于过量表达的基因数量实在太多，细胞的功能将受到毁灭性的干扰，造成胚胎在非常早的时期就死亡——早到女性甚至都没有意识到自己怀孕了。

就25~40岁的女性而言，试管婴儿的成功率不受年龄的影响。[31]但是，女性自然受孕的成功率确实会在25岁之后逐渐下降。这种差异说明女性的年龄会严重影响卵子的质量，而不是子宫的功能。我们通过对唐氏综合征的研究得知，母亲的年龄会影响卵子中染色体分离的成功率。因此我们可以合理推测，25岁之后，女性自然受孕率的下降或许在一定程度上与胚胎早期发育的失败率升高有关，而这是着丝粒的功能衰退和染色体在卵子生成过程中分配不均的结果。

X 染色体失活："无用"DNA 给基因拉电闸

2011—2012 年这 12 个月间，英国共有 813 200 名婴儿诞生。[1] 我们可以按照上一章的患病率推算，这些孩子中大约有 1 200 名 21 三体综合征患者、270 名 18 三体综合征患者和将近 120 名 13 三体综合征患者。与 80 多万的新生儿总数相比，寥寥数千名患者确实不值一提。这和染色体数量冗余极具破坏性的理论相符：这种情况通常不是不痛不痒的，而是有极高的致死率。

所以，当发现在这 12 个月内出生的婴儿中有超过一半人（40 万名儿童）的体内存在某条染色体冗余的情况时，你是不是更感惊讶？你没听错，高达 1/2 的比例。更让人疑惑的是，多出的这条并不是微不足道的小染色体，它的体积非常大。可是，哪怕是最小的染色体，也能导致像 18 三体综合征和 13 三体综合征这样严重的遗传病，更何况大型的染色体。所以，这究竟是怎么回事呢？

这个“罪魁祸首”叫作X染色体。细胞有一套完善的机制应对X染色体的冗余，阻止其可能带来的伤害，它的原理正好与“无用”DNA有关。在解释这种保护机制是如何起效之前，我们有必要先介绍一下X染色体。

在绝大多数情况下，细胞中的染色体都是长长的细线状分子，相互之间缺少足够的区分度，我们很难辨别。用普通的光学显微镜看，它们就像一大团纠缠在一起的羊毛。但当细胞做好分裂的准备时，染色体的结构会变得高度有序和紧凑，条条分明，轮廓清晰。只要你掌握了恰当的技术，就能从细胞核里分离出所有高度压缩的染色体，用专门的试剂将其染色，并在显微镜下观察和区分每一条的形态。这个阶段的染色体看上去很像一捆捆羊毛线，而着丝粒就像固定线团的纸套。

通过拍摄和分析人体细胞中染色体的照片，科学家识别出了人类的每一条染色体。他们把人类全部的染色体从照片上剪出，再按一定的顺序排放。科学家正是通过这种老老实实计数的办法分析患儿细胞内的染色体数量和形态，最后发现了21三体综合征、18三体综合征和13三体综合征的病因。

不过这都是后话，在人们发现染色体的数量与这些严重的疾病有关之前，早期的科研人员只是好奇于人类遗传物质的组织形式。他们把染色体一条一条地摆出来，发现正常的人类细胞含有46条染色体。卵子和精子是例外，它们都只有23条。我们的染色体都是成对存在的，一半来自母亲，另一半来自父亲。以1号染色体为例，其中一条是母亲遗传给我们的，而另一条则来自父亲。2号染色体也一样，3号、

4 号……依此类推。

但这个规律只适用于其中的 22 对染色体，我们把这 44 条染色体统称为常染色体。只看常染色体是无法辨别一个细胞来自女性还是男性的，这时候就轮到剩下的那一对染色体出场了，它们与人的性别对应，被称为性染色体。女性拥有两条外观相同的大型性染色体，编号为 X；男性只有一条 X 染色体，另有一条很小的性染色体编号为 Y。女性和男性的染色体构成如图 7.1 所示。

Y 染色体虽然不大，但是对人体的影响可不小。在发育过程中，Y 染色体是否存在是主导性别的关键因素。尽管它包含的基因数量不多，但在性别决定上起着举足轻重的作用。事实上，占主导地位的只有一个基因（*SRY*），它的作用是指导睾丸的形成。[2] 有了睾丸就能分泌睾酮，而有了睾酮就可以使胚胎发生雄性化。令人惊讶的是，一项最新的研究显示，只要有了这个决定睾丸形成的基因和另一个基因，小鼠就不仅能获得雄性的身体特征，还能产生有功能的精子，并在哺育后代中表现出父性行为。[3]

与 Y 染色体不同，X 染色体巨大，含有超过 1 000 个基因。[4] 这造成了一个潜在的问题：男性只有一条 X 染色体，相应地也只有一份 X 染色体上的基因，而女性却有两份。所以理论上来说，女性可以合成两倍于男性的、由 X 染色体上的基因编码的蛋白质。我们可以从第 6 章介绍的三体现象中看出，即使是 50% 的基因表达增幅也足以对胚胎的发育造成严重的影响。可是，在男性只需要一条 X 染色体就能正常发育的前提下，女性居然能承受 1 000 多个基因翻倍表达的后果，这究竟是为什么？

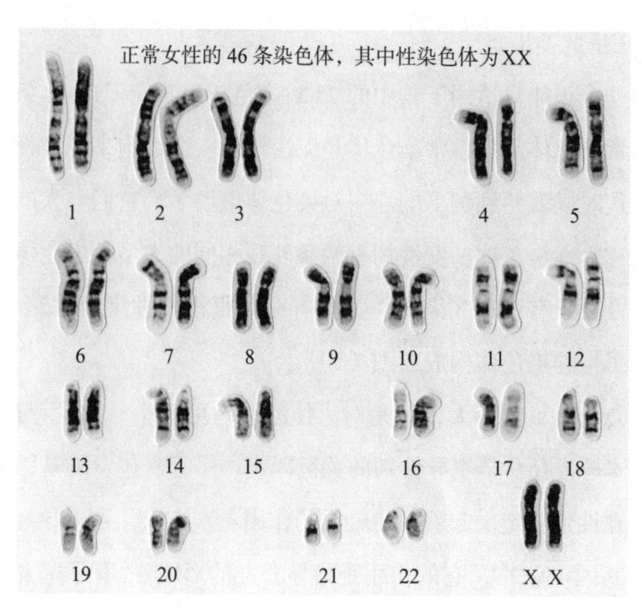

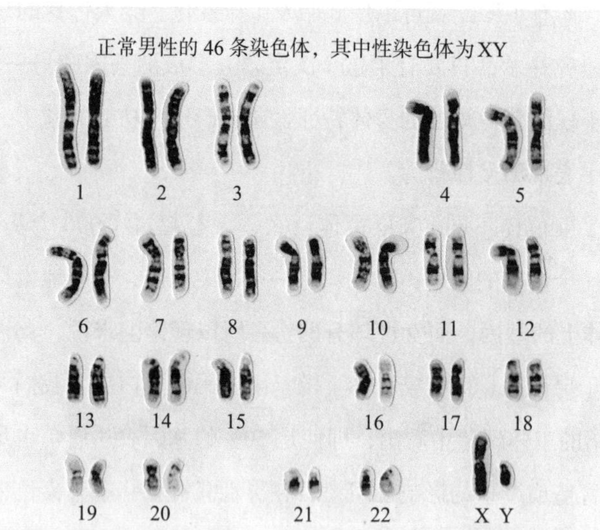

图7.1 男性和女性的标准核型，核型（又称染色体组型）是指一个细胞的染色体组成。上方的图是女性的核型，下方的图是男性的核型，两者唯一的区别是最后一对染色体。女性有两条大型的X染色体，男性有一条X染色体和一条Y染色体

图片来源：Wessex Regional Genetics Centre, Wellcome Images

女性的基因电闸

事实上，女性X染色体上的基因表达量并没有翻倍。在女性体内，由X染色体编码的蛋白质的表达量与只有一条X染色体的男性相当，实现这种效果的方式非常巧妙：在每个细胞内，女性都设法将两条X染色体中的一条关闭。这种现象被称为X染色体失活，它不仅与人类的存亡息息相关，还因为无法预测的遗传效应而受到广泛的关注，对其机制的探究催生了一个直到今天依旧十分热门的生物学分支领域。

我们意识到，人体细胞知道自己有几条X染色体，这太不可思议了。男性的细胞本就只有一条X染色体和一条Y染色体，所以没有让X染色体失活的必要。但有的男性可以有两条X染色体和一条Y染色体。由于Y染色体是雄性化的决定因素，所以这些拥有两条X染色体的人依然是男性，可是和女性一样，他们的细胞会让多出的那一条X染色体失活。

在女性中也会发生类似的情况。有的女性拥有三条X染色体，这时，她们的细胞会关闭两条而非一条X染色体。另一种相反的情况是当女性只有一条X染色体时，细胞不会将其关闭。

细胞不仅会数X染色体的数目，还能记住失活的是哪一条。在产生卵子时，女性通常会将成对的染色体拆开（包括成对的X染色体），分给每个卵子。精子的情况类似，唯一的区别是，有的精子得到的是一条X染色体，而有的得到了Y染色体。当含有X染色体的精子与卵子结合时，形成的合子将拥有两条有功能的X染色体。但这只是暂时的，只需经历几轮细胞分裂，随后在发育的极早期阶段，每个胚胎细胞都会挑选其中一条X染色体，使其失活。细胞选择哪一条X染色体是完全随机的，有的细胞选择来自父亲的那条，有的细胞选择来自母亲的那条，只不过每一个后续分裂得到的子细胞都会继承母细胞的衣钵，让最初失活的那条X染色体始终保持关闭的状态。换句话说，在一个成年女性身上的50万亿个细胞中，平均有1/2的细胞在使用来自卵子的那条X染色体，另有1/2在使用来自精子的那条X染色体。

失活的X染色体具有非同寻常的物理构象，DNA被压缩得无比紧凑。想象一下你和朋友分别抓着一条浴巾的两端，然后同时朝顺时针方向拧的情景。很快，浴巾的中部就会被扭到一起，把你们两人拉向对方。再想象一下这条浴巾原本有5米长，但你们通过不懈努力，把它拧成了线性长度只有1毫米的布团。至此，这块浴巾已经紧得无以复加。失活X染色体的紧凑程度基本上与这条浴巾相当，由此造成的效应之一是当我们用显微镜观察女性体细胞的细胞核时，失活的X染色体已经形成了致密的可见结构，而其他染色体此时还是长而松散的线性分子，因而无法用肉眼看到。这种处于高度压缩状态的X染色体被称为X染色质（又称巴氏小体）。

为了弄清X染色体失活的机制，科学家研究了一些不寻常的细胞系和小鼠品系。这些研究的对象要么X染色体有部分缺失，要么X染色体的一部分易位到了其他的染色体上。有的细胞在丢失部分X染色体后依旧能形成X染色质，这意味着它们顺利地关闭了两条X染色体中的一条；但另一些丢失了不同部分的细胞没有形成X染色质，也就是说，它们没能让其中一条X染色体失活。

同样是X染色体有一部分易位到了其他的染色体上，这些接受了X染色体部分片段的“杂交”染色体有时会失活，有时又不会。失活与否完全取决于发生易位的是X染色体的哪一个部分。

这些研究成果帮助科研人员缩小了搜寻的范围，并最终定位了在X染色体失活过程中起关键作用的区域。他们十分贴切地把这个区域称作X失活中心。1991年，一个研究团队发文称，他们在X失活中心内发现了名叫*XIST*的基因①。只有位于失活的X染色体上的*XIST*基因才会表达*XIST* RNA。[5,6]这完全说得通，因为X染色体失活是一种非对称现象：两条地位本完全相同的X染色体，一条会失活，而另一条却不会。所以，失活的X染色体会表达一个没失活的X染色体不会表达的基因，听上去倒也合情合理。

竟是一段巨大的"无用"序列

显然，科学家要问的下一个问题是：*XIST*究竟是如何起作用的？他们做的第一件事是预测这个基因所编码的蛋白质的氨基酸序列。这通常不复杂，只要提取*XIST*基因转录的RNA分子，将它的核苷酸序列输入一个简单的计算机程序，科学家就能轻松预测蛋白质产物的氨基酸序列。*XIST*的RNA分子非常长，约有1.7万个碱基。由于每个氨基酸由三个碱基编码，所以理论上讲一条含有1.7万个碱基的RNA分子，应当可以编码一个大约由5 700个氨基酸构成的蛋白质分子。但科学家在深入解析后发现，*XIST* RNA编码的蛋白质产物最长的也不到300个氨基酸。我们这里所说的*XIST* RNA是已经完成剪接的RNA分子（我们在第2章介绍过这种机制），所以分子内不含阻断遗传信息的"无用"序列。

① *XIST*是X inactive specific transcript（X失活中心专属转录物）的首字母缩写。

问题出在*XIST* RNA本身，它在序列中安插了大量不对应任何氨基酸的终止信号，一旦新合成的蛋白链遇到这种信号，便会停止延伸。我们可以用乐高积木来打个比方，合成蛋白质的过程就像用乐高积木拼一座高楼，往蛋白链上添加氨基酸犹如往大楼的基座上添加积木，拿一块拼一块，可以一直持续下去，直到有人递给你一块屋顶的零件。一旦把这块上方没有凸点的积木拼到顶部，你就无法再让大楼变得更高了。

假设*XIST*基因的功能是编码蛋白质，可它大动干戈地用1.7万个碱基①、多花了20倍的资源和力气，只为编码一种用不到900个碱基的RNA分子就能编码的蛋白质分子，这是不是有点儿奇怪？幸好研究这个领域的科学家很快意识到，这段基因并不是为了指导蛋白质的合成。事实更为离奇。

DNA位于细胞核内。细胞会将DNA的遗传信息复制到RNA上，将信使RNA从细胞核运出，并以这种分子为模板，在细胞质内完成蛋白质的装配。但研究显示，*XIST*的RNA从来没有离开过细胞核。它不编码任何蛋白质，哪怕是科学家当初预测的那种不到300个氨基酸构成的小型蛋白质。[7, 8]

*XIST*其实是我们知道的第一个用RNA分子本身执行功能，而不是把它当作遗传信息的载体来指导蛋白质合成的例子。它极好地说明了“无用”DNA——不编码蛋白质的DNA序列——并不是全无用处的。“无用”DNA本身同蛋白质一样重要，因为如果没有它，X染色体失活就不可能发生。

---

① 是碱基，而不是碱基对，因为RNA是单链分子。

*XIST*有一个奇怪的特性：它编码的RNA不会离开细胞核，甚至不会脱离它所在的X染色体。*XIST*基因的RNA能附着在失活的X染色体上，随着RNA分子积聚得越来越多，它们会逐渐沿失活的X染色体扩散，将其包裹起来，这个过程被文雅地称为"喷涂"。从这个文绉绉的叫法可以看出，其实我们对它并不了解。没有人知道为什么*XIST* RNA能像日行千里藤①爬满墙头一样在染色体上蔓延，并最终把整条X染色体包裹起来。即便是在数十年后的今天，我们依旧对此困惑不已，只知道这种现象与X染色体的DNA序列无关，因为当X染色体的失活中心易位到常染色体上之后，受到影响的常染色体也会失活，仿佛它就是那条多余的X染色体一般。[9]

虽然*XIST*是触发X染色体失活的必要前提，但它也需要帮手来强化和巩固失活效应。在*XIST*喷涂X染色体的同时，它也成了其他核内蛋白附着的位点。有的蛋白质会先与失活的X染色体结合，然后吸引更多其他的蛋白质，让本已失活的基因更难有表达的机会。而唯一不会被*XIST* RNA和这些蛋白质包裹起来的基因正是*XIST*基因本身。在X染色体那万马齐喑的版图上，持续表达的*XIST*犹如黑暗中一盏微弱而倔强的灯火。[10]

从左到右，从右到左

那么，新的情况出现了，我们发现有一种"无用"DNA（它不编码任何蛋白质）是全世界一半的人类都不可或缺的。科学家刚刚发

---

① 日行千里藤（Mile-a-minute Vine）是一种蔓延迅速的草本植物，五爪金龙与杠板归共享这个俗名。——编者注

现，除了*XIST*之外，X染色体的失活至少还需要另一段“无用”DNA作为必要的前提。让人费解的是，这段DNA在X染色体上的位置与*XIST*完全重合。我们都知道DNA是一种双链分子（想想那标志性的双螺旋图案）。细胞在以DNA为模板合成RNA时，总是会沿着相同的方向“读取”DNA上的信息，正是根据这种方向性，我们才能给核酸序列分出头和尾。不过，DNA分子的两条单链并不是同向而是反向平行的，类似于能在老旧的海滩或者山林度假地看到的那种相向而行的地面缆车。这意味着，即便是同一段互补的双链分子，由于读取碱基时存在从左到右和从右到左的方向差异，因此，实际上任何一段双链序列都携带着两份互不相同的遗传信息。

我们可以用一个简单的例子说明这种现象。比如英语单词“DEER”，如果从左往右读，它的意思是“鹿”；还是这4个字母，如果从右往左读，我们就得到了另一个单词“REED”，它的意思是“芦苇”。同样的字母，同样的顺序，只因为阅读的方向不同，就变成了含义不同的单词。

科学家把另一段在X染色体失活中起关键作用的“无用”DNA命名为*TSIX*。*TSIX*自然是*XIST*的反序词，因为两者在X染色体上的位置重合，只是分别位于两条走向相反的单链上，所以这个名字取得十分形象和贴切。*TSIX*编码了一条长度是4万个碱基的RNA分子，比*XIST* RNA碱基数量的两倍还多。同*XIST*一样，*TSIX*的RNA分子不会离开细胞核。

尽管*TSIX*和*XIST*在X染色体上的位置相同，但它们的表达是互斥的。如果一条X染色体能表达*TSIX*，它就不会表达*XIST*。换句话说，只有具有活性的X染色体才能表达*TSIX*，也只有失活的X染色体能表达*XIST*。

*TSIX*和*XIST*有相互排斥的表达模式，对处于发育早期的胚胎而言显得异常关键。卵子中的X染色体会失去所有抑制其活性的蛋白质修饰物（如果它是那条失活的X染色体），而精子里的X染色体则从未失去过活性。精卵结合后，只需经过六七轮细胞分裂，胚胎细胞的数量就会破百。这时，雌性胚胎的每个细胞都要随机且及时地关闭两条X染色体中的一条。该过程需要细胞在两条X染色体之间建立某种短暂且强烈的物理联系，在转瞬即逝的狭路相逢中，让两条X染色体互相施加实实在在的影响，最后以其中一条失活作为结局，整个过程持续的时间不过区区数小时。而这里所说的施加影响只涉及X染色体上一块很小的区域——X染色体失活中心，它既能编码*XIST*的RNA，也能编码*TSIX*的RNA。[11]

瞬息成就永恒

两条X染色体的短暂邂逅堪称世上所有露水情缘的典范：情意绵绵两小时，恪守约定下半生。因为染色体的命运一旦确定就不会再改变，不是只在胚胎时期，而是一直持续到其所属的女性个体去世的那一天，哪怕已经是100年之后。不仅仅是发育早期的那几百个细胞会这样，成年女性身上的数十万亿个细胞皆是如此，每个子细胞都会让母细胞内失活的那条X染色体继续保持失活的状态。

我们仍不清楚两条X染色体在胚胎发育早期那数小时的密会里，到底发生了什么。目前主流的理论认为，两条X染色体进行了"无用"RNA的重新分配，致使*XIST*的RNA集中到了其中一条X染色体上，并最终造成该染色体失活。我们不知道这种重新分配的依据是什么，但有可能是其中一条染色体比另一条表达了略多的*XIST*或者其他什么关键的因子。我们已经知道的是，X染色体失活的过程伴随着*TSIX* RNA水平的下降。或许*TSIX*的表达量就是关键，当它降到某个阈值以下时，其中一条X染色体就能放开手脚表达*XIST*了。

基因的表达具有所谓的有限随机性，简单地说，这是因为每个基因的表达水平存在随机的上下浮动。举个例子，对于成对的两条染色体，如果其中一条表达某些关键基因的强度略高于另一条，哪怕只是微小的差异，这种差别也很有可能会被细胞那张由蛋白质和RNA构成的分子网络放大，形成加剧差异的正反馈。从本质上看，哪条染色体上的基因表达水平更高是一个随机事件（受到随机“噪声”的影响），所以从数百个细胞的整体上看，X染色体的失活才会呈现出完全随机的趋势。

下面这个比方或许可以帮助你理解。想象一下某天夜里回到家中，你特别想来两片淋满熔化芝士的吐司。正当你要大展厨艺，给自己准备一顿美味的晚饭时，你发现冰箱里的芝士不够了。你会怎么办？是把一份芝士分成两份用，凑合着吃两片不那么叫人直呼过瘾的吐司？还是把所有的芝士抹到一片吐司上，好好满足一下你对乳制品的渴望？绝大多数人可能会选后者，某种程度上讲，这也是胚胎中的两条X染色体在发生随机失活时的思路和选择。与其把不多的资源浪费在追求平均主义上，不如把它们全部投给略占优势的那一条染色体。少者愈少，多者愈多，这就是演化所青睐的生存策略。

X染色体失活完全依赖于“无用”DNA，这是对“无用”二字最好的驳斥。这种现象无疑是雌性哺乳动物能够生存的前提，它与细胞的正常功能和个体的健康息息相关。不仅如此,它还会影响许多疾病的表现。我们曾在第1章提到过,最典型的脆性X染色体综合征所导致的重度智力缺陷只会出现在男性患者身上。这是因为致病基因恰好位于X染色体上,而女性拥有两条X染色体,哪怕其中一条携带了致病的变异,另一条(正常的)也能作为替补,产生足够多的正常蛋白质,避免最严重的症状出现。男性就没有那么幸运了,他们只有一条X染色体和一条Y染色体,Y染色体实在太小,除去与决定性别有关的基因,上面几乎就不剩什么了。所以结果是,脆性X染色体综合征的男性患者没有备用的正常基因,只要仅有的那个基因出了问题,他们就会表现出相应的症状。

有许多遗传病的致病基因都位于X染色体上,上面所说的情况完全适用于这类疾病。与X染色体相关的遗传病对男孩的影响比对女孩的更大,因为前者只有一条X染色体,不像后者拥有双保险。现实中的例子很多,从症状相对较温和的红绿色盲,到其他一些严重得多的疾病,比如以凝血功能障碍为主要表现的B型血友病。英国的维多利亚女王就是这种病的致病基因携带者,她的其中一个儿子(利奥波德亲王)不幸患有此病,最终在31岁时因脑出血去世。维多利亚女王的女儿中至少有两人也是该致病基因携带者,再加上欧洲的王室和贵族之间有通婚的传统,所以女王的血友病基因波及了许多其他王室的血脉,其中最知名的悲剧要数俄罗斯帝国的罗曼诺夫王朝。[12]

虽然携带血友病基因的女性只能产生相当于正常人一半量的凝血因子,但这已经足够保护她们免受血友病症状的困扰。之所以如此,部分原因在于凝血因子是一类由细胞合成并分泌到细胞外起作用的物质,它们可以在血液中积累到很高的浓度,并随血液循环到达身体的任何位置，在需要的时候发挥凝血的功效。这样的分子在哪里生成关系不大。

不过，就算女性有两条X染色体作为双保险，也不能保证她们在面对所有的X连锁遗传病时都能安然无恙。雷特综合征是一种严重的神经系统疾病，患者在一定程度上表现出极端形式的孤独症倾向。患病的女孩在出生时看不出任何异常，前6~18个月的生长发育也能达到正常指标，但随后情况将急转直下，出现功能的倒退。她们会丧失已经掌握的语言能力，双手不断重复着刻板的动作，同时不再做出有意义的手势（比如用手指指物体）。智力缺陷和学习障碍将终生伴随患有此病的女孩。[13]

雷特综合征是由X染色体上一个编码蛋白质的基因①发生变异引起的。[14]患病女性拥有一个正常的基因，还有一个不能指导正常蛋白质合成的变异基因。假设X染色体的失活是完全随机的，据此推算，大脑中应当有一半的细胞能正常表达相应的蛋白质，另有一半细胞无法表达。从这种遗传病的临床表现来看，显然，仅有一半的大脑细胞能表达这种蛋白质是远远不够的。

雷特综合征基本只发生在女孩身上。就女性通常是携带者，而男性通常是患者的X连锁遗传病而言，这样的现象确实闻所未闻。有人可能很好奇，到底是什么因素让男孩免于雷特综合征的荼毒。事实上他们并未能幸免。我们几乎从来没有见过雷特综合征的男性患者，仅仅是因为这样的胚胎无法正常发育，胎儿没能活到分娩的阶段。

---

① 这个基因的名称是*MECP2*，它编码的蛋白质能与受到表观遗传修饰（甲基化）的DNA结合，通过与其他蛋白质协作，抑制结合位点上的基因的表达。

永远不要低估运气的力量，无论好坏

不管是在求学阶段还是从事科学研究时，科学家接受的思维训练都是鼓励他们尽可能多地考虑各种各样的因素，但是我们唯独不会认真思考运气在现实世界中扮演的角色。即使不得不诉诸运气因素，我们也要把它包装一番，改用类似"无规律涨落"或者"随机变量"这样似是而非的专业术语。真是太遗憾了，因为有时候，"运气"本身或许就是最贴切的术语。

进行性假肥大性肌营养不良是一种严重的肌肉萎缩症，我们曾在第 3 章中介绍过。患有这种疾病的男孩起初没有异样，但童年时期他们会在成长的过程中逐渐表现出肌肉退化的症状，而且病情的发展极其有规律。比如，腿部的肌肉萎缩总是从大腿肌开始，为了弥补大腿肌肉力量的不足，男孩的小腿会变得非常粗壮，但是随着时间推移，这些肌肉最终也不能幸免。患病的孩子通常在青少年时期就坐上了轮椅，他们的平均预期寿命仅为 27 岁。英年早逝的最主要原因是肌肉萎缩的症状最终波及呼吸肌。[15]

进行性假肥大性肌营养不良是由X染色体上的一个基因发生变异而导致的，该基因编码一种名为抗肌萎缩蛋白的大分子。[16] 这种蛋白质分子的功能似乎是充当肌肉细胞的减震器。由于基因变异，男性患者无法合成这种功能性分子，最终导致肌肉的崩解。女性携带者通常可以合成相当于正常人半数的抗肌萎缩蛋白，这样打个对折通常不会出太大的问题，是因为多亏了一种奇特的人体解剖学特性：在人体发育的过程中，肌肉细胞之间会通过两两融合，形成体积庞大的超级肌肉细胞，一个超级细胞内往往含有许多细胞核。如此一来，超级细胞就拥有了不止一个关键的基因。因为肌肉细胞拥有这种特性，所以女性携带者全身的肌肉通常都能合成维持正常活动所需的抗肌萎缩蛋白，而不是一半的肌肉可以，另一半却不行。

曾有这样一个很不寻常的病例：一名女性表现出进行性假肥大性肌营养不良的所有典型症状。尽管这种情况十分罕见，但我们其实可以想到很多个她会患病的原因。比如，如果她的母亲是进行性假肥大性肌营养不良的致病基因携带者，而她的父亲是一名患者且幸运地活到了生儿育女的时候，这名父亲一定会把自己的致病基因遗传给女儿（因为他只有一条X染色体，而且是携带致病基因的X染色体）。至于身为携带者的母亲，她有1/2的概率把变异的编码抗肌萎缩蛋白的基因遗传给女儿。假设这种不幸的情况成真，这名女性患者的两条X染色体上都没有正常的基因，那么她自然会因为无法合成必需的蛋白质而患病。

但负责诊治这名病人的医生在详细调查过患者的家族史后发现，她的父亲并没有患上这种疾病，所以他们不得不转变思路。在卵子和精子形成的过程中，基因有时会发生自发的突变。变异的概率本质上可以说是一种数字游戏，一个基因包含的碱基对越多，它发生变异的概率就越大。编码抗肌萎缩蛋白的基因序列非常长，所以相比基因组中其他绝大多数基因，它发生变异的概率确实要大得多。那么，这名女性患者得了这种遗传病的另一种可能性就是：她从身为携带者的母亲那里获得了一个致病基因，然后又因为与卵子结合的那个精子发生基因突变，获得了第二个致病基因。

这种解释听上去的确合情合理，似乎能够完美解释女性患上这种遗传病的原因。但还有一个问题：这名患者有一个双胞胎姐妹，或者更确切地说是同卵双胞胎姐妹——她们是来自同一个受精卵的双生子。她的姐妹身体健康，没有任何进行性假肥大性肌营养不良的症状。两名在遗传上完全相同的女性，一名患上了严重的遗传病，另一名却没有，这究竟是为什么？

让我们回想一下那 100 多个在胚胎发育的早期阶段经历X染色体失活的细胞。大约 1/2 的细胞会关闭某条X染色体上的全部基因，剩下 1/2 的细胞则会关闭另一条X染色体上的全部基因。每个胚胎细胞会让哪一条染色体失活是完全随机的，但只要决定了就不会再更改，所有的子细胞都会紧跟母细胞的步调，保证失活的那条X染色体始终保持关闭的状态。

这名女性患者纯粹是运气不好。当初那个胚胎细胞做出选择的关键时刻，在完全随机的前提下，所有后来将分化和发育成人体肌肉的胚胎细胞都不约而同地关闭了带有正常基因的那条X染色体，也就是她从父亲身上获得的那一条。换句话说，她的肌肉细胞都在使用从致病基因携带者母亲身上获得的那条有瑕疵的X染色体，所以它们才无法合成抗肌萎缩蛋白，这就解释了为什么她会表现出通常只能在男性患者身上看到的典型症状。

反观她那位同卵双胞胎姐妹的胚胎细胞，因为有的细胞选择了让正常的X染色体失活，也有的选择了让携带变异基因的X染色体失活，最终的结果是肌肉细胞可以表达足够多的抗肌萎缩蛋白，保证了自身的功能和健康。所以她的姐妹成了一名致病基因的无症状携带者，就像她们的母亲一样。[17]

这一切的起因都是*XIST*，一段长长的“无用”DNA序列。仅仅因为某些关键的因子在细胞的两个*XIST*基因之间发生了简单的重新分配，整个过程的时间不过短短数小时，发生在远不到人类头发丝粗细百万分之一的空间内，就决定了谁能拿到健康生存的“中奖彩票”，谁只能黯然退场。这样想想，生命还真是不可思议。

运气和三色猫

我们中一些爱猫的人每天都在欣赏和抚摸X染色体失活的产物，这种说法是不是比上面的病例更离奇？猫的玳瑁色或者三花色（两个词的意思是一样的，都指三色猫，具体取决于你所在的地方更习惯哪种叫法）指的是一种橘黑相间的独特毛色，这两种颜色通常呈块状分布。决定猫毛颜色的是同一个基因的两种不同形式，分别对应橘色和黑色。猫的每条X染色体不是带着橘毛基因，就是带着黑毛基因。

如果携带黑毛基因的X染色体失活，另一条X染色体上的橘毛基因就会被表达，反之亦然。当胚胎细胞的数量超过 100 个时，猫的每个细胞都要像人类的细胞一样做出随机的选择。同样地，一旦胚胎细胞内的某条X染色体失活，它的子细胞会一直让这条染色体保持关闭的状态。其中一些胚胎细胞将分裂和分化为皮毛里的色素细胞，而来源于同一个母细胞的子细胞倾向于扎堆分布，在猫的体表占据成块的区域，这就是三色猫的橘毛和黑毛总是会按块排布的原理。这个过程如图 7.2 所示。

2002 年，科学家漂亮地用克隆一只三色猫的方式展示了X染色体的随机失活现象。他们从一只成年三色雌猫身上取得细胞样本，然后按部就班地完成了常规的克隆操作（常规，但绝不平常）。具体的步骤是，他们首先从那只成年雌猫的细胞里取出细胞核，再将其放入

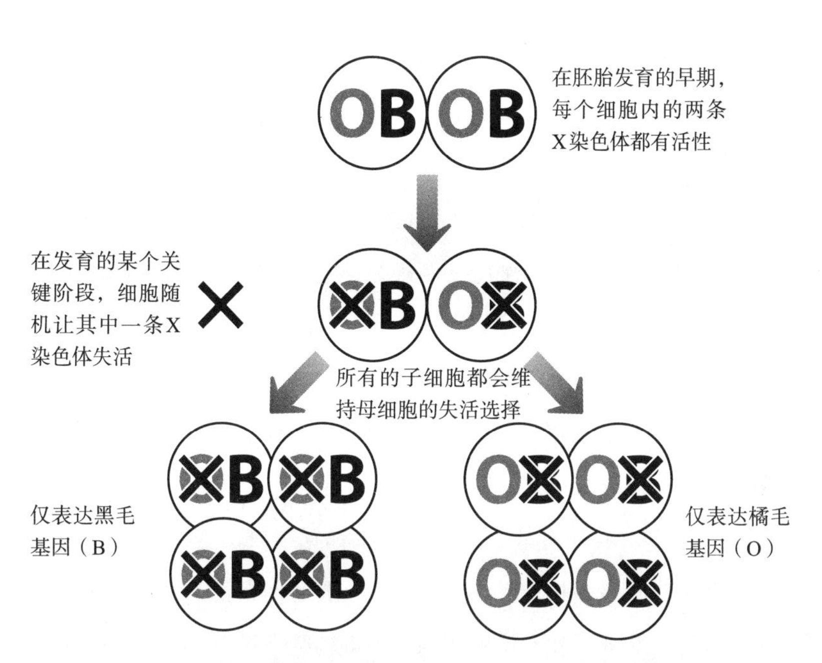

图 7.2　图中展示的是X染色体的随机失活，如何影响两种色块在雌性三色猫身上的分布。决定毛色的基因位于X染色体上，如果携带黑毛基因的X染色体失去活性，那么它的所有子细胞都只会表达橘毛基因；如果是携带橘毛基因的X染色体失活，那么情况正好相反

已经去掉所有染色体的猫的卵细胞中。这个经过“杂交”的卵细胞被植入代孕的猫妈妈体内，最终，一只可爱又美丽的雌性小猫成功降生。作为那只成年雌猫的克隆，二者的基因完全相同，但是它们看上去一点儿也不像。[18]

在用上述的手段克隆动物时，卵细胞会一视同仁地把外来的细胞核当成正常精卵结合的产物对待。它要尽可能地扒掉DNA上已有的修饰信息，让后者尽量变回赤裸裸的遗传序列。但卵细胞的效率依旧无法同真正的受精卵相提并论，这也解释了为什么这种克隆手段的成功率一直非常低。但是聊胜于无，毕竟它偶尔也能奏效，让我们克隆出动物，这只小猫就是一个很好的例子。

当作为母体的那只猫的细胞核被放入另一只猫的卵细胞时，卵细胞会使细胞核内的染色体发生改变，其中就包括移除导致X染色体失活的蛋白质，以及关闭*XIST*基因的表达。因此，在胚胎发育的早期，有那么一段很短的时间，细胞的两条X染色体同时处于激活状态。随着细胞继续分裂，在大约分裂出100多个细胞的时期，胚胎中的每个细胞都要再次经历X染色体随机失活的过程，随后，子细胞将会一直保留母细胞中X染色体的失活形式。因此，那只小三色猫才发育出了一身同自己的克隆“母亲”完全不同的花色。

这个故事对我们有什么启示？如果你觉得自己养了一只特别好看的三色猫，尽量多拍视频，多拍照片，要是你有朝一日发现它大限将至，确保在它死后找一位专业的标本剥制师来料理后事。而如果你碰上一位挨家挨户推销克隆宠物的人，记得不要上当，把他们送走就行了。

长链非编码RNA：基因组的微调旋钮

*XIST*基因在相当长的一段时间里都被看作一个特例，一种能以极度特殊的方式影响基因表达的非主流分子。即使是在*TSIX*基因被发现之后，人们也依然觉得，或许“无用”RNA只能在X染色体失活这种独特的现象中发挥重要的作用。我们直到最近几年才开始相信，类似的分子在人类基因组中数以千计，而且它们对维持细胞正常的功能具有超乎想象的重要意义。

如今，我们把*XIST*和*TSIX*归入一大类名叫长链非编码RNA的分子。这个术语有一定的误导性，它所谓的非编码当然是相对蛋白质而言。然而，我们将看到，其实长链非编码RNA分子是可以编码功能性分子的，而这种功能性分子正是长链非编码RNA本身。

长链非编码RNA的定义相当随意：它指所有包含超过200个碱基且不编码蛋白质的RNA分子，不编码蛋白质是它们与信使RNA的本质区别。200个碱基只是界定这种分子的长度下限，最大的长链非编码RNA分子拥有多达10万个碱基。细胞内的RNA数量很多，但是科学家还没有在确切的数字上达成共识。他们认为人类基因组中的长链非编码RNA大约有1万~3.2万种。[1-4]尽管数量很多，但是这种分子与指导蛋白质合成的信使RNA不同，它们不会像后者那样高强度地表达。正常情况下，长链非编码RNA的表达强度还不到信使RNA平均表达水平的10%。[5]

长链非编码RNA相对较低的丰度，是它们直到最近才引起我们注意的原因之一。从前的科学家在分析细胞表达的RNA分子时总是受制于检测技术的灵敏度，因为其含量太低，所以检测结果并不能可靠地反映长链非编码RNA。但是，既然已经知道它们的存在，可能就会有人觉得万事大吉了：这下，我们是不是就可以分析包括人类在内的任何物种的基因组，然后从浩如烟海的DNA序列里把长链非编码RNA所在的位置一个个地定位出来？毕竟，当初这个方法在寻找编码蛋白质的基因时很有用。

但事与愿违，有很多因素导致这种故技重施的戏码难以上演。我们之所以能在不了解一个基因的前提下确定它可以编码某种蛋白质，是因为基因具有某些特征。每个基因的开头和结尾都有特定的序列，我们可以根据这些序列找到它们。特定的氨基酸搭配也可以作为依据，基因编码的某些氨基酸组合非常常见，用它们反推基因的存在也是可行的。最后，如果跨物种地对比一下某个基因，你会发现绝大多数编码蛋白质的基因其实都很相似。这就意味着，如果我们先在其他动物（比如河鲀）体内鉴别出了一个基因，就可以用这个基因的序列作为参考的样本，检索人类的基因组，看我们体内是否有类似的基因。这样做可以节省很多时间和力气，而且简单易行。

问题在于，长链非编码RNA既没有基因那么明显的标识性序列，也不具备基因那样的跨物种保守性。即便我们在其他物种的基因组里识别出了一种长链非编码RNA，但想以此为基础，在人类的基因组里寻找功能相近的同源序列，这样的做法很可能是徒劳的。斑马鱼是一种经典的实验室模式生物，但就某一类特殊的长链非编码RNA而言，它与小鼠和人类基因组序列的匹配度不足 6%。[6] 人类和小鼠的这类长链非编码RNA，与整个动物界基因组序列的交集也只有大约12%。[7，8] 长链非编码RNA较低的物种保守性得到了一项新近研究的证实，该研究对比了四足动物的不同组织所表达的长链非编码RNA。四足动物是指所有的陆生脊椎动物，包括那些“回到大海”的物种，比如鲸和海豚。论文指出，研究人员在灵长类动物体内仅找到了 1.1 万种长链非编码RNA，只有 2 500 种在四足动物之间表现出保守性，其中又只有不到 400 种属于远古级——论文的作者把远古级定义为“起源于 3 亿年前”，这大致是两栖动物与其他四足动物在进化上分道扬镳的时间点。作者怀疑远古级的长链非编码RNA是所有物种体内受调控最频繁的一类，它们极有可能与生物体的早期发育有关。[9] 绝大多数脊椎动物的外表在胚胎发育的最早阶段都非常相似，如果说不管是人类还是人类的脊椎动物远亲，都在用一套相似的程序启动生命，似乎也有几分道理。

这篇论文的其中几位作者推测，跨物种保守性的普遍缺乏可能意味着长链非编码RNA并不重要。这种观点的理由是，越是重要的序列，在生物演化和个体发育中就越是趋于相似，比如，某些编码蛋白质的基因在漫长的演化过程中只发生了很小的改变。相比之下，这些编码“无用”RNA分子的DNA序列演化速度要快得多。

虽然这种推论有合理之处，但可能有些过于一概而论了。光论碱基数，长链非编码RNA的确是名副其实的“长”，但这并不代表它们在细胞中就是一个个细长的线性分子。因为长链RNA分子可以通过折叠形成三维结构。RNA上的碱基也可以相互配对，配对的原则和方式与DNA双链相同。RNA是单链分子，所以RNA能以一段又一段序列为单位，通过尺度相对较小的分子内碱基配对，形成复杂又稳定的构型。这种三维结构对长链非编码RNA的功能来说或许非常重要，具有跨物种保守性的可能恰恰是这种空间结构，而不是RNA的碱基序列。[10] 图8.1有更详细的说明。遗憾的是，要根据两段核酸

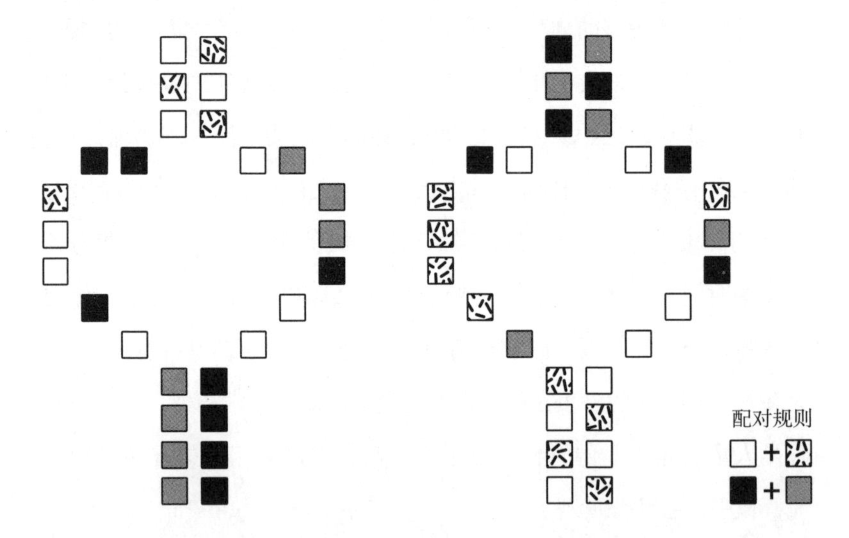

图8.1　这里展示的是，两个碱基序列不同的长链非编码RNA分子如何能够形成相同的结构。单链分子的三维结构需要依靠碱基的配对完成，A对应U，C对应G，图中分别以不同灰度和花色的方块代表这4种碱基。这是一幅经过极度简化的示意图。现实中，一个长链非编码RNA分子可能有多个能够形成复杂结构的区域。此外，它们形成的结构是三维的，而不是像这张图一样的平面型

的序列信息预测它们的空间结构是否相似非常困难，我们还无法凭借相关的技术手段，分析长链非编码RNA是否具有这种功能上的保守性。

要木头还是要木屑？

鉴于在人类基因组中搜寻长链非编码RNA困难重重，绝大多数研究者倾向使用另一种更实用的方法：直接在细胞中寻找成熟的长链非编码RNA分子。但是，科学界在如何解释实验获得的数据上产生了相当大的分歧。坚信“无用”序列是功能序列的科学家宣称，既然长链非编码RNA被细胞表达了出来，就一定有什么理由；其他的科学家却不以为然，他们认为长链非编码RNA的表达充其量只是一种旁观者效应。换句话说，长链非编码RNA并没有什么功能，它们只是细胞启动某个“真正的”基因时出现的副产物。

为了帮助你理解旁观者效应，我们来想象一下用链锯砍树枝的情景。砍树枝的本意主要是为了收集木头，用作建造小木屋或者烧炉子的材料。当然，我们不需要木屑和锯末，但因为工作方式使然，只要手里的链锯在隆隆作响，这些就是不可避免的副产品。它们其实不会妨碍我们的主要意图，但如果我们挖空心思，誓要杜绝它们的产生，这反倒有可能会降低木材的获得效率。偶尔，我们甚至还会发现木屑也有妙用，比如拿来填花盆，或者给家里的宠物蛇当垫料。

利用类似的比方，对长链非编码RNA的功能持怀疑态度的人推测，长链非编码RNA的表达只是反映了特定位点的转录环境相对更宽松、细胞对基因表达的抑制更弱。按照他们的说法，为了达到某个重要的目的，细胞不得不产生长链非编码RNA，但它们本身既无害也无用。功能序列观点的支持者则反对称，这种说法无法解释长链非编码RNA的某些特点。比如，我们在大脑不同区域的组织样本内检测到了不同种类的长链非编码RNA。[11]忠实的支持者认为，这个现象可以佐证长链非编码RNA拥有重要功能的观点，如若不然，大脑何必在不同的区域开启和关闭不同的长链非编码RNA呢？怀疑者的回应是，在不同的区域检测到了不同的长链非编码RNA，只是因为这些区域表达的基因不同，连带着产生了不同的副产物。用我们砍树枝的情景打比方，这就像是砍橡树和砍松树会分别得到橡木屑和松木屑一样。

双方的针锋相对由来已久，但最新的实验数据显示，站在两个极端的人或许都应该冷静一下，因为真正的答案很可能介于两种观点之间。长链非编码RNA到底有没有功能？解答这个问题的唯一方法是在恰当的细胞里检验每一种长链非编码RNA分子的性质。虽然作为一种思路来说无懈可击，但实际操作并没有听起来这么简单易行。工作量是最大的难题。假设我们在一种细胞或者组织中检测到了数百乃至数千种长链非编码RNA，下一步就是要决定检测哪些分子的功能。但是，这样的决策又必须建立在我们已经对某种长链非编码RNA在细胞内的功能有了初步认识的基础上。如果连最基本的假设和推测都没有，就算干扰了这种分子的表达或者功能，我们也不知道该从哪里入手，检验它究竟引发了什么效应。

另一个棘手的问题是，许多长链非编码RNA的位置与编码蛋白质的典型基因相同。有时，两者的位置完全重合，只是分别位于两条不同的链上，类似的情况我们曾在第 7 章介绍*XIST*和*TSIX*时见过。有时，编码长链非编码RNA的序列就藏在基因内部的“无用”序列里，位于两段编码氨基酸的序列之间，这种情况我们也在第 2 章讨论弗里德赖希共济失调时看到过。编码长链非编码RNA的序列和编码蛋白质的基因序列经常变着花样地挤在相同的位置上，这大大提高了试图检测前者功能的实验的难度。

检测基因功能的常用手段是让其发生变异。可以人为促成的变异类型有很多，彻底关闭基因或者显著提高基因的表达水平是最常见的两种。编码长链非编码RNA的序列与编码蛋白质的基因序列发生重合的情况比比皆是，所以我们很难在精确诱变其中一个的同时，保证另一个完好无损。我们经常分不清看到的变化到底是源于长链非编码RNA的改变，还是来自蛋白质的改变。

我们来打个略显荒唐的比方，以便你更好地理解科学家所面对的难题。假设有一个研究青蛙听力的博士生，他想出了一种研究思路：每次先用手术除去青蛙的某个部位，再观察它们对噪声的反应，他选择的制造噪声的方法是开一枪。有一天，他突然风风火火地冲进了导师的办公室，嘴里喊着自己终于知道青蛙是靠什么听见声音了。“它们是用腿听声音的！”他对一脸疑惑的导师说道。导师问他是怎么得出这个结论的，这个博士生回答说：“很简单。通常只要我一开枪，听见枪声的青蛙就会惊恐地跳走。但是，当我截掉青蛙的腿后，再开枪它们就不跳了，所以青蛙肯定是用腿听声音的。”[①]

当然，理论上来说，我们在过去的基因敲除试验中看到的现象完

① 这只是一个思想实验，故事的内容都是杜撰的，没有青蛙在试验中受到这样的伤害。

全有可能是因为误伤了长链非编码RNA而造成的结果，只不过没有人意识到这一点。

由于这种难分你我的困境，许多科研人员有意将关注点放在了那些与基因没有交集的长链非编码RNA上。这样的例子很多，因为至少有大约3 500种长链非编码RNA符合上述的要求。科研论文越来越倾向于把这些远离基因的长链非编码RNA归为特殊的一类，还给它们起了一个专门的名字①。[12]在这里提醒一句，我们这样分类的依据只是这些分子所不具备的某个特性——它们没有与编码蛋白质的基因重合，而不是它们的共性。换句话说，我们其实很有可能把众多功能上差异悬殊的长链非编码RNA强行归入了同一类。

急于给事物分类和命名从来都是（也将一直是）基因组分析领域的一个大问题。我们总是操之过急，在没有充分理解一件事的生物学意义时就妄下定义，作茧自缚，让日后的自己举步维艰。想象一下，如果你受邀参加电影节活动，但开幕第一周的电影你全都没有看过。我们假设你要看的影片有《礼帽》《雨中曲》《黄金三镖客》《正午》《音乐之声》《豪勇七蛟龙》《歌厅》《大地惊雷》《不可饶恕》《西区故事》。如果让你把这些电影进行分类，你会说主要有两大类：歌舞片和西部片。当然，这样分没问题，那如果第二周的排片里出现了《BJ单身日记》《地心引力》呢？又或者是《长征万宝山》《七新娘巧配七兄弟》《野姑娘杰恩》这种既有歌舞又有牛仔的影片呢？因为事先对电影节的展映影片没有全面了解，你在第一周提出的影片分类难以涵盖第二周新上映的电影。出于同样的理由，我们在本书中将尽量避免过

① 它们被称为lincRNA，“linc”是“long intergenic noncoding RNA”（基因间区长链非编码RNA）的缩写。

多地使用与长链非编码RNA分类有关的术语，只是介绍它们在实验中的实际表现和现象。

一个好的开头对生命的重要意义

对基因表达的精准调控贯穿着每个个体的一生，但这一点在生命诞生的起步阶段尤为关键，因为任何发生在最初几轮细胞分裂过程中的错误都会对生物体造成“差之毫厘，失之千里”的深远影响。这在合子细胞中尤为明显，也就是卵子和精子融合后产生的受精卵中。合子以及由合子分裂而来的几个发育早期的细胞都拥有发育上的全能性，它们能够分裂和分化成生物体的任何细胞，包括胚胎和胎盘中的细胞。科研人员会非常乐意用这些全能的细胞做实验，无奈它们的数量极其有限。所以，大多数实验只能用胚胎干细胞作为全能细胞的替代品。许多年前，科研人员还必须从活的胚胎中提取胚胎干细胞，而如今我们已经能够通过细胞培养获得这种细胞了。胚胎干细胞是在胚胎发育的稍晚阶段产生的，因此没有合子细胞那么无所不能。它们只能分化为生物体的所有细胞，不能形成胎盘细胞，我们把这样的发育潜力称为多能性。

在正确的培养条件下，再加上悉心的照料，胚胎干细胞可以通过分裂不断产生新的多能干细胞。只要培养条件有变，哪怕是极其微小的变动，这些细胞也会丧失多能性。胚胎干细胞很容易发生分化，成为更专能的细胞类型。心肌细胞是最有代表性的分化产物之一，胚胎干细胞分化成心肌细胞后，你可以在培养皿中看到它们开始自发且同步地搏动。不过，这只是胚胎干细胞众多分化路径的其中一条，它们会变成什么样的细胞取决于培养的条件。

科研人员在培养的胚胎干细胞上进行实验，他们人为地敲减①了将近150个长链非编码RNA的表达。这些RNA的挑选很有讲究，它们的位置远离任何已知的基因。研究人员每次只敲减一个长链非编码RNA的表达，然后观察细胞的反应。他们发现，有时只需敲减一个长链非编码RNA的表达就足以让胚胎干细胞失去多能性，使它们走上分化成其他细胞的道路，这样的例子不下几十个。论文的作者还对细胞在长链非编码RNA被敲减前后分别表达了哪些基因进行了分析，结果他们发现，超过90%的长链非编码RNA能直接或间接地控制编码蛋白质的基因的表达。在很多实验中都有多达数百个基因的表达发生改变，而且这些基因几乎总是位于基因组的远端，距离敲减位点最近的基因反倒很少受到影响。

科学家还做了反向验证实验。他们先用一种已知能够促进细胞分化的化学物质处理胚胎干细胞，再检测他们想要研究的那些长链非编码RNA的表达是否会发生变化。研究人员得到的结果是，大约75%的长链非编码RNA在胚胎干细胞失去全能性、分化为其他细胞的过程中出现了表达水平的降低。交叉比对这两组实验的数据便可以发现，某些长链非编码RNA的表达水平在胚胎干细胞维持自身多能性的过程中扮演了守门员的角色。[13] 这至少证明了实验所涉及的长链非编码RNA在细胞中是有作用的，哪怕只是在发育早期起作用。

也有一些长链非编码RNA或许能在相对更晚的时期影响胚胎的

① 敲减（knock-down或knockdown）：也称敲落，指阻止靶基因的转录或翻译，使用RNA干扰或基因重组等方法使基因功能减弱、部分丧失或基因表达失调，此处指将该技术用于RNA。——编者注

发育。我们曾在第 4 章介绍过*HOX*基因，这是一类对身体结构的正确排布起重要作用的基因。我们当时举过果蝇的例子，*HOX*基因的变异会在它们身上造成怪异的结果，比如让果蝇的头上长出两条腿来。*HOX*家族的基因在生物的基因组中以基因簇的形式扎堆存在，而且它们所在的区域富含长链非编码RNA，数量之多远超正常水平。我们曾说*HOX*基因簇容不下古老的病毒重复序列，它却藏了相当多的长链非编码RNA。既然它们在基因组中的位置相同，科学家就曾非常渴望知道，这些长链非编码RNA是否会影响*HOX*基因簇的活动。为了研究这个问题，研究人员设法下调了鸡胚*HOX*基因簇内的一种长链非编码RNA的表达。这样的做法导致胚胎的肢体发育异常，靠近四肢末端的骨骼短得离奇。[14] 小鼠实验的结果与此类似，敲除*HOX*基因簇内另一种长链非编码RNA的表达造成了小鼠脊柱骨和腕骨的畸形。[15] 这两个实验都说明了长链非编码RNA是调控*HOX*基因表达的重要因子，它们影响了该基因簇的活动，进而影响了肢体的发育。

长链非编码 RNA 与癌症

在某种程度上，癌症可以被看作与发育同根同源的另一面。与正常的发育相比，癌症的问题在于成熟的细胞重新获得了某些非专能细胞才拥有的特性，继而开始不受控制地分裂。既然长链非编码RNA与细胞的多能性和胚胎的发育息息相关，它们与癌症有瓜葛自然也就没有那么令人惊讶了。

曾有一项大型的研究对 4 种不同的癌症（前列腺癌、卵巢癌、一种名为胶质母细胞瘤的脑部肿瘤，以及一种肺癌）共计 1 300 多个病灶样本的长链非编码RNA表达情况进行过分析。科学家在急重症患者中发现了大约 100 种最常见的、表达水平异常提升的长链非编码RNA，其中有 9 种表现出与癌症类型无关的倾向，所以它们或许可以用作预测癌症患者生存率的通用性标志物。[16]

这项研究的参与者称，他们发现了用长链非编码RNA区分 3 种癌症（上述 4 种癌症中的前列腺癌除外）的办法。通常所说的癌症只是一个笼统的称呼，它包括了许多性质差异巨大的疾病。比如，当我们说卵巢癌时，根据癌变细胞的种类不同，其实卵巢癌有不同的分型，它们的自然史①互不相同。这会影响疾病的转归和预后，以及治疗手段的选择。将来的医生或许可以根据病例样本的长链非编码RNA检测结果，针对性地为病人制定最佳的治疗方案。

声称长链非编码RNA的表达与癌症有关的研究一直层出不穷，与此同时，针对癌症的遗传学研究也有了很多耐人寻味的发现。有的癌症是由单个效力巨大的变异引起的，而且同样的变异会在家族中代代相传。最家喻户晓的例子可能要数*BRCA1*，这个基因的变异会让女性有极高的概率患上恶性乳腺癌。2013 年，美国女星安吉丽娜·朱莉在得知自己带有这个基因的变异后，选择了接受双侧乳腺切除手术。虽然这种只要一个基因变异就有可能导致癌症的情况相当罕见，不过从现有的研究看，与遗传因素相关的癌症并不在少数。让人费解的是，当科学家在基因组中定位那些会提升癌症患病风险的变异时，他们寻获的位置经常落在没有基因的区域内。在已知的略多于 300 个

① 疾病自然史是指不给予任何治疗或干预措施的情况下，疾病从发生、发展到结局的整个过程。——编者注

癌症相关遗传变异中，只有 3.3% 改变了蛋白质内的氨基酸序列，超过 40% 的变异位于编码蛋白质的基因之间的序列——在这种情况下，变异影响的可能是长链非编码 RNA，而不是蛋白质。新近研究证实，至少有两种癌症（乳头状甲状腺癌和前列腺癌）的部分变异符合这种情况。[17]

令人欢欣鼓舞的是，我们已经开始在某些研究结果中看到了端倪：在某些癌症中，长链非编码 RNA 能改变癌细胞的行为，两者绝不只是"相关"那么简单。

前列腺癌细胞会过量表达一种长链非编码 RNA。这种过量的表达抑制了另一种蛋白质的表达，而这种蛋白质在抑制细胞过快增殖中起着关键性的作用。[18, 19] 打个比方，这种长链非编码 RNA 的过量表达就好像是松开了一辆车头冲下停在斜坡上的汽车的手刹。敲除该分子将导致小鼠在发育中出现骨骼畸形，科学家发现它在很多癌症病例中都有过量表达的现象，包括肝癌[20]、结直肠癌[21]、胰腺癌[22]和乳腺癌[23]。另外，它的过度表达与较差的预后有关。在人工培养的癌细胞中进行的实验显示，过量表达这种长链非编码 RNA 可能会让癌细胞的转移性更强，更容易侵犯身体的其他部位。

长链非编码 RNA 是主动参与了细胞的癌变，而非被细胞癌变所裹挟，能够证明这一点的最有力的证据源自对前列腺癌的研究。在前列腺癌发生的早期，癌组织的生长需要依赖雄激素——睾酮。睾酮与细胞表面的受体分子结合，启动许多能够促进细胞增殖的基因。你可以把睾酮与受体的结合想象成用脚踩下汽车的油门。治疗前列腺癌的早期措施是用药物阻断雄激素与受体分子的结合，就好像是在你的脚和汽车的油门之间插上一块隔板，踩不到油门，汽车自然就无法加速。

但这不是长久之计，很快癌细胞就会找到应对的方法。雄激素受体会发生变化，即便没有与睾酮结合，也可以激活下游的基因。这就像有人在油门上放了满满一麻袋糖，把它死死压住，于是车子开始急速狂奔。这时候，你就算把双脚高高地搁在仪表盘上也于事无补。侵袭性前列腺癌细胞会超量表达两种长链非编码RNA，它们在癌细胞雄激素受体的性质变化中扮演了关键角色。这两种RNA能协助激素受体，让受体在没有雄激素刺激的情况下照样可以驱动下游基因的表达，借此加快细胞的增殖。它们就是比方里的那袋糖。如果在癌症的细胞模型里敲减这两种长链非编码RNA的表达，肿瘤的生长速度就会显著降低，这侧面反映了它们在癌症中所起的重要作用。[24]

还有一种长链非编码RNA也与前列腺癌有关。这种长链非编码RNA的表达水平越高，癌症的恶性程度就越高，患者完成治疗后的复发时间越短、死亡率也更高。敲减这种长链非编码RNA对肿瘤生长的抑制效应与我们在上述细胞模型里看到的相近，只是它的作用机制似乎没有涉及睾酮的受体。[25] 这意味着即便是同一种癌症，不同的长链非编码RNA也可能在通过不止一种途径对其产生影响。

长链非编码RNA与大脑

对这类长链非编码RNA分子的功能感兴趣的可不止研究癌症的专家。大脑表达的长链非编码RNA比其他任何组织的都要多（唯一可能的例外是睾丸）。[26] 其中一些在鸟类和人类中都很保守，无论是在哪个部位表达，还是在发育的哪个阶段表达，差别都不大。它们的功能或许同样保守，而且很可能与大脑的正常发育有关。不过，大脑表达的长链非编码RNA中有许多是人类或灵长类动物特有的，这难免会让科学家浮想联翩：或许高等灵长类动物极度复杂的认知功能和行为模式正是与这些专属的分子有关，哪怕只是部分相关。[27]

科学家已经找到了一种长链非编码RNA，它能影响脑细胞之间的连接方式。[28] 还有一种在人类从类人猿中分化出来后才出现的长链非编码RNA，它可能与人类大脑皮质独一无二的发育过程有关。[29]

上面的这些例子无不反映了长链非编码RNA在大脑中起着积极的作用，但它们也可能与大脑的病变和健康有关。阿尔茨海默病是一种极其严重的痴呆，它的发病与衰老有莫大的关系。由于全世界的人口都在变得更长寿，阿尔茨海默病也将变得越来越普遍。世界卫生组织估计，全世界目前约有超过 3 500 万人患有痴呆，并且这个数字会在 2030 年翻倍。[30] 我们还没有治愈阿尔茨海默病的手段，眼下的药物最多只能延缓发病的速度，无法阻止病情的进展，更不要说逆转症状了。这种病伤害着人们的感情，让社会付出了沉重的经济代价，可经年累月的研究一直收获寥寥，研发治疗手段的进步速度慢得让人抓狂。部分原因是我们对患者的脑细胞究竟出了什么问题，仍然一知半解。

阿尔茨海默病患者的尸检结果常常显示，其脑内有大量不溶性斑块的沉积，这种斑块的主要成分是错误折叠的蛋白质，其中最重要的一种被称为β淀粉样蛋白。如今，可以相当自信地说，我们至少已经知道了蛋白斑块产生过程中的一个重要步骤。β淀粉样蛋白来自一种分子量更大的蛋白质分子，由一种名为BACE1 的酶切割得到。编码BACE1 的区域同时编码了一种长链非编码RNA，只不过两者并不在同一条链上，而是分别位于互补的两条链。这跟*XIST*和*TSIX*的情况是相同的。

这种长链非编码RNA能与BACE1的信使RNA结合。两者的结合提高了BACE1信使RNA分子的化学稳定性，稳定性越高，信使RNA能在细胞内存在的时间就越长，细胞以它为模板合成的蛋白质也就越多。这导致*β*淀粉样蛋白的含量升高，为不溶性蛋白斑块的形成埋下了祸根。[31]

许多科研人员都反映，称他们在阿尔茨海默病患者的大脑中发现了这种长链非编码RNA含量的提升，但要解释这种现象并不容易。有可能是*β*淀粉样蛋白基因所在区域的整体表达活动增强，顺带增加了长链非编码RNA的数量。还记得我们在前文打过的那个比方吧，木头砍得越多，无用的锯末也就越多，就是这个道理。但是，科研人员最终成功地找到了一个手段，设法在阿尔茨海默病的小鼠动物模型中针对性地调低了这种长链非编码RNA的表达。在成功敲减它的表达后，BACE1的表达也随之降低，*β*淀粉样蛋白的含量减少。有人认为这种长链非编码RNA是阿尔茨海默病的致病因素，敲减实验正好可以支持这种假说。[32]

中枢神经系统不是唯一受到长链非编码RNA影响的神经系统。神经病理性疼痛是一种患者就算没有受到物理刺激也会持续产生痛感的疾病，它的问题出在周围神经系统向中枢神经系统（脑和脊髓）传递痛觉信号的过程中，神经纤维的电活动发生了异常。常见的止痛药（比如阿司匹林和对乙酰氨基酚）基本没有效果，患者的生活质量将受到严重的影响。我们一直不清楚为什么神经纤维会产生异常的电活动。最新的研究显示，在某些情况下，这有可能是因为一种长链非编码RNA的表达增加，改变了某种离子通道的表达强度。具体机制是，长链非编码RNA与编码离子通道的信使RNA结合，改变后者的化学稳定性，进而影响蛋白质的合成量。[33]

从科学家发表的论文看，与长链非编码RNA有关的疾病种类还在不断地增加。[34]但它们是否真的有功能，以及到底有多重要，科学家对此仍莫衷一是。它们能有蛋白质那么重要吗？就单个分子而言，这个问题的答案很可能是否定的，除非我们还能找到第二个像*XIST*一样毫无争议的例子。不过，把长链非编码RNA分子单独拎出来讨论它的重要性，这样的思路本身就有可能误解了这种分子的本质。

最近有一篇评论文章认为，“有一种很大的可能性，那就是这些长长的转录产物充其量只是基因组的微调旋钮，远不是控制基因活动的开关”。[35]不过，相比非开即关或者非黑即白的调控机制，像音量和灰度这样可以微调的体系才能真正兼顾足够的复杂性和恰当的灵活性。从生物学角度来说，我们可能欠了身体里的这些“微调旋钮”数不清的人情。

表观遗传修饰：给基因组的“暗物质”上点色

在生物学里，我们问完“这东西有什么用”之后，几乎总是会接着问“它的机制是什么”。既然我们已经知道长链非编码RNA是什么了，也多少知道了一些它们可能具有的功能——调节基因的表达，下一个顺理成章的问题就是：它们调节基因表达的机制是什么？

这个问题的答案恐怕不是唯一的。人类的基因组里有数千种长链非编码RNA，几乎可以肯定，它们各有各的功能和工作机制，但也有一些共同的特点逐渐显山露水。

这些分子有一个非常重要的共性，我们曾在第 6 章介绍着丝粒以及着丝粒在细胞分裂中所起的作用时提到过。如果回看图 6.3，你可能会想起来，细胞内的DNA不是一条光溜溜的细线，而是缠绕在组蛋白八聚体周围。在此之前，我们只是说这 8 个组蛋白分子聚在一起，形成了像木桩一样的复合物，可它们的作用不止于此。我们的细胞可以改装组蛋白以及DNA本身，做法是在这些分子上添加小型的化学基团。化学基团不会改变基因的碱基序列，所以基因转录的RNA分子不变，翻译的蛋白质也不变（如果这是一个编码蛋白质的基因）。真正改变的是某个基因得到表达的可能性。化学基团之所以有这样的功能，是因为它们能作为其他蛋白质的结合位点发挥作用。关闭或者开启基因需要一个巨大的蛋白质复合体来操刀，而小型的化学基团就是这座分子大厦的地基。

DNA的这种改变，连同参与该过程的蛋白质，被称为表观遗传修饰。[1] 表观遗传（epigenetic）的英文前缀“*epi*”源于希腊语，意思是“在……上”“除了……还有……”，寓意为这种化学修饰是区别于遗传序列的额外信息。科学家最早发现的是DNA本身的表观遗传修饰。到目前为止，最常见的DNA表观遗传修饰发生在碱基C后紧跟着一个碱基G的情况。这种序列被称为CpG，细胞内有专门的酶负责给这样的位点添加化学基团。甲基是可以用来修饰碱基C的化学基团之一。甲基非常小，仅由一个碳原子和三个氢原子构成，它与碱基C的大小对比犹如三叶草之于向日葵。

如果一段DNA上有许多CpG序列，它就有了很多可以添加甲基的表观遗传修饰位点。这很容易吸引来那些能够抑制基因表达的蛋白质。在某些极端的情况下，数量众多的CpG序列集中分布在基因组的某个区域内，这些DNA的甲基化将对细胞产生无比深远的影响。甲基修饰的效果通常是让DNA的分子形状发生改变，并使基因的表达关闭。它的特别之处在于，甲基化影响的不仅是那一个细胞，还会影响所有由它分裂产生的子细胞。而对于不再分裂的成熟细胞，比如我们大脑中的神经元，应该让哪些DNA发生甲基化，这可能是早在胚胎发育时期就已经决定了的事。一旦发生，哪怕过去100年，很多甲基化的修饰也不会有丝毫改变，有多少人能活到这个年纪才是个问题。

在个体的一生中，细胞随时可以通过DNA的甲基化永久性地关闭某个基因，这个发现让科学家兴奋不已。因为有些现象已经困扰了他们几十年，甲基化的机制犹如一把天降的神器，打破了遗传学多年来停滞不前的局面。一直以来，其实我们也知道，经典的遗传学并不能解释所有现象，因为遗传物质完全相同而性状特征却不同的例子，在自然界俯拾皆是。毛毛虫从化蛹到破茧而出成为蝴蝶，体内的基因组没有发生任何变化。遗传物质相同的小鼠，在绝对标准化的实验室条件下饲养，却依然有胖有瘦，体重各异。

亲爱的读者，你和我也都是表观遗传的杰作。人体有50万亿~70万亿个细胞，所有这些细胞的遗传密码几乎都是一样的[①]。无论是汗腺里分泌盐分的细胞、眼睑上的皮肤细胞，还是膝盖里合成抗震用的软骨的细胞，它们含有的DNA都一模一样。不同组织的细胞只是按照各自需要，选择性地调用基因组的基因。比如，大脑中的神经元会表达神经递质的受体，但不会表达血红蛋白，后者是负责携带氧气的细胞色素，通常由血液中的红细胞合成。

数十年来，我们都把上面举的那些例子称为表观遗传现象。没错，就是表观遗传修饰的那个“表观”。这个词确实非常贴切：这些现象之所以会发生，“除了”遗传密码外，“还有”其他的原因。

DNA甲基化的发现终于让我们有了一个理解表观遗传现象的角

① 特异性对抗感染的免疫细胞除外。通常情况下，这类细胞会为了合成特定的抗体和受体而重排自己的基因，借此应对形形色色的外来蛋白。

度。在神经元中，合成血红蛋白的基因由于严重的甲基化而停止表达，而且是终生停止。但在那些可以分化为红细胞的细胞内则不然，同样的基因没有受到甲基化的修饰，所以能够指导血红蛋白的合成。它们关闭的是神经递质受体的基因，采用的方法也是表观遗传修饰。

DNA的甲基化修饰非常稳定，要逆转这种修饰，出人意料地困难。对于那些需要长期保持关闭的基因，这种稳定性给细胞省了很多事，自然算是加分项。但是，我们的细胞也要经常应付周遭环境里的突发情况，比如：有人偶有闲情小酌两杯，细胞就得分解平时不怎么接触的酒精；有人在工作面试前夕坐立难安，细胞又要妥善处理身体的应激反应。应对类似的短期变故得依靠另一套修饰系统，这套系统针对的是靠近基因的组蛋白。通过改变组蛋白的修饰基团，细胞可以关闭基因表达，但是因为这种修饰相对容易逆转，所以当细胞又需要用到同一个基因时，它可以在相当短的时间内重新开启该基因的表达。除了开和关，组蛋白的修饰还能调节基因表达的强度：只表达一点，表达一些，表达很多，表达非常多，等等。打个极度简化的比方，如果我们把DNA的甲基化想象成电源开关，组蛋白的化学修饰就相当于调节音量的旋钮。

组蛋白的化学修饰能够精细调节基因表达强度的原因是修饰的种类非常多。假如DNA的修饰是一张黑白照，考虑到甲基化的数量也能在一定程度上区分抑制基因表达的强度，所以这是一张灰度多少有些深浅之分的黑白照片，相比之下组蛋白的化学修饰就是绚烂的彩色照片。组蛋白有多个氨基酸残基可以作为化学基团的修饰位点，可用于修饰的化学基团又有至少60种，两两搭配可以组合出上千种修饰的方式。正是这种高度的复杂性让组蛋白的化学修饰能够调节不同基因，或者不同细胞内的同一个基因。细胞懂得每种修饰的意思，因为不同的修饰会吸引不同的蛋白质，进而形成相应的复合物，调节基因表达的强度和方式。有的修饰会增强基因的表达，有的则会减弱基因的表达。

在基因组中精确定位

多年来，我们一直有个疑惑：给组蛋白添加化学修饰基团的酶并不能识别DNA的序列。这类酶不会与DNA结合，也不会根据序列区分DNA，然而奇怪的是，当细胞受到特定的刺激时，无论是什么刺激，这类酶都能非常准确地找到相应的组蛋白，并对它进行恰当的修饰。此外，需要添加（或者移除）修饰基团的组蛋白总是靠近那些有助于应对外界刺激的基因，而不是那些无关的基因。

如今，科学家发现长链非编码RNA或许也参与了这个过程。它就像一种分子蓝丁胶（万用橡皮胶泥），把组蛋白修饰酶吸引到目标基因的附近。支持这种理论的证据有很多，其中之一来自对人类胚胎干细胞内某类长链非编码RNA的功能性研究，我们曾在第 8 章介绍过相关实验。研究人员发现，在他们检测的长链非编码RNA中，大约有 1/3 是与蛋白质复合物相结合的，其中就包括组蛋白修饰酶。为了验证这些长链非编码RNA与蛋白质的结合对细胞是否有功能意义，研究人员敲减了编码复合物中组蛋白修饰酶的基因表达。在大约 1/2 的实验里，敲减修饰酶对应基因表达对细胞的影响与直接敲减长链非编码RNA本身如出一辙。这是长链非编码RNA与组蛋白修饰酶可能在细胞中联手发挥作用的有力证据。[2]

许多探究长链非编码RNA与表观遗传机制之间关联的研究都把关注点放在了同一种表观遗传酶上。这种酶给组蛋白添加的修饰基团与基因表达的关闭高度相关。我们姑且把这种酶称作基因表达的强效遏制物①。科学家发现它能与很多种不同的长链非编码RNA协作。

由基因的互补序列转录的长链非编码RNA将强效遏制物吸引到基因上。紧接着，强效遏制酶在临近的组蛋白上催化抑制性修饰基团的形成，从而遏制基因的表达。抑制性修饰基团又会继续吸引其他蛋白质，它们结合到基因上，进一步降低基因的表达活性。

作为一种表观遗传酶，强效遏制物也会用同样的方式调节其他编码表观遗传酶的基因，而这些酶的功能往往与强效遏制物相反，也就是促进基因的开启和表达。总体而言，强效遏制物能对基因的表达施加强力的影响。[3] 它不仅可以直接抑制基因的表达，还能通过抑制其他促进基因表达的表观遗传酶的表达，间接起到同样的效果。这堪称表观遗传版的组合拳。

通常情况下，这是细胞控制基因表达的常规套路，整个体系分工明确，每个环节各司其职，所有的通路都在正确运作，形成一个功能上的整体。可是，长链非编码RNA与表观遗传机制之间错综复杂的关联与复杂的相互作用注定了，一旦有任何节点出现差错，麻烦就有可能接踵而至。

不幸的是，这好像就是某些癌症患者体内的情况。一些癌症会过量表达强效遏制物，比如前列腺癌[4]和乳腺癌[5]的某些亚型，这种过

① 它的实际名称为EZH2，功能是把3个甲基添加到组蛋白H3第27个氨基酸残基（赖氨酸）上。按照生化术语的命名规范，这种酶的编号为H3K27me3，它是除DNA的甲基化之外，表观遗传学中最明确的基因表达抑制因子。

量表达的情况往往意味着不良的预后。在一些白血病患者体内，强效遏制物因为变异而变得极度活跃。[6] 由此导致的结果几乎都是“错误”的基因遭到抑制。分子之间的平衡被打破，促进增殖的蛋白质力压给细胞分裂踩刹车的蛋白质，导致细胞的癌变在所难免。目前，针对强效遏制物的抗癌药物已经进入早期临床试验阶段。[7]

强效遏制物是一种大型蛋白质复合物①的组成成分，科学家发现许多长链非编码RNA都与这种复合物有关，侧面反映了如果细胞的类型和功能不同，那么添加抑制性修饰的途径很可能也不一样。我们在第8章介绍过一种过量表达后能够促进前列腺癌发生的长链非编码RNA，科学家发现它在与强效遏制物结合后，把后者引导到特定的基因附近，其中包括一些阻止细胞增殖的基因。[8] 这个发现增加了长链非编码RNA和表观遗传修饰机制之间存在某种微妙平衡的猜想的可信度，无论对细胞还是个体来说，打破这种平衡都有可能相当危险。还是在第8章里，类似的例子还有骨骼畸形和多种癌症，长链非编码RNA与这些疾病都脱不了干系。与它结合的不仅是复合物中的强效遏制物，同时还有另一种表观遗传酶，后者的功能是催化和添加另一种抑制性修饰。[9]

上述解释隐含着长链非编码RNA的一个特征：它是由目标基因上或者目标基因附近的序列转录而来的，可以引导强效遏制物或者其他表观遗传酶前来修饰该基因的组蛋白。尽管要研究和证明这一点非常困难，但从现有的实验数据看，这的确很像是事实。强效遏制物能

---

① 这个复合物的名称是多梳反应复合物2（简称PRC2）。PRC2的活动与另一种被称为PRC1的复合物高度相关。通常而言，PRC2先在基因组的特定位置进行抑制性修饰，随后由PRC1跟进，添加额外的修饰，使抑制状态保持稳定。

结合许多种长链非编码RNA，几乎来者不拒。含有强效遏制物的蛋白复合物能够识别哪些组蛋白修饰，取决于自身的分子组成，不同种类的细胞不尽相同。在“扫描”基因附近的组蛋白时，这类蛋白复合物能识别各种各样的修饰方式，它们还会让强效遏制物添一把火，巩固抑制表达的效果。相反，如果目标区域内存在大量促进基因表达的修饰基团，蛋白复合物的活性反而会受到抑制，强效遏制物不会动组蛋白分毫。这看起来又是一个先有鸡还是先有蛋的问题，然而，这种纯线性思维无助于你对该过程的理解。事实上，我们在成熟细胞中观察到的组蛋白修饰模式（无论是已有的还是新产生的）都是在基因组原有修饰的基础上添砖加瓦。[10，11]

同样的机制似乎也能产生相反的效果，让正在表达的区域持续表达。有科学家称，在基因开启的区域内发现了长链非编码RNA的表达。这些长链非编码RNA分子盘踞在合成它们的DNA序列附近，极有可能与DNA双螺旋形成了三链结构。这些长链非编码RNA能与催化DNA甲基化修饰的酶相结合，干扰修饰酶的功能。如此一来，这个区域的基因就可以一直保持开启的状态了。[12]

让失活的一直保持失活

*XIST*基因在女性关闭一整条X染色体上所有基因的表达中起着关键作用，它是我们最早发现的功能性长链非编码RNA之一。或许正是得益于这种“元老”的身份，它与表观遗传机制之间的关联也是被研究得最透彻的。当*XIST*开始缠绕和包裹X染色体时，它会吸引某些蛋白质前来。其中许多是表观遗传酶，它们的功能是给DNA或

者组蛋白添加化学修饰基团。这些酶包括修饰组蛋白的强效遏制物的酶，以及催化DNA甲基化的酶。[13]这些酶催化的表观遗传修饰进一步降低了基因的表达活性，并最终导致X染色体结构高度紧凑化，成为我们在第7章介绍过的*X*染色质。

每次分裂之后，细胞总能找到原先失活的那条X染色体，给它重新添加表观遗传修饰，准确度高得让人觉得不可思议。为了便于理解，我们可以用日常生活中的情景来举例。假如你有两根打棒球用的木球棒，并且给其中一根涂上了磁性涂料，这层涂料就相当于包裹染色体的*XIST*。等涂料干透之后，你把两根球棒一起丢进了一只大桶里，此时的桶里装满了小铁片，小铁片的一面是带刺毛的魔术贴。这些铁片代表能与染色体上的*XIST* RNA相结合的表观遗传蛋白，它们会附着在有磁性涂料的那根球棒上，而不会黏附在没有刷涂料的那一根上。然后，你把两根球棒丢进另一只大桶，这次里面装的是漂亮的塑料花，每朵花的背后都带着圆毛的魔术贴。塑料花就代表最终成形的化学修饰基团。虽然两根球棒本身都没有磁性，但因为一开始的磁性涂料，结果一根球棒会挂上花，另一根却不会。

你甚至可以把这个思想实验再稍微演绎和外推一下。比如，即使你把花扯掉，然后把球棒丢进另一个装满气球的桶里，只要气球上带着合适的魔术贴，它们也还是会附着在有涂料的球棒上。哪怕你把小铁片除掉，但只要按顺序重复上面的步骤，依次把球棒放进第一和第二个桶里，最后得到的也仍然会是一根挂满花的球棒。

事实上，要在不改变两个大桶的内容物和放入的先后顺序的前提下阻止塑料花黏附到球棒上，只能去掉球棒上的磁性涂料。这也正是女性在产生卵子时所做的事：X染色体上的失活标记物被尽数移除，所有的子细胞以及最终的卵细胞都是“新鲜的”，因为它们没有失活的X染色体，也不会把失活的接力棒传递下去。直到胚胎发育的早期，细胞才会选择一条X染色体，重新给它刷上磁性涂料。

别把远古的入侵者唤醒

长链非编码RNA可以帮助细胞调节表观遗传蛋白的功能，二者的相互作用是显而易见的。但如果你觉得这就是“无用”DNA序列与细胞表观遗传现象的全部关联，那可就错了。事实远非如此。我们曾在第4章里提到过，人类的基因组一直在遭受众多外来DNA重复序列的入侵，我们还介绍了让这些外来序列保持关闭状态有多么重要。有的科学家甚至大胆猜测，调控基因表达的表观遗传机制最初其实是为了管控某些外来的“无用”序列。[14] 直到后来，细胞的表观遗传系统才开始调节内源性基因的表达。

有一种名为Avy小鼠（野鼠色可存活黄毛小鼠）的实验小鼠品系，它突出体现了“无用”DNA和表观遗传机制是如何通过相互作用来决定哺乳动物的外表和行为的。这个品系的小鼠虽然拥有完全相同的基因组，但个体的外表差异很大。有的小鼠很胖，毛色是黄色，而有的小鼠很瘦，毛色是棕色，其余的则介于这两者之间。这种外表的差异源于细胞对一段“无用”DNA序列的表观遗传调控不同。Avy小鼠的基因组内有一段额外插入的DNA重复序列，它位于某个基因的前方。插入的序列会发生程度不同且完全随机的甲基化。甲基化程度越高，重复序列受到的抑制就越强，这又会影响临近基因的表达。[15] 而正是这个基因的表达水平决定了小鼠有多胖，毛色有多黄。具体的过程如图 9.1 所示。

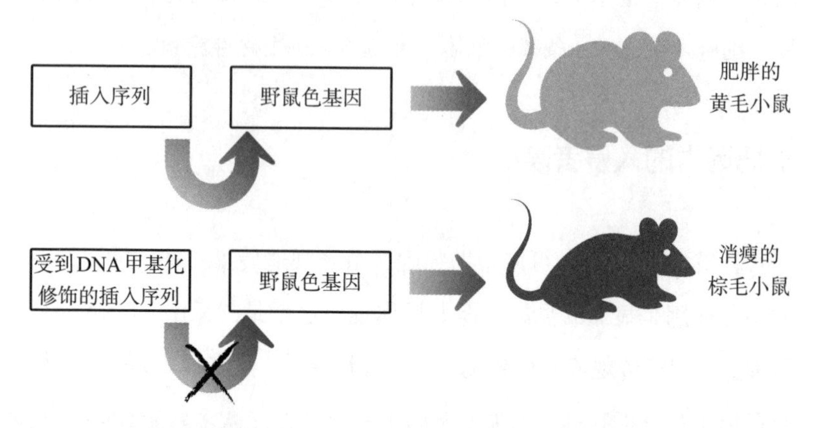

图 9.1　在上半部分图所示的情况下，插入序列促进了野鼠色基因（*Agouti*）的表达，于是小鼠表现出了肥胖和黄毛的性状。而在下半部分图的情况下，插入序列的DNA受到了甲基化的修饰，失去了促进野鼠色基因表达的功能，于是小鼠体态消瘦，毛色变成了棕色

表观遗传与延长的序列

表观遗传现象和“无用”DNA之间的相互作用，还有可能与某些遗传变异扯上关系。最经典的例子是我们在第1章和第2章介绍过的脆性X染色体综合征。引起这种疾病的原因是“CCG”序列的异常扩增，患者基因组中这个三碱基序列的重复次数有时可达数千次之多。这种重复序列里有很多后面紧跟着碱基G的碱基C，也就是我们在本章开头介绍过的CpG序列，它是DNA甲基化的位点。当这段“无用”重复序列变得奇长无比时，负责给DNA添加甲基的酶和蛋白质再也无法抵挡诱惑。密集的甲基化又把其他抑制基因表达的蛋白质吸引到了变异后的重复序列上，这甚至会引起DNA分子结构的改变，使细胞根本不可能有机会表达脆性X蛋白。在变异的加持下，“无用”DNA和表观遗传就这样沆瀣一气，给患者带来了终身的智力低下和社交障碍。

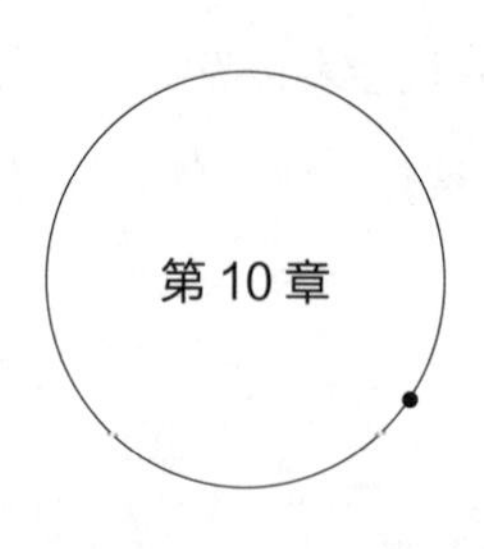

亲源效应：为什么哺乳动物生育后代需要两性？

对出生在犹太教或基督教家庭的孩子来说，他们最早听到的《圣经》故事之一当属《创世记》。在这个故事里，上帝创造了陆地、天空，以及天地间的万物，并在最后创造了亚当和夏娃。自那以后，繁衍生息的重担完全落在了这两个人和他们的后代肩上，神明再也没有干涉过人类繁育后代的事务。当然，在基督教的《新约》中，故事一开篇就打破了这个惯例。[①]

亚当和夏娃的故事经久不衰，它很可能促进着或者反映了我们对一种生物学现象根深蒂固的认识：只有男人和女人才能生小孩。从生物学上来说确实是这样，两个男人、两个女人或者只靠女人自己，都是无法生育的。

---

① 《新约》开篇讲述了耶稣的诞生，包括圣母玛利亚未婚而育的故事。这显然是指神明在干涉凡人的生育。——译者注

这实在太显而易见了，以至于我们几乎从来不会质疑它的正确性。但我们可以怀疑，因为最不同寻常的生物学原理有时就藏在最稀松平常的现象和最理所当然的假设之中。而且我们应该怀疑，因为包括人类在内的所有胎生哺乳动物是动物界唯一一类必须通过交配才能繁殖的生物：雌性哺乳动物的卵子需要与精子结合，这是产生后代的必要条件。除了哺乳动物，你可以在其他任何类别的动物中找到雌性不用交配就能生育的例子。而且这些例子并不全是低等生物。某些种类的鱼、两栖动物、爬行动物，甚至是鸟类，也都有这样的本领。但哺乳动物就是不行，这侧面反映了必须交配才能生育的特点是相对新近才出现的——爬行动物和哺乳动物在演化之路上分离大约始于 3 亿年前，所以至少应该晚于这个时间。

有人推测，哺乳动物只进行严格的两性生殖更多的是因为遗传物质的递送方式比较特殊，而不是因为生物学特性上的“力所不及”。举个例子，这很可能是因为两个哺乳动物的卵子无法融合，不能产生像受精卵那样的合子，所以才必须有雄性个体参与——只有精子才能穿透卵子外的屏障，把另一半DNA安全送到目的地。正常情况下，哺乳动物的卵子的确无法融合，但这其实不能用来解答这里的问题。是的，真正的解释比这有趣得多，要想弄清来龙去脉，我们还得从 20 世纪 80 年代中期一系列设计精巧的小鼠实验说起。

科学家从雌鼠体内取出了受过精的卵子，将细胞核移除，再把其他卵子或者精子的细胞核注入失去细胞核的卵子内。随后，他们把重组的卵细胞植入代孕雌鼠的子宫内。实验的结果如图 10.1 所示。

只有分别包含一个卵子细胞核和一个精子细胞核的重组卵细胞才能发育成可存活的小鼠。如果注入的是两个精子或者两个卵子的细

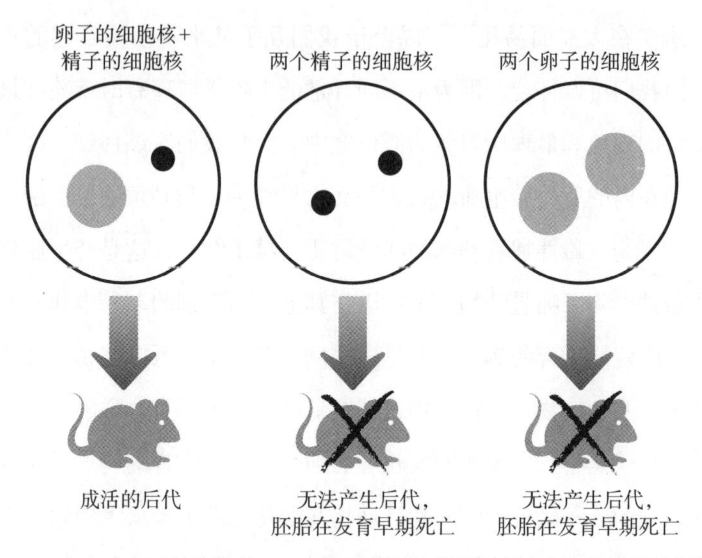

图 10.1 把一个卵子的细胞核和一个精子的细胞核注入一个失去细胞核的卵细胞内，这个重组的卵细胞可以发育成可存活小鼠。如果用的是两个卵子或者两个精子的细胞核，得到的胚胎将无法正常发育。在这三种情况中，无论哪一种，重组卵细胞的遗传信息都是一样的

胞核，胚胎只能短暂地发育一小段时间，随后便陷入停滞。从遗传学的角度看，这种现象颇为新奇。在全部的三组实验里，重组卵子的DNA含量都是正常的，不多也不少。如果说到DNA的序列，精子和卵子的DNA并不存在本质的差异，尤其是研究人员还考虑到了这一点，所以实验统一使用了含有X染色体的精子。于是，奇怪的现象出现了：在三种情景里，实验对象的DNA序列是完全相同的，但只有雄鼠和雌鼠的DNA组合才能孕育出新的生命。[1]

既要卵子，又要精子。我们可以非常确定地说，这种生育上的限制不是小鼠特有的，因为人类有一种被称为葡萄胎（水泡状胎块）的异常妊娠现象。女性有时会出现怀孕的假象，表现为体重增加和频繁地孕吐。但到医院进行影像学检查，只能看到一个异常增大的胎盘和大大小小的水泡，没有胚胎的踪迹。这就是葡萄胎，大约每 1 200 例妊娠中就有一例是这种情况，亚洲某些地区的女性群体中比例更高，达到了每 200 例妊娠中就有一例。葡萄胎一般会在受精发生后的第四周或第五周自发流产，不过在医疗卫生条件较好的国家，水平过关的产前护理医师会尽快将其移除，杜绝组织癌变的可能性。

对异常胎盘的遗传学分析让我们颇有收获。结果显示，在绝大多数病例中，葡萄胎是没有细胞核的卵子受精而引起的，至于这些卵子为什么没有细胞核，我们不得而知。与空的卵子融合后，精子的 23 条染色体发生了数目翻倍，所以受精卵的染色体数目才能像正常人一样是 46 条。大约有 1/5 的葡萄胎是由两个精子同时穿透一个没有细胞核的异常卵子而形成的，这样也可以让受精卵拥有正常的染色体数。虽然葡萄胎的染色体数目没有问题，但因为它们全都来自同一个亲本，所以胚胎的发育也会出现严重的错误而难以继续下去。这与小鼠实验中如出一辙。

类似葡萄胎这样的临床病症以及 20 世纪 80 年代的小鼠实验反映出某种本质性的规则：我们可以看到，配子细胞（卵子和精子）携带的生物学信息并不只有遗传密码，因为这两种情形都无法单纯地用 DNA 的含量和序列来解释。就宏观现象而言，这是一个表观遗传的例子。而我们现在已经知道，在分子水平上，这种表观遗传现象是细胞的表观遗传机制与“无用”DNA 协作的结果。

不要忘记DNA是从哪里来的

科学家在DNA里发现了可以标识“我来自母亲”或“我来自父

亲”的表观遗传修饰。基因组对亲本来源的这种区分被称为亲源效应。在具有亲源效应的区域内，基因组的正常运作有严格的前提条件，成对的特定基因（或者基因群）必须是一个来自母亲，另一个来自父亲。

这些区域的表观遗传修饰可不是直接给基因贴个花花绿绿的标签，让你知道它是来自母亲还是父亲就敷衍了事了。它们能控制特定基因的表达，保证每对基因中有一个是开启的（比如你从父亲身上获得的那一个），而另一个是关闭的（相应的，就是来自母亲的那一个）。这种现象被称为遗传印记（又称基因组印记、亲本印记），顾名思义，基因就像被打上了印记一样，可以追溯是来自父亲还是母亲。

正常情况下，细胞会同时表达成对的两个基因，这种做法就像是给细胞上了一道保险：即使其中一个基因由于变异而失能，或者受到异常表观遗传修饰的误伤而被强行沉默，细胞也还有一个备用的基因可以仰仗。可是，如果印记机制关闭了某个基因，细胞在面对另一个基因随机失活的情况时，就没有余地了。即便如此，细胞也依然甘愿冒着这样的风险，主动关闭某些基因。可以想见，遗传印记肯定让细胞受益匪浅，因为只有这样，冒点儿险才是值得的。

遗传印记是哺乳动物特有的现象，这并不是巧合。雌性哺乳动物为后代的发育倾注了无与伦比的巨大心血。它们把后代怀在体内，通过胎盘，用自己的营养支持胚胎的发育。有人会说，其他动物的雌性也会为自己的后代付出，比如：鸟类要孵蛋，鳄鱼不仅要费力筑巢，还要精心调节巢穴的温度。但是，如果论谁在哺育胚胎这件事上最豁得出去，那么其他动物都没法跟胎生哺乳动物相比。

尽管如此，出于进化上的权衡，哺乳动物的母性也是有限度的。

为了更好地传递自己的基因，雌性哺乳动物通常不倾向于从一而终。因为它不能保证孩子的生父就是“最适者”，更合适的配偶（从演化的角度衡量）或许还在别处。所以，尽管每次怀孕都投入巨大，但雌性哺乳动物依然会选择生育多次。用自己的身体确保一个或者多个胚胎能获得足够的营养当然有好处，这让后代有了极高的生存概率。只有让后代活下来，才能让它们延续自己的基因。但是，如果一味强调后代的生存，不惜把母体的营养榨干，让它在分娩后再也无法生育乃至无法存活，这对雌性哺乳动物来说就有些得不偿失了。

但是，雄性哺乳动物相当乐见其成。后代从母体榨取多少营养，母体还能不能生育第二次，这些都不是雄性需要考虑的问题。从演化上来说，雄性只在乎其后代能否获得充足的营养，只希望后代越强壮越好，这样才有更大的可能性活到性成熟，把自己的基因传递下去。事成之后，雄性大可以跟其他的雌性再次生育，毕竟自然界奉行一夫一妻制的哺乳动物可谓凤毛麟角。

一旦胚胎在子宫里着了床，雌性哺乳动物就不能像筑巢的鸟儿一样选择给后代喂多少吃食，更不可能一走了之。雌雄哺乳动物在这场营养争夺战里陷入了僵局，而遗传印记的出现正是为了平衡雌性和雄性在遗传话语权上的竞争。对于基因组中的一小部分基因，雄性和雌性会进行不同的表观遗传修饰。来自父亲的DNA会以促进胚胎生长的方式进行修饰，而同样的基因如果来自母亲，其表观遗传修饰就会对胚胎产生相反的效果。

在胚胎发育过程中，来自父亲的基因经常使胎盘变得又大又高效，因为它是给胚胎提供营养的器官。这也是为什么在葡萄胎里，当所有的遗传物质都来自父亲时，胎盘才会变得如此怪异且硕大。

基因簇的调光开关

具有印记特性的基因数量相当少，在小鼠中大约只有140个。[2]它们以基因簇的形式扎堆存在，每个基因簇里的基因数量为2~12个，其中许多基因簇都能在人类的基因组里找到相似的对应基因。[3]有袋类动物的胚胎只会在子宫里待很短的时间，不难想见，它们体内的印记基因数量要比小鼠少得多。[4]

每个基因簇内最重要的组成部分是一段"无用"DNA，它控制着编码蛋白质的基因表达。这个关键的组成部分被称为印记控制元件（简称ICE）。控制基因簇的表达可以类比为调节一间屋子里的12盏照明用电灯。如果想实现亮度可调的照明效果，你可以挑12个视亮度不同的灯泡，由亮到暗排列，再分别给每盏灯配一个开关。可是用这种方式控制室内的照明相当费时费力，更好的办法是把12盏灯接到同一条电路上，再用一个普通开关同时控制所有灯的亮和灭，如果你还想要点儿灵活度，也可以装一个调光开关。

印记控制元件的作用就相当于调光开关，不过与控制电灯的开关相比，它要更复杂一些。它的重要之处是能促进一种长链非编码RNA分子的表达。这种位于基因簇内的长链非编码RNA可以关闭周围的基因。也就是说，遗传印记现象需要依靠两种关键的"无用"DNA：一种是基因组上的印记控制元件，另一种是由印记控制元件控制的长链非编码RNA。只要某个基因簇上的这种长链非编码RNA被激活，它就会关闭同一个基因簇内的其他基因。反过来，如果印记控制元件下游的长链非编码RNA受到抑制，基因簇里的基因就能正常地表达。

基因组印记离不开“无用”DNA，以及这种DNA与表观遗传机制之间的相互作用。细胞可以对印记控制元件进行表观遗传修饰，上面所说的那种长链非编码RNA能否得到表达取决于印记控制元件是否发生了甲基化。如果印记控制元件的DNA上有甲基化修饰，长链非编码RNA的表达就被抑制；而如果印记控制元件逃过了甲基化，长链非编码RNA就会被表达。总而言之，最终的结果依然是一种互斥的机制：如果长链非编码RNA表达了，那么同一个基因簇内的其他基因不需要再出场；而如果长链非编码RNA没有表达，这些位于同一条染色体上的基因就会被表达。印记区里的长链非编码RNA有时候长得出奇，目前已知最长的一种含有 100 万个碱基，相当惊人。[5]

很遗憾，对于这种长链非编码RNA抑制邻近基因簇表达的具体机制，我们仍然一头雾水，不明就里。当然，表观遗传机制与此脱不了干系，至少它需要给编码蛋白质的基因添加抑制表达的修饰基团。如果敲除关键的表观遗传基因，比如我们在第 9 章介绍过的强效遏制物，某些在胚胎发育过程中本应关闭的基因就会被表达。[6] 我们也不是非得敲除强效遏制物不可，敲除其他的表观遗传相关基因（例如其他给组蛋白添加抑制性修饰的酶）也能产生类似的效应。[7, 8] 这从侧面反映了表观遗传机制在执行长链非编码RNA携带的指令时所起的重要作用。一种很有可能的解释是，长链非编码RNA把催化表观遗传修饰的酶吸引到了具有印记特性的基因簇上，使这些酶能对基因的组蛋白进行相应的修饰。

印记控制元件本身的序列也可以受到表观遗传的修饰。不出所料，如果它的序列发生了甲基化，那么它的组蛋白会受到抑制表达的修饰；而如果它的序列没有发生甲基化，它的组蛋白又会受到启动表达的修饰。可见从DNA到组蛋白，细胞对印记控制元件的修饰逻辑始终是保持一致的。[9]

在遗传印记中，起决定作用的环节是构成印记控制元件的“无用”DNA有无发生甲基化。近来有观点认为，生物在演化中为了使邻近印记控制元件的寄生序列（我们在第4章介绍过这种不安分的外来遗传序列）保持沉默，才发展出通过印记控制元件甲基化控制邻近基因表达的机制。这种机制凭借它赋予个体的生存优势，在一轮又一轮的自然选择中脱颖而出。[10] 单孔类是现存最原始的哺乳动物，比如鸭嘴兽和针鼹，它们保留了卵生的繁殖方式。和高等哺乳动物不同，在这些单孔目动物的基因组里，本应是哺乳动物印记控制元件的位置却空空如也，周围也几乎找不到任何寄生序列。结合这个事实，上面所说的理论的确十分耐人寻味。[11]

重置印记

既然基因组的DNA序列本身没有母本和父本的区别，那么现代哺乳动物是如何根据自身的性别对印记控制元件进行甲基化修饰，并将这种修饰的结果传递给后代的呢？如何才能做到准确无误？女性从父亲那里获得带有父亲印记的染色体，这些染色体的印记控制元件上带有特征性的甲基化（或非甲基化）修饰，以表明自己来源于父亲。但是当把这些带有印记的区段遗传给自己的孩子时，必须首先抹掉原来的印记，再给它们打上“来自母亲”的标记。

这个过程似乎充满了自相矛盾，让我们再来看看音乐的世界，或许会对理解这种机制有所帮助。这次我们要说的不是奥斯卡·汉默斯坦二世，而是美国著名音乐人伯特·巴卡拉克的黄金搭档、作词人哈尔·戴维。两人曾为 1973 年的音乐电影《消失的地平线》创作歌曲。虽然影片上映之后反响平平，但片中的一首插曲流行开来，其中下面这句歌词对我们有相当大的启发意义："世界就是一个圈，谁知何处是起源，哪里又会是终点。"把生物的发育过程想成一个无始无终的循环，而不是一条直线，这样或许会更好理解。图 10.2 展示的正是印记控制元件在代代相传中的"打开—关闭—打开"循环，但这里只以母亲如何修改卵子的印记控制元件为例。父亲的精子也通过类似的方式，让相反的性别印记得以传递。

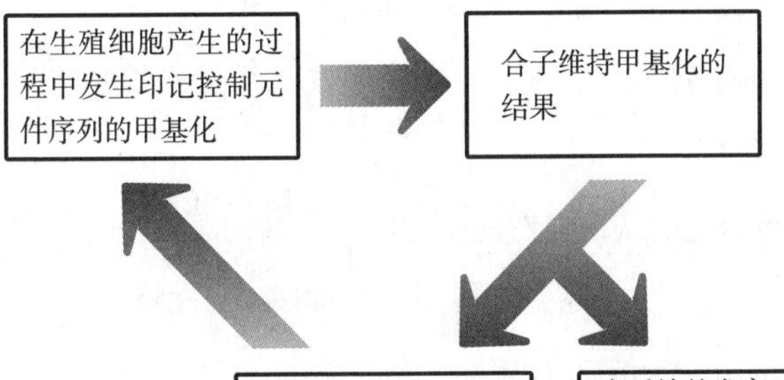

图 10.2　甲基化与去甲基化的循环，细胞通过这种方式保证遗传给后代的染色体上总能带有标识亲本来源的正确修饰

当然，这张示意图容易让人想到的问题是：卵子和精子如何在生成的过程中识别印记控制元件，又如何"知道"让或者不让哪些部位发生甲基化？这是个非常热门的研究领域，不同的印记控制元件情况不同，雄性和雌性的配子也有差别，无法一概而论。坦白地说，我们对这个问题的确切答案仍旧毫无头绪，但科学家也并非一无所知。比如，在雌性的生殖细胞系中，卵子的产生严重依赖那些能给原本非甲基化的CpG序列添加甲基的酶①。[12]完成这一步后，细胞会设法保留修饰的结果，这需要依靠一种专门维持基因组甲基化状态的酶②。[13]别的蛋白质也很可能在细胞确立正确甲基化模式的过程中起了作用，而且其中一些可能只在生殖细胞的产生过程中进行选择性表达。

酶是如何从生殖细胞的基因组里把印记控制元件找出来的呢？科学家对这个问题的认识又出现了分歧，虽然证据显示，可能是印记控制元件内某些特殊的“无用”DNA序列起到了一定的作用。[14]这些“无用”DNA在序列层面上的物种保守性很低，或许它们的三维结构反倒更相似一些。所以细胞没准有什么办法可以识别这些分子的形状，而不是它们的序列。[15]这和我们在第8章介绍过的长链非编码RNA有异曲同工之妙。

尽管我们对遗传印记的认识显然还很有限，许多问题都没有得到解答，但可以肯定地说，遗传印记就是哺乳动物必须进行两性生殖的根本原因。2007年，有科学家设计了一系列复杂的繁殖实验，演示了如何用两个卵细胞核和受精卵的细胞质繁育能够存活的小鼠。他们的方法是修改小鼠基因组内的两个区段，人为改变了遗传印记，让其中一个卵细胞的甲基化修饰模式变得更像父本，而不是母本。这种做法成功地骗过了细胞的发育分子通路，让它相信这个细胞核的确来自父亲，而非母亲。实验的结果不仅说明这两个区段在控制胚胎的发育中扮演了尤为重要的角色，而且我们从中可以看出，真正阻碍哺乳动物双雌生殖的因素只有一个，那就是关键基因的DNA甲基化修饰模

① 起关键作用的是DNMT3A和DNMT3L，两种从头（de novo）甲基化酶。

② 这种蛋白质被称为DNMT1，它是一种起维持作用的DNA甲基化酶。

式。过去有一种理论认为，精子在生殖中之所以不可或缺，是因为它本身携带了某些启动胚胎正常发育所必要的辅助因子，比如特殊的蛋白质或者RNA分子。但上面的实验否定了这种说法。[16]

回看图 10.2，我们可以看到印记并非一锤定音，而是有可能在发育的过程中发生变化。遗传印记对发育中的基因表达来说似乎特别重要。比如，小鼠有大约 140 个具有印记特性的基因，其中绝大多数只会在胎盘中表现出印记的现象。这证明控制生物体早期的生长发育很可能就是印记机制最初诞生的本意。印记对基因表达的控制几乎是严格与距离相关的。在具有印记特性的基因簇里，紧靠印记控制元件的基因可能在任何组织内都保留着印记特性，而那些距离调控中心相对较远的基因，则只有在胎盘里才表现出印记特性。某些类型的脑细胞似乎有相对较强烈的保留印记特性的倾向，至于为什么这种倾向会受到演化的青睐，科学家莫衷一是。有种说法认为，印记控制元件转录的长链非编码RNA会给毗邻的基因招徕DNA的甲基化，而给同一个基因簇内距离相对更远的基因吸引来组蛋白的甲基化。[17] 由于组蛋白的甲基化比DNA的甲基化更容易逆转，这或许就是距离较远的基因能在组织发育成熟之后摆脱印记特性的原因。

这就是遗传印记，对于它的机制，虽然我们不完全清楚，但也不是一无所知。有的理论认为印记的出现是为了平衡哺乳动物母亲和胎儿（父亲利益的代言人）之间的演化博弈，按照这种说法，无怪乎绝大多数具有印记特性的基因是与胎儿生长、婴儿吸吮乳汁，以及新陈代谢相关的了。[18] 另外，也难怪当遗传印记出现差错时，最常见的症状往往都是生长发育相关的缺陷。

如果印记出了问题

20 世纪 80 年代，在鉴定遗传病的致病基因首次成为可能之后，针对遗传印记与疾病关系的研究才开始发展壮大。通常，确定致病基因的方法包含以下几步：首先要寻找带有家族性倾向的病症，即家族中有多于一名成员患有此病的病症，然后分析各个病例的家谱，逐渐缩小范围，最后在染色体上定位出与该疾病有关的区域。这套流程在今天看起来可以说是小菜一碟，因为我们已经掌握了正常人的全基因组序列，以及成本极低的测序技术。但是回到 20 世纪 80 年代，用这种方法寻找遗传病的致病突变犹如要求你从美国境内所有的房子里找出一个指定的碎灯泡。当时，为了确定导致某种疾病的变异，我们需要许多大型研究机构的科学家精诚合作，花费数年的时间去努力。

曾有许多团队研究过一种名为普拉德-威利综合征的疾病。患有普拉德-威利综合征的新生儿体重轻，吮吸反射低下。他们的肌肉没有正常发育，肌肉张力弱，直到断奶时才会有所好转，因此患儿通常表现为全身松垂无力。随着年龄增长，患儿的胃口又转而变得奇大无比，仿佛永远吃不饱，这导致他们很早就会出现严重的肥胖症。另外，这种疾病会导致轻微的智力障碍。[19]

另有一群科学家曾在同一时期研究另一种完全不同的病症。这种病的名称叫天使综合征（又称安格尔曼综合征）。患儿头部发育不全、体积偏小，有严重的智力障碍，能进食固体食物的时间极晚。除此之外，患有这种病症的儿童最明显的特征是经常会毫无缘由地大笑起来，因此从前的人称这种病的患者为“快乐木偶”，好在这种往别人伤口上撒盐的称呼如今已经没人再用了。[20]

想象一下，如果现在要修建一条横穿大陆的铁轨，东海岸有一支施工队在向西铺路，与此同时，西海岸有一支施工队在向东推进。起先，两支队伍只能在自己的地盘上各干各的，但随着时间推移，他们离对方越来越近，并终将在某个中间的地点相遇（假设一切进展顺利），共同打下最后一枚长钉，握手庆祝，再举杯畅饮。研究普拉德-威利综合征与天使综合征的两批科学家基本上就相当于这两支施工队。当然，与修铁路的比方不同，二者最大的区别是当初的科学家并不知道自己竟是在跟对方相向而行。他们都以为自己在修一条独立的铁路，分别通向两座完全不同的城市，结果却先后到达了同一个地点。

在普拉德-威利综合征与天使综合征的致病基因搜寻工作渐入佳境之际，两批科学家开始意识到，与这两种疾病相关的序列位于基因组的同一个区域内。起先，对此最合理的解释显然是，这两种疾病分别由不同的基因引起，只是它们靠得实在是太近了，就像同一条街上左右相邻的店铺。但最终的研究结果清晰地显示，引起这两种疾病的问题出在同一个可以被明确界定的狭窄区域内。

两种病症的遗传基础相同，都是由15号染色体上的小片段缺失造成的。两类患儿的父母都不是患者，科学家在分析患儿父母的染色体后发现，他们的染色体都是完好无缺的。因此，15号染色体关键区域的丢失发生在卵子或者精子形成的过程中。[①]

同一条染色体上同一个区域内的小片段缺失却造成了两种症状完全不同的遗传病，这实在有些怪异。但科学家发现，“15号染色体上的小片段缺失”并不能完全概括这两种疾病的病因，当然也不足以

① 这种突变有一个专门的术语：新生突变。

解释二者之间的差异。真正重要的不是缺失本身，而是缺失的成因。70%的普拉德-威利综合征患儿是因为精子的15号染色体存在异常，而70%的天使综合征患儿则是因为卵子的15号染色体存在异常。不久之后，科学家又发现，另有25%的普拉德-威利综合征患者拥有两条完整的15号染色体，它们没有缺失任何的部分。而这些病患的问题在于，他们的两条15号染色体并不是一条来自父亲、一条来自母亲，而是全部来自母亲。[①]另外，比例相对较低的部分天使综合征患者也拥有两条完整的染色体，但它们都来自患者的父亲。

这种遗传方式和病症之间的关联只有用遗传印记解释才合理，如图10.3所示。在所有患病的情形里，细胞无一不丢失了来自父母其中一方的印记调控区。通常情况下，细胞需要根据染色体的亲本来源精确控制这些基因的表达水平，而这种缺失将造成表达的异常，导致病理性的发育不全或过度发育。

通过分析有哪些基因受到印记调控区的影响，科学家得以进一步缩小致病基因的搜寻范围。在大约10%的天使综合征病例中，患者拥有来自父亲和母亲的全部DNA序列。他们的问题在于来自母亲的DNA发生了一处变异。这个变异没有发生在ICE内，而是在一个受ICE调控的基因内。发生变异的是一个编码蛋白质的基因，而且通常情况下只在母源性染色体上表达，由于受印记机制的影响，父源性染色体上的这个基因保持沉默。如果来自母亲的这个基因[②]因为发生变异而无法指导蛋白质的合成，就意味着细胞完全丧失了合成这种蛋白

① 类似的情况被称为单亲二倍体，这里是母源性单亲二倍体。

② 这个基因名为*UBE3A*。它编码的蛋白质能将一种名为泛素的小分子添加到其他蛋白质上，受到泛素标记的蛋白质会被细胞分解。

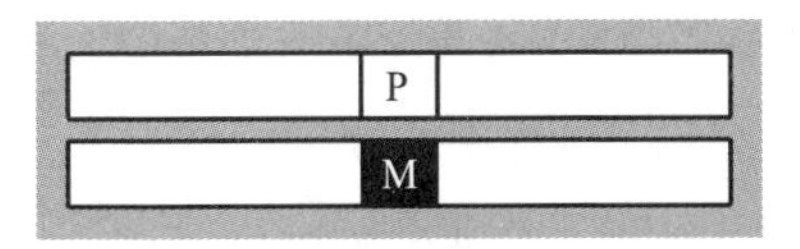

正常的 15 号染色体

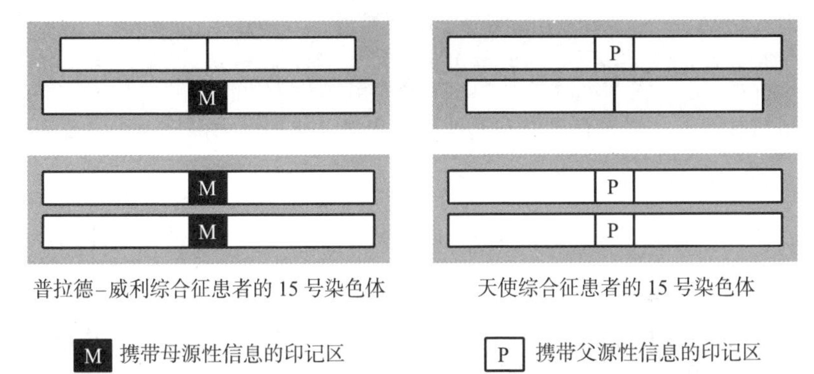

图 10.3　正常情况下，我们的两条 15 号染色体分别来自父亲和母亲。如果两条染色体都来自母亲，后代就会患上普拉德–威利综合征。就算有一条染色体来自父亲，只要携带父源性信息（证明该染色体来自父亲的表观遗传修饰）的印记区恰巧发生了缺失，那么结果也不会有什么不同。概括一下，我们可以说 15 号染色体上的父源性信息缺失就是导致普拉德–威利综合征的原因；而天使综合征的问题也发生在完全相同的区域内，区别在于缺失的是母源性信息

质的能力，所以患者才会表现出相应的病症。

普拉德–威利综合征的情况要更复杂和特殊一些。科学家发现少部分患者的病因只是 15 号染色体的关键区域内少了一个基因。这个基因编码的不是蛋白质，而是一批功能相似的非编码RNA。[21–23] 它们的作用都是调控另一类非编码RNA分子的表达。目前看来，这个非编码基因的缺失似乎是造成普拉德–威利综合征绝大多数症状的原因。

让我们来理一理这件事。染色体上的一段“无用”DNA（印记控制元件）控制着另一段编码长链非编码RNA的“无用”DNA的表达。这段长链非编码RNA又调控了一个基因的表达，这个基因不编码蛋白质，而是编码了一连串非编码RNA分子。然后，这些非编码RNA的功能又是调控其他的非编码RNA分子。这样一想，说“无用”DNA是一类没有功能的分子反倒显得十分牵强了。

普拉德-威利综合征和天使综合征并不是唯一一对建立在印记机制的基础上、以发育异常和其他相关症状（比如智力障碍）为主要表现的人类遗传病。另一个与性别印记相关的例子是分别以发育不全和过度发育为主要症状的拉塞尔-西尔弗综合征[24]与11p部分三体综合征（又称贝-维综合征）。[25]这两种疾病的部分病例与11号染色体上一个标记亲源性的区段有关。这是一个非常复杂的印记位点，因为它包含了许多基因，并且涉及不止一个印记控制元件。

其他的染色体也有类似的情况。有的孩子从母亲那里得到了两条14号染色体，这些孩子在出生前后发育都很迟缓，但年岁稍长之后反而会变得肥胖。[26]如果两条14号染色体都来自父亲，不仅胎盘会发育得异常巨大，而且孩子生来就有各种各样的问题，包括腹腔壁的缺陷。[27，28]

就绝大多数这类疾病而言，虽然表观遗传出错的情况极其罕见，但并不是没有。出于这种原因患病的患者数量极少，他们的DNA序列很完整，该来自母亲的来自母亲，该来自父亲的来自父亲，也没有发生变异，但患者表现出印记出错相关的病症。这些罕见病例患病的原因通常是，在合子形成与胚胎发育的早期，印记的建立和维持发生了错误。这可能导致印记控制元件的异常开启或关闭：原本应该甲基化的没有甲基化，原本不该甲基化的却发生甲基化。我们可以再次从中看出，“无用”DNA与表观遗传机制之间的协作有多么重要。

一起轰动性事件的历史影响

1978 年，一个名叫路易丝 · 布朗的小女孩降生。如果看到路易丝 · 布朗本人，你会觉得她是个再普通不过的小婴儿，而她的父母无疑认为她是这个世界上最超凡的宝贝。可怜天下父母心，为人父母者，谁又不是这样想的呢？但就布朗太太和布朗先生而言，他们确实有资格说这样的话。路易丝 · 布朗出生的消息登上了世界各地报纸的头版头条——以世界上第一个试管婴儿的特殊身份。

科学家取出她母亲的卵子和她父亲的精子，在实验室的培养皿里让两者完成受精，然后把受精卵放回她母亲的子宫里。这么做是因为路易丝母亲的输卵管有堵塞的问题，她无法自然受孕。路易丝 · 布朗的诞生开启了人类不孕症治疗的新纪元。据估计，自首例试管婴儿技术成功至今，全世界依靠辅助生殖技术出生的婴儿数量已经超过了 500 万。[29]

一直有人声称，辅助生殖技术很可能会提高印记相关疾病的发病率，尤其是 11p 部分三体综合征、拉塞尔-西尔弗综合征和天使综合征。之所以有这种顾虑，是因为体外受精的胚胎在遗传印记建立的关键时期处于实验室的培养条件之下。你可能会觉得很奇怪，我们居然到现在都不知道体外受精对胚胎到底有没有不利影响。不是说有超过 500 万名试管婴儿吗，难道这么大的样本量还不够科学家分析和计算？但是主要问题在于，与印记相关的疾病非常罕见，它们在自然条件下的发病率仅为几千分之一乃至几万分之一。如果一件事的概率低到这种程度，只要稍有不慎，统计数字上的误差和偏倚就可谓家常便饭。

还有人记得协和式飞机吗？迄今为止，它是世界上仅有的两款被投入过商业运营的超声速客机之一。[①]服役几十年，协和式飞机一度是世界上安全性最高的民用客机，因为这款机型从未发生过任何一起致命的事故。但是 2000 年，一架协和式飞机在巴黎的夏尔·戴高乐机场发生了坠毁事故，机上 109 名乘客和机组成员全部遇难。一夜之间，就统计数字而言，协和式飞机从世界上最安全的客机突然变成世界上最危险的客机。当然，这是因为与当时绝大多数执飞的机型相比，协和式飞机的班次和每个航班的乘客数量都相对较少（别看协和式飞机很大，客舱空间却小得出奇），所以如果只用过于简单的统计手段，单个数据的微小变化就能对统计数字和最终的结论造成巨大的影响。

对印记相关疾病来说，情况也是一样的。比如，假设这类疾病的自然发生率是每 500 万个新生儿中有 50 个病例，而在 500 万个试管婴儿里出现了 55 个病例，你要如何解读 55 这个数字呢？[②]这 10% 的增幅到底是辅助生殖技术造成的负面影响，还是纯粹的统计学上的合理误差？另外，我们要考虑不育症本身就有可能导致印记相关疾病出现的概率增加，而这与辅助生殖技术无关。或许一对夫妇生育力低下的原因就是卵子或精子携带了基因组印记的错误，辅助生殖技术只是通过提高生育率，让这种缺陷能更直观地表现出来而已。放在过去，这些个体很难生育后代，我们也就看不到与印记相关的错误在孩子身上展现出的效应。[30]生物学里有很多令人困惑的情况，我们以为自己看到了真相，结果却是视线之外的事物扭曲的残影。这里的情况正是如此。

---

① 本书英文版于 2015 年出版。2022 年，号称“协和之子”、代号为“X–59”的新一代超声速民航客机正在接受飞行测试，并计划于 2029 年投入商用。——译者注

② 这两个数字都是杜撰的，只是为了说明的需要。

“无用”DNA的使命

可以这样说，生物学最神奇、迷人的地方就是它永远不落窠臼。生物系统的演化拥有无与伦比的创造性，它不断地自我迭代、更新，抓住任何一丝机会在旧瓶中装上新酒。这意味着，每当我们以为自己好像触碰到某种本质的规律时，例外总会如期而至，以至于有的时候，我们连什么是一般情况、什么又是例外都说不清。

我们以“无用”DNA和不编码蛋白质的RNA为例。基于本书到目前为止介绍过的所有内容，我们完全可以合理地提出以下这个理论：

> “无用”DNA首先被转录成一种不编码蛋白质的RNA（“无用”RNA），这种RNA的功能犹如分子的脚手架，它指引功能性蛋白到达基因组的特定区域，以便其发挥作用。

这个理论当然符合长链非编码RNA在细胞中所起的作用，它们是表观遗传蛋白与DNA或组蛋白之间的魔术贴。细胞中的蛋白质经常以复合物的形式发挥功能，而且这种复合物内经常含有酶——在化学反应中起催化作用的蛋白质。这里所说的化学反应譬如给DNA或组蛋白添加（或移除）表观遗传修饰，或者把核苷酸加到转录中的信使RNA分子的末端。

在上述的情形中，复合物内的蛋白质相当于句子中的动词。动词代表句子的主语要“做什么”，同样地，蛋白质分子决定了复合物将执行怎样的功能。

这个理论模型确实很让人信服，但不幸的是它有一个漏洞：有时，分子的角色会完全颠倒。在这种反转的情况里，蛋白质成了默默无闻的一方，而“无用”RNA却负责催化其他分子的化学变化，事实上起到了酶的作用。

听上去很新奇，不是吗？所以，很多人的第一反应是把这种情况视为古怪的例外。倘若如此，这些例外不仅性质奇特，而且规模惊人，因为在人类的细胞中，任何时刻具有这种功能的“无用”RNA分子都约占总RNA含量的80%。[1] 自我们知道细胞中存在这类奇特的RNA分子起，已经有几十年了，可直到今天，人们却依然倾向于用唯蛋白质论的眼光看待自己的基因组，真是咄咄怪事。

拥有这种奇异功能的RNA分子名叫核糖体RNA，也可以简写为rRNA。顾名思义，这种RNA主要存在于一种被称为核糖体（ribosome）的细胞结构中。核糖体不在细胞核里，而是位于细胞质中，第2章的内容其实就有涉及核糖体，它与图2.3展示的过程有关。信使RNA携带的信息对应着氨基酸排布的顺序，也就是蛋白质的结构，而核糖体的功能正是翻译和转化信使RNA的序列信息。借用第1章和第2章那个织毛线的例子，如果说DNA是花纹的设计图，核糖体就是按照纸面上的信息把保暖的衣物织出来，让在外征战的将士少受一些凄风苦雨折磨的后勤女士。[2]

如果论质量分数，每个核糖体大约60%的成分是rRNA，剩下的40%是蛋白质。rRNA聚集在一起，构成了核糖体的两个主要部分。其中一个部分含有3种rRNA和大约50种蛋白质，另一个部分只含有1种rRNA和大约30种蛋白质。核糖体有时也被称为大分子复合物，因为它确实很大，而且构成极其复杂。你可以把它想象成一台巨大的蛋白质合成机。

在编码蛋白质的基因完成转录后，信使RNA被运送出细胞核，前往名为核糖体的蛋白质合成机所在的位置。信使RNA像信用卡一样刷过核糖体，在这个过程中，核糖体读取了信使RNA上携带的遗传信息。随后，氨基酸按照正确的先后顺序，被逐个连接到一起。每个氨基酸与相邻氨基酸连接的化学反应都是由核糖体RNA催化的，只有在它的帮助下，细胞才能合成又长又稳定的蛋白质分子。

当信使RNA的前部穿过一个核糖体时，这个部分又可以和第二个核糖体相结合。这个核糖体也将根据信使RNA的信息合成一条相同的蛋白链。我们曾在第2章里介绍过，从信使RNA到蛋白质是基因表达过程中发生的第二个增强效应，这种一条RNA模板被核糖体多次利用的合成方式正是增强效应的分子基础。具体的过程如图11.1所示。

氨基酸是被另一种“无用”RNA带到核糖体的，它的名字叫转运RNA，简写为tRNA。这是一类非常小的非编码RNA，长度只有大

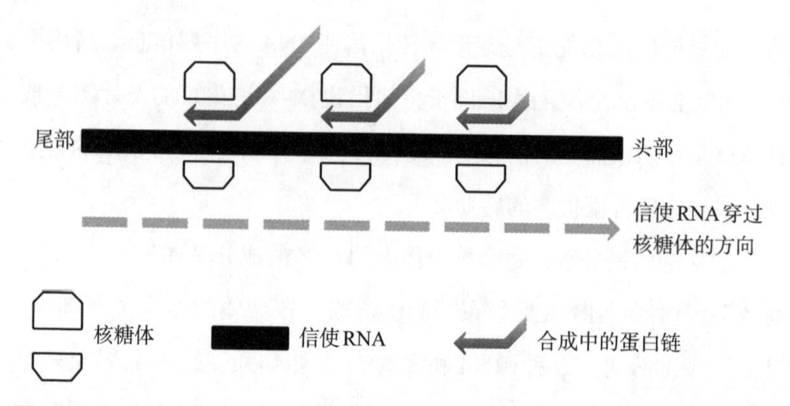

图 11.1 如图所示，一条信使RNA沿从左到右的方向穿过核糖体。核糖体随即开始合成蛋白链。在信使RNA的头部穿过第一个核糖体后，即使蛋白质的合成还没有结束，它也可以与第二个核糖体相结合，然后重复同样的过程。由此导致的结果是一条信使RNA可以同时结合好几个核糖体，并且每个核糖体都能合成一条完整的蛋白链

约75~95个碱基。[3] 尽管如此，它们却能通过分子内的折叠，形成精巧复杂的三维结构，我们通常称之为三叶草结构。三叶草"柄"的末端可以结合一个氨基酸。而在与"柄"相对的远端，圆环状的"叶片"上有一段重要的三碱基序列，信使RNA上存在专门的序列，可以与这三个碱基相匹配。两者的识别方式正是碱基互补配对，与DNA双链相同。

tRNA如同一种适配设备，它能把信使RNA的核酸序列（由DNA序列转录而来）转化为最终的蛋白质产物。这确保了氨基酸能严格按照正确的顺序排列，以便使合成的蛋白质符合细胞的需要。这个过程如图11.2所示：核糖体内两个左右相邻的氨基酸在rRNA的催化下发生化学反应，前一个氨基酸的尾部与后一个氨基酸的头部顺次相连，形成链状的蛋白质分子。

信使RNA上也有一些不能与任何tRNA相互识别和匹配的三碱基

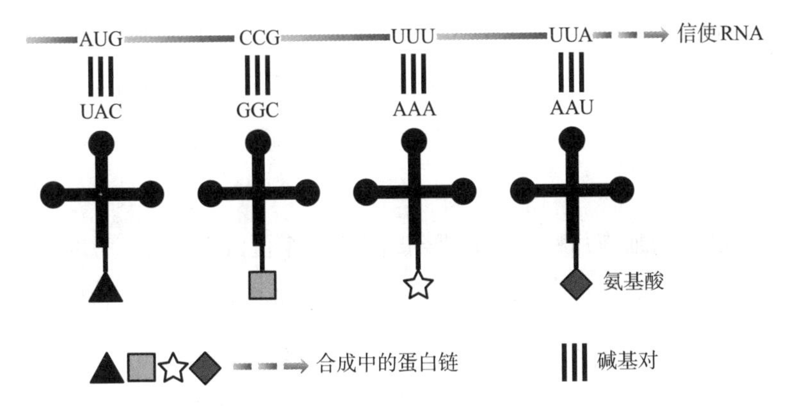

图 11.2　在信使RNA穿过核糖体的过程中，转运RNA通过碱基互补配对，将对应的氨基酸运送到蛋白链上的正确位置。随后，相邻的氨基酸在核糖体RNA的催化下被连接起来，最终形成蛋白链

序列，它们被称为终止信号。当核糖体读到这种信号时，由于找不到相应的tRNA，它便从信使RNA上脱落，蛋白质的合成也随即停止。我们在第 7 章曾用乐高积木打过比方，如果把同样的比喻放在这里，终止信号就像是作为屋顶的那块零件，一旦把它盖上，整栋楼就全拼完了。随后，脱落的核糖体又会去寻找其他的信使RNA分子，合成新的蛋白质；又或者，它们甚至可以返回刚刚脱离的那条信使RNA的开头，把同一种蛋白质重新合成一次。

尽管合成蛋白质的整个过程都发生在一个由 4 种核糖体RNA和大约 80 种蛋白质构成的巨型复合物中，而且转运和连接氨基酸的过程十分精巧且复杂，但是蛋白链延伸的速度异乎寻常地快。要在人类细胞中精确测量蛋白质的合成速度仍有难度，不过我们知道细菌核糖体添加氨基酸的速度大约是每秒 200 个。人类细胞很可能没有这么高效，但速度理应比我们拼乐高积木的速度约快 10 倍。而且不要忘记，核糖体添加氨基酸时不是随便找两块“乐高积木”一拼就行，它每一次都是从 20 种不同的“乐高积木”（蛋白质是由 20 种不同的氨基酸构成的）里找出特定的两块，还要按照正确的先后顺序将两者拼接在一起，每一步都是如此，绝无例外。这可不是什么轻松的工作。

我们的细胞每秒钟都需要合成数百万个蛋白质分子，所以核糖体的工作效率必须非常高。除了单个核糖体的效率高之外，核糖体的数量也必须足够多，所以每个细胞都含有多达 1 000 万个核糖体。[4] 为了保证核糖体的数量，我们的细胞积攒了为数众多的 rRNA 基因拷贝。经典的基因遗传模式是父母各拿出基因的一个拷贝，给后代配成一对，但 rRNA 不同：我们从父母身上获得的 rRNA 基因大约有 400 个，分别分布在 5 对不同的染色体上。[5]

rRNA 基因如此庞大的数量至少有一个好处，那就是这种基因的变异不太可能导致我们患上遗传病。因为就算有一个拷贝发生了变异，也有数以十计乃至百计的拷贝可以作为替补，大量正常的 rRNA 分子可以轻易稀释变异的缺陷分子，所以部分拷贝的变异几乎不会对细胞造成什么影响。虽然 rRNA 的基因不怕变异，但是编码核糖体蛋白的基因不然。我们仍不清楚许多构成核糖体的蛋白质具体有何作用，对于其中一些，我们目前甚至觉得它们在核糖体内根本没有任何意义。除了这些有待进一步研究的蛋白质之外，我们倒是了解另一些核糖体蛋白：编码它们的基因如果发生变异，那确实会使人患上遗传病。

最知名的两个例子要数先天性纯红细胞再生障碍（又称戴–布综合征）和下颌骨颜面发育不全（又称特雷彻·科林斯综合征）。这两种遗传病的致病基因并不相同，但造成的结果都是核糖体的数量减少。显而易见的是，核糖体的数量可以通过不同的途径影响细胞的功能，因为如若不然，这两种遗传病的临床症状应当相同，可实际情况却不是这样：先天性纯红细胞再生障碍的主要症状是红细胞生成不足，而特雷彻·科林斯综合征的主要表现则是头面部的畸形，以及由此导致的呼吸、吞咽和听力问题。[6]

我们需要大量的核糖体，所以我们有大量的rRNA基因，同理可以推断我们也需要大量的tRNA基因，因为只有这样才能保证有足够的tRNA分子往核糖体运送氨基酸。事实上人类的基因组含有将近500个tRNA基因，几乎遍布每一条染色体。[7]同rRNA的情况一样，大量的基因拷贝为tRNA带来了积极的数量效应。

rRNA与遗传印记机制之间可能存在着某种奇怪又有趣的关联。我们曾在第10章提到，有一小部分普拉德–威利综合征患者的问题出在一段编码一连串非编码RNA分子的“无用”DNA序列。这些非编码RNA被称为核仁小RNA（简称snoRNA）①。它们会迁移到细胞核内一个叫核仁的区域，这里是与核糖体生物学起源相关的重要位置：核仁是核糖体装配和成熟的地方，如图11.3所示。

在核仁中，rRNA和蛋白质经过修饰和组装，形成完整的核糖体。随后，成熟的核糖体又被运送出核，回到细胞质中，开始履行它们作为蛋白质合成器的职责。要保证rRNA分子得到正确修饰，核仁小RNA必不可少。如同DNA和组蛋白一样，rRNA也可以受到甲基化修饰。核仁小RNA很可能是利用与rRNA的互补配对，促进了甲基化的发生。RNA分子的配对同样遵循碱基之间的互补配对原则，一

---

① 这里涉及的是一类特定的核仁RNA，叫作snoRNA，C/D box（简称SNORD）。

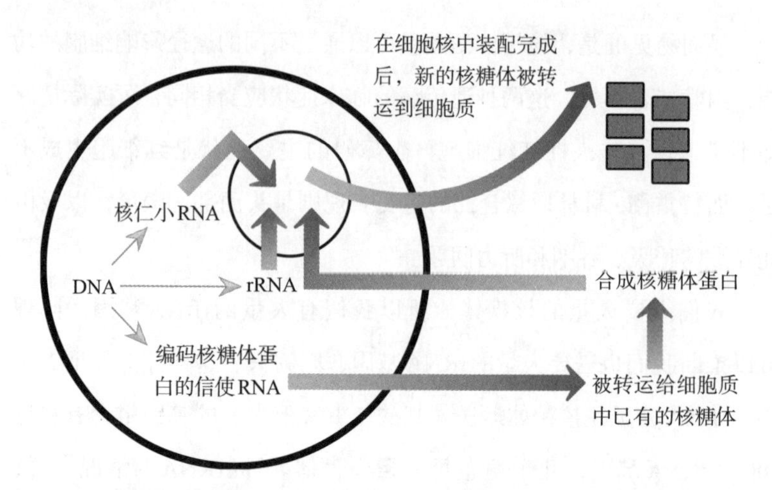

图 11.3 编码核糖体蛋白的信使RNA在细胞核中生成，随后被转运给细胞质中已有的核糖体。新合成的核糖体蛋白再被送回细胞核中一个专门的区域。在那里，核糖体蛋白与核糖体RNA分子相结合，形成新的核糖体。装配完成后，核糖体又被转运到细胞质，开始执行自己的功能

旦核仁小RNA和rRNA的配对完成，核仁小RNA就会引导催化甲基化修饰的酶，将甲基添加到互补的rRNA上。这个过程有点儿类似于长链非编码RNA把修饰酶吸引到组蛋白上的过程。[①]我们目前还不清楚为什么这些修饰对rRNA而言十分重要，但有一种理论认为，这些修饰起着稳定rRNA与核糖体中蛋白质的互动的作用。

虽然我们很想把普拉德-威利综合征归咎于核仁小RNA对rRNA的化学修饰出了错误，但目前这还只是一种未经证实的理论，下定论还为时过早。主要的问题是我们发现核仁小RNA不只能修饰rRNA，还可以修饰许多其他种类的RNA，因此我们不确定患儿的病症究竟与哪一种分子的修饰有关。

---

① 催化rRNA甲基化的甲基转移酶是一种名为（核仁）纤维蛋白的蛋白质，它与其他三种蛋白质以及核仁小RNA一起，组成功能复合物。

核糖体是一种极其古老的细胞结构，存在于非常原始的生物体中。比如，细菌是一大类微小的单细胞生物，它们没有成形的细胞核，所以DNA直接浸泡在细胞质中，哪怕是如此古老和原始的生物，它们的细胞里也有核糖体。演化生物学家经常把编码rRNA的基因序列作为追溯的依据，研究不同的物种如何随时间推移逐渐走上不同的演化道路。

细菌和高等生物大约在20亿年前[8]就分道扬镳了，所以尽管我们现在仍能识别出这些单细胞（远房）亲戚的rRNA基因，但它们已经跟我们的基因有了明显的差别。这其实是一件好事。一些最常见也最有效的抗生素，恰恰是通过抑制细菌的核糖体起作用的。[9]比如四环素和红霉素，这些抗生素能扰乱细菌核糖体的功能，对人类的核糖体则秋毫不犯。西方国家的民众对抗生素的存在已经习以为常，他们有时候甚至忘记了这类药有多么重要：哪怕是保守地估计，自20世纪40年代问世至今，抗生素拯救的人命也已数以千万计。其中，许多人靠抗生素活下来的原因，是因为细菌和人类的某些DNA有微妙的不同，而这些DNA却被追求精确和纯粹的人称为“无用”DNA。这样一想，是不是还挺奇怪的？

我们离不开的入侵者

还有更奇怪的。在我们的祖先和细菌的祖先走上不同道路的远古时代，出现了一类依附在我们每个人身上的生物。其实，“依附”是一种相当保守的说法。这个星球上所有的多细胞生物——从青青小草到斑马，从巨鲸到微小的蠕虫，当然还有我们——想要生存就离不开这类生物的依附。我们对它们的依赖程度甚至超越了为人类提供面包和啤酒的酵母菌。

数十亿年前，还是细胞形态的我们的祖先遭到了微型生物的入侵。当时，世界上很可能还没有由超过 4 个细胞组成的多细胞生物，这些原始多细胞生物不仅细胞的数量少，每个细胞的差异也很小，还没有功能的分化。遭到入侵的细胞和微小的入侵者之间并没有刀剑相向，斗得你死我活。相反，双方各退一步，握手言和。和平让细胞和入侵者都受了益，一段跨越数十亿年的友谊就此诞生。

这些微小的生物逐渐演化成了细胞不可分割的重要组成部分，也就是今天我们常说的线粒体。线粒体存在于细胞质内，这些亚细胞功能性结构（细胞器）是一个个小型的能源发生器。线粒体的功能是产生能量，满足细胞正常活动的需要。我们之所以能用氧气和食物产生能量，也全都要归功于线粒体。要是没有它们，可能人类直到今天还只是一坨臭烘烘的四细胞生物，每天光是能弄到足够的能量就该谢天谢地了，谈其他任何事情都是奢望，永无出头之日。

线粒体曾是独立于细胞的生物，有很多证据可以支持这个推论，其中之一是它们拥有自己的基因组。线粒体的基因组容量远不如人类细胞核中“正牌”的基因组大，它的长度仅为 1.65 万个碱基对，与人类那拥有 30 亿个碱基对的核基因组相比，简直微不足道。另外，与我们的染色体不同，线粒体的基因组是环形的。线粒体只含有 37 个基因，最重要的是，编码蛋白质的基因所占的比例不足 1/2：在这 37 个基因中，有 22 个编码的是线粒体的 tRNA 分子，[10] 另有 2 个编码的是线粒体的 rRNA 分子。这些基因让线粒体拥有了自己的核糖体，并可以利用其余的 10 多个基因自己合成蛋白质①。[11]

从演化的角度看，这种遗传策略似乎非常鲁莽和冒险。线粒体的功能对细胞来说生死攸关，而线粒体核糖体的功能又对线粒体的功能至关重要。既然如此，我们赖以生存的能源发生器为什么不多准备一些核糖体基因的拷贝，为如此重要的功能增加一些安全系数?

当然，这不能怪我们，因为线粒体的遗传方式本就与核DNA不同。如果遗传物质是来自细胞核的，我们会从双亲身上分别获得一套染色体，线粒体的遗传却不然：我们的线粒体全部来自母亲。这样一来，风险好像变得更大了，因为这意味着如果从母亲身上得到了变异的线粒体基因，那么我们将没有正常的基因可用——父亲连救场的机会都没有。

不过，事情（当然）没有那么简单。我们从母亲那里获得的线粒体不是一个，而是几十万，甚至几百万个。不仅如此，这些线粒体携带的遗传物质不完全相同，因为它们并非来自同一个线粒体，在母细胞中有不止一个起源。每当细胞发生分裂时，线粒体也会跟着分裂，然后被分配给新生成的子细胞。所以，即使有的线粒体发生了变异，也会有大量正常的线粒体保证细胞正常运转。

但这并不是说细胞一定不会因为线粒体而出问题，而且有不少问题都出在编码tRNA的线粒体DNA上。类似的情况可以造成肌肉无力或萎缩[12]、听力丧失[13]、高血压[14]和心脏问题[15]。不过，这类疾

① 线粒体内发生的生化反应还需要许多其他蛋白质参与，但是这些蛋白质绝大多数来自细胞质。由线粒体自己编码的蛋白质全都与一种叫电子传递链的能量转化过程有关，该过程就发生在线粒体内部。电子传递链是细胞生成可储存、可利用的能量形式的必要条件，可以说没有它就没有支持生物体存活的能量。

病的症状常常因人而异，哪怕是同一个家族的患者，也可能有非常不同的表现。造成这种现象最可能的原因是，这些疾病的具体症状与变异的线粒体所占的比例有关，只有当比例高于某个阈值时，症状才会表现。要达到这个条件所需的时间相对较长，因为细胞在分裂时会随机分配“好”和“坏”的线粒体，所以患者往往要上了一点儿年纪之后，才会由于“坏”线粒体不均衡分布而表现出相应的症状。

如果以上这些事实还不足以说明RNA并不只是DNA卑微的跟班，也并不比蛋白质低一头，那么再想想下面这一点：虽然我们一直把DNA分子奉为生物学的门面和标志，但地球上所有生命的起源并不是DNA，而是RNA。

RNA（可能）才是万物的源头

DNA是一种非常优秀的分子。它储存了大量的信息，而且双链的结构决定了它既是一种容易复制的分子，又能兼顾序列的稳定。但是，如果我们把时间倒回几十亿年前，在万物刚刚萌芽的伊始，很难想象生命在襁褓之中就能驾驭DNA基因组的高深奥义。

这是因为，虽然DNA是一种非常适合储存信息的分子，但它除此之外便一无是处。DNA完全不具有酶的功能，不要说转录和翻译自己携带的遗传信息，就连自我复制也做不到。既然无法自我复制，它又怎么可能是最早的遗传物质呢？DNA过于依赖蛋白质，没有后者就无法执行任何功能。

但是，如果我们把目光移向rRNA这种哪怕在科学界也倍遭冷落和忽视的分子，很多事情似乎就不言自明了。rRNA不仅能携带序列信息，还具有酶的活性。我们可以据此推测，过去曾出现过能够催化各种化学反应的RNA分子，以至于它们曾发展出一种不需要借助其他分子的、能够自我增殖的遗传体系。

2009 年，有科学家发表了一项惊人的研究，他们把上述的分子体系变成了现实。研究人员用遗传学的手段合成了两种具有酶活性的RNA分子。他们在实验室里把这两种分子混到一起，同时加入合成RNA分子所需的各种原料，包括RNA碱基的单体分子。结果研究人员发现，混合体系里出现了两种RNA分子的复制品。它们把已有的分子作为模板，复制出来的新分子与原版的分子分毫不差。只要给混合体系提供足够的原料，它就能源源不断地合成新的分子：这是一个自发且独立的反应体系。研究人员随后再进一步，他们往混合体系里加入了种类更多的RNA分子，而且每一种都具有酶活性。在新一轮的实验开始后，他们发现有两种RNA的数量很快便超过了其他的RNA。也就是说，这个包含多种RNA分子的自我复制体系不仅不需要依赖其他的分子，还表现出了自我淘汰的特性：复制效率相对更高的两种RNA分子的组合，能以相对更快的速度增殖，在数量上超越其他的RNA。[16] 而就在最近，科学家甚至创造了一种不需要任何其他分子协助、真正能够自我复制的RNA酶。[17]

英国有一句如今已经不太常用的老话“哪里有淤泥，哪里就有黄铜”，它的引申意思是，哪里有灰尘和无用的垃圾，哪里就有钱。或许我们也可以说，哪里有“无用”DNA，哪里就有生命。

先启动，再加速

布加迪威龙可能是目前世界上价格最昂贵的汽车，它的标价逼近 170 万美元。我们很难说哪种车的价格是最便宜的，不过达契亚公司推出的桑德罗这款车是这一头衔的有力竞争者，它的售价仅约为布加迪威龙的 1%。尽管价格差距悬殊，但布加迪威龙和桑德罗也不是没有共同点，比如，无论你想开哪辆车出去兜风，第一步都必须是发动引擎。对汽车来说，只要引擎不启动，其他什么就都免谈。

编码蛋白质的基因也一样。除非能被激活并转录出信使RNA，不然它们就只是一段又一段的DNA序列而已，就像"趴窝"的布加迪威龙也不过只是一堆带内饰的废铁。如果一个基因不能表达，那么任何功能都是空谈。启动基因依靠的还是一种由"无用"DNA构成的区段，它们被称为启动子。每个编码蛋白质的基因的开头都有一个启动子。

如果我们用传统的机动车作为比喻，启动子就相当于车钥匙的插槽，而车钥匙则是由许多能与启动子结合的蛋白质组成的复合物。这些蛋白质被我们称为转录因子，它们同启动子结合后，又能与催化转录的酶结合，后者的功能是合成信使RNA分子。这一套流程下来，基因的表达才算是启动了。

要通过分析DNA的序列识别启动子，还是相对容易的。首先，启动子总是位于编码蛋白质的序列的前端。其次，它们的序列中经常含有某些特定的基序[①]。这是因为转录因子是一类特殊的蛋白质，它们需要识别特定的DNA序列才能与之结合。我们可以通过分析发现，启动子的表观遗传修饰也是有规律可循的。根据某个细胞内的某个基因是否应当被激活，启动子有一套自己的表观遗传修饰模式，专门用于区分开启和关闭两种状态。表观遗传修饰对转录因子与启动子的结合影响巨大，有的修饰能吸引转录因子以及相关的酶，促进基因的表达；还有的会阻碍转录因子的结合，使基因表达的启动变得非常困难。

研究人员可以复制一个启动子，然后将其插入基因组的其他位置，甚至是其他的生物体内。科学家从类似的实验中得知，启动子通常只会对紧跟其后的基因产生影响。他们还证明了启动子必须“指向”正确的方向才能起作用：即使你把启动子插到了一个基因的前方，可如果启动子本身的方向是反的，那么它也无法对跟在后面的基因起作用。这和你把车钥匙倒着插进钥匙孔的道理是一样的。启动子是一种具有方向性的功能序列。

---

① 在遗传学里，“基序”是指在不同的地方反复出现且相对保守的特征性DNA或RNA序列，或者蛋白质的亚结构。——译者注

启动子并不会区分自己影响的是下游的哪个基因，它们只是简单地启动距离自己最近的基因，前提只有两个：二者离得足够近，并且启动子的指向是正确的。发现这一点的科学家如获至宝，因为他们可以利用启动子促进自己感兴趣的基因的表达。这种性质的确方便了科学实验，但也不完全是一件好事。在某些癌症中，造成细胞病变最本质的原因正是染色体上的DNA发生了错位，致使那些本不该被表达的基因前方多了一个启动子。这些基因往往与加快细胞的增殖有关，所以才会引发细胞的癌变。我们发现的第一种符合上述情况的癌症（很可能到今天为止依然是最家喻户晓的一种）是名为伯基特淋巴瘤的白血病。我们在探讨好基因和坏环境的关系时曾简单地提过这种病。这种癌症的病因是，原本位于14号染色体上的一个强效启动子错误地出现在了8号染色体的一个基因前方，这个基因编码的蛋白质①能显著促进细胞的分裂增殖。[1]由此导致的后果可能是灾难性的。携带这种错位序列的白细胞拥有极其旺盛的生长和分裂能力，并逐渐在血液中喧宾夺主。只要发现得及时，超过半数的患者最终都能痊愈，虽然代价是接受积极化疗。[2]一旦错过最佳的治疗时机，病情进展的速度将超乎想象，患者很快就会一病不起，随后在数周内死亡。

在健康的生物组织里，一个启动子能否被激活要取决于它在哪种细胞内，这是因为在通常情况下，不同的细胞会选择性地表达不同的转录因子，而启动子发挥功能离不开这些转录因子。除了与转录因子的种类有关，启动子还有效力上的差别。所谓的效力是指启动子能在多大程度上促进基因的表达，比如，我们说某个启动子的效力很强，

① 这个基因编码的蛋白质名叫MYC。MYC还与很多其他种类的癌症有关。

意思就是它能强力地启动基因的表达，让编码蛋白质的序列转录出许多信使RNA，这也正是伯基特淋巴瘤的情况。相比之下，弱启动子对基因表达的促进作用就小得多。在哺乳动物的细胞中，一个启动子是否强效涉及许多方面的因素，包括启动子的DNA序列、细胞内有哪些转录因子、启动子受到了何种表观遗传修饰，相关的因素可能还有很多，只是我们目前尚不清楚。

谁来决定基因表达速率?

如果给定细胞的类型，那么所有启动子对基因表达的促进效果都是相对固定的——至少在实验条件下是如此。但在现实情况中，基因的表达并不是非开即关的二元现象，而是有强弱的精细区别。用汽车打个比方就是：车子的速度有快慢之分，你可以保持每小时 1 千米的龟速，也可以用车子的最高时速前进，比如布加迪威龙的极限速度超过了每小时 400 千米，而桑德罗的最高时速还不到它的 1/2。在细胞中，基因表达速率的高低由许多相互关联的因素共同决定，比如表观遗传。但是，我们这里要介绍的是另一类“无用”DNA，这类能够影响基因表达速率的“无用”序列被称为增强子。

与启动子不同，增强子不太好辨认。它们的长度通常约为几百个碱基对，但是仅仅根据DNA的序列几乎不可能确定一个片段是增强子，[3] 因为这种序列太多变了。另外，细胞内的增强子未必总能发挥功能，这让识别它们的难度变得更高：到目前为止，虽然科学家已经找到了一批增强子，但这些序列原本都处于休眠状态，只是因为机缘巧合，它们在受到特定的刺激后开始参与基因表达的调控，这才引起了研究人员的注意。或许，增强子并不是一种基因组既有的功能序列。

炎症反应是身体对抗袭击的第一道防线，比如抵抗细菌的感染等。感染点附近的细胞通过释放化学物质和信号分子，把入侵者困在恶劣的环境中。这就像一栋房子的防盗警报触发了机关，随后滚烫、难闻的液体从天花板上劈头盖脸地浇了下来，淋了闯入者一身。

研究炎症反应的科学家是最早发现某些DNA序列能在必要的时候变成增强子的群体之一。当年的研究人员发现，在触发炎症的刺激因素被移除后，增强子并没有变回原样，而是继续作为增强子存在，随时准备在细胞再次受到同样的炎症刺激时上调相关基因的表达。[4]这些相关基因大多与应对异物的入侵有关，或许这不是巧合：基因表达的记忆性对尽可能高效和迅速地对抗感染而言，是非常有利的。

表观遗传和增强子：携手共进的好兄弟

遗传序列如果想在外界刺激消失后继续保留对该刺激的记忆，表观遗传是可行的机制之一。表观遗传修饰能让相应的区段保持“去抑制”的状态，降低它重新启动的难度。用人类社会做比喻，去抑制的基因就像一个放弃休假、随时待命的医生。以上一节提到的免疫学研究为例，参与研究的科研人员发现，在炎症刺激被移除后，新出现的增强子会继续保留某些组蛋白的修饰，这让它们能够一直处于“随时待命”的状态。

虽然我们很难通过序列的特征辨认增强子，但越来越多的研究人员开始利用同样与DNA序列无关的表观遗传修饰。表观遗传修饰的种类可以作为一种功能性标志，反映了特定类型的细胞在如何利用自己的某一段DNA。科学家还发现，同样的修饰方式在癌细胞内发生了变化，这说明表观遗传修饰的改变或许与细胞的癌变有关。[5]

但是，即便我们根据特征性的表观遗传修饰找到了一个疑似增强子的片段，也会面临一个新的问题：我们不知道这个假定的增强子可以影响哪一个编码蛋白质的基因。要回答这个问题只有一个办法，那就是先用遗传学手段干扰这个增强子的功能，再分析有哪些基因受到了这种干扰的直接影响。之所以要如此大费周章，是因为增强子和启动子的功能特性不同。增强子没有方向性，不管是对前方还是后方的基因，它们都能起到增强表达的作用。二者的另一个区别更为显著：增强子能影响间隔很远的基因，而不是只能调控距离最近的基因的表达。

增强子的数量也远远超过我们的预计。一项刚刚发表的综合性研究分析了将近 150 个人类细胞系的组蛋白修饰模式。以特征性的表观修饰为依据，科学家找到了将近 40 万个可能是增强子的片段。[6] 就算一个增强子对应一个编码蛋白质的基因，这样的数目也实在有些太多了。哪怕把长链非编码RNA都算成基因，这么多的增强子也依然有些夸张。

每种细胞通常不会同时拥有所有的增强子。这与表观遗传学的基本假设相符，相同的DNA片段会因为表观遗传修饰的不同而在不同的细胞中发挥各种各样的作用。

多年来，增强子的工作机制一直没有得到阐明。但是现在，我们怀疑它们在很多情况下都需要依靠另一种“无用”序列发挥作用：长链非编码RNA。实际上，有几类长链非编码RNA可能就是由增强子编码和表达的。[7]我们在第8章介绍长链非编码RNA时曾说过，它们中的许多都与抑制其他基因的表达有关。而今，科学家相信也有一大类长链非编码RNA的作用是促进基因的表达。这个假说的依据是他们首次发现了一种能够调控相邻基因表达的长链非编码RNA。在实验中，如果人为提高这种长链非编码RNA的表达水平，那么附近的基因表达水平也会跟着提高；相反，如果在实验中敲减这种长链非编码RNA的表达，那么编码蛋白质的基因也会相应地减少表达。[8]

长链非编码RNA与信使RNA合成的先后次序，也可以作为支持上述假说的证据。研究人员在实验中发现，如果给细胞施加一个已知能够促进某个基因表达的刺激，那么数量首先增加的是长链非编码RNA，其次才是附近那些可能受到增强子调控的基因的信使RNA。[9, 10]所以有猜想认为，细胞在受到特定的刺激后，最先激活的是增强子编码的长链非编码RNA，随后再由这些长链非编码RNA激活编码蛋白质的基因的表达。

但是，长链非编码RNA并不是只靠自己就能促进基因的表达，这个过程还依赖一种巨大的蛋白质复合物——中介体。长链非编码RNA与中介体复合物相结合，将其引导至不远处的某个基因上发挥功能。中介体复合物内的一种蛋白质能给邻近的基因添加表观遗传修饰①，作用是把催化信使RNA分子合成的酶吸引过来，合成蛋白质翻译所需的模板。中介体复合物与对应的长链非编码RNA分子在细胞

① 它的修饰方式是在组蛋白H3的特定位点上添加1个磷酸基团（由1个磷原子和4个氧原子组成），这种修饰通常意味着基因的激活。

中所起的效应是一致的。通过实验的手段，无论是人为降低长链非编码RNA的水平，还是减少中介体复合物的任何一种组分，都会导致附近的基因表达水平下降。[11]

长链非编码RNA与中介体复合物的相互作用意义重大，这可以从一种人类遗传病看出来。这种疾病名为奥皮茨–卡维吉亚综合征，又称FG综合征，患儿表现出天生的智力障碍、肌肉张力不足和头部大到比例失调。[12] 这种遗传病的病因是一个基因发生了变异，该基因编码了中介体复合物内的一种蛋白质组分①，它的功能是协助中介体复合物与长链非编码RNA的相互作用。

科学家对中介体复合物的研究越是深入，他们的兴趣就越是浓厚。其中一个原因是，中介体复合物与一类拥有特殊能力的增强子密切相关。这些不是普通的增强子，而是超级增强子，特别是它们在胚胎干细胞（一种能够分化成任何人体细胞的多能细胞，前文有提及）内发挥着极其重要的作用。[13]

其实超级增强子是扎堆分布、协同工作的成簇增强子，它们的总长度约为普通增强子的 10 倍。由于具备长度上的优势，超级增强子可以与数量众多的蛋白质相结合，远远多于普通的增强子。有了蛋白质数量的加持，超级增强子对基因表达的促进作用真的可以用“飙升”来形容。不过，超级增强子吸引科学家的不光是它们能够结合的蛋白质的数量，更重要的是这些蛋白质的种类。

我们可以从第 8 章介绍的内容里看出，胚胎干细胞具有多能性并非出于巧合，也不是命中注定。为了维持分化上的潜力，胚胎干细胞

① 这种蛋白质组分的名字是MED12。

需要对自己的基因进行细致入微的主动调控。任何影响基因表达的微小扰动都会使胚胎干细胞发生自由落体式的异变，并最终分化成特定类型的成熟细胞。如果你玩过一种叫彩虹圈的玩具（其实就是一串很松的弹簧），就知道把它放在楼梯边缘轻轻一推会是什么后果：彩虹圈将顺着阶梯自发地向下“翻跟头”，直到触底停止。你完全可以用这种玩具类比胚胎干细胞的分化过程，只是这个比喻还可以更贴切：胚胎干细胞这个彩虹圈的后面拴着一个小砝码，它是被这块不大的配重固定在楼梯边缘的。这个彩虹圈滚落楼梯不是因为你轻轻推了一把，而是因为砝码不见了。

有一些蛋白质对胚胎干细胞维持自身的多能性来说无疑是至关重要的。这些蛋白质被称为主调节因子，它们犹如拴在彩虹圈后面的配重。主调节因子在胚胎干细胞内的表达水平非常高，而在特化细胞中的表达水平则要低很多。

2006 年，这些蛋白质的重要性得到了清晰无误的阐明。日本科学家设法让已经分化的细胞，以极高的水平表达了 4 种主调节因子。结果十分惊人，这在分子层面上引发了一系列连锁反应，最终让成熟的分化细胞几乎变得与胚胎干细胞一模一样。[14] 这就好比让彩虹圈从楼梯底部倒着跳回楼梯的顶部。通过这种方式获得的细胞重新拥有了分化为任何体细胞的潜力。[①] 这项杰出的工作，连同许多受此启发的后续研究，让许多人兴奋不已，因为它意味着我们或许能用替换细胞的方式治疗很多疾病，从目盲到 1 型糖尿病，从帕金森病到心力衰竭，等等。

---

① 这种通过实验手段得到的细胞被称为诱导性多能干细胞，简称 iPS 细胞。

类似的思路在这项技术出现以前是不切实际的，因为要找到能够用于治疗疾病的细胞非常困难。免疫系统会把供体细胞视为外来的异物并将其杀死，犹如对待入侵生物一样毫不留情，所以患者通常不能使用来自他人的细胞。但是现在，只要通过如图 12.1 所示的方法，我们或许就能得到与患者完美匹配的细胞了。

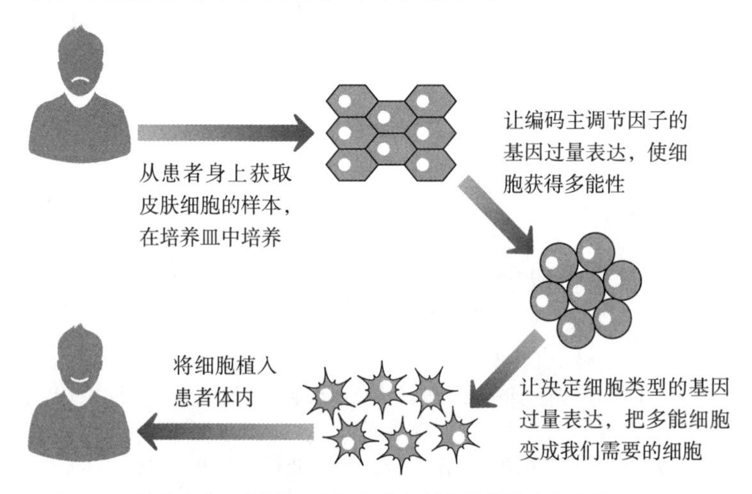

图 12.1　从患者身上提取细胞并为其定制个性化治疗方案的理论示意图

2006 年的这项研究不仅催生了一个可能价值数十亿美元的产业，还以数一数二的速度得到了诺贝尔委员会的认可——从相关论文发表到获得诺贝尔生理学或医学奖，前后只用了 6 年时间。[15]

在正常的胚胎干细胞里，有些主调节因子会以极高的密度聚集在超级增强子上。超级增强子本身的功能是调节一些与维持细胞多能性密切相关的关键基因。超级增强子上还会有极高密度的中介体复合物。敲减主调节因子或者中介体都会对上述的关键基因造成类似的影响：致使它们的表达水平下降，让胚胎干细胞更容易发生分化、成为特化的体细胞。

既然胚胎干细胞的多能性高度依赖高水平表达的主调节因子，主调节因子本身也受到超级增强子的调控，或许就不足为奇了。这是一个正反馈环路，如图 12.2 所示。

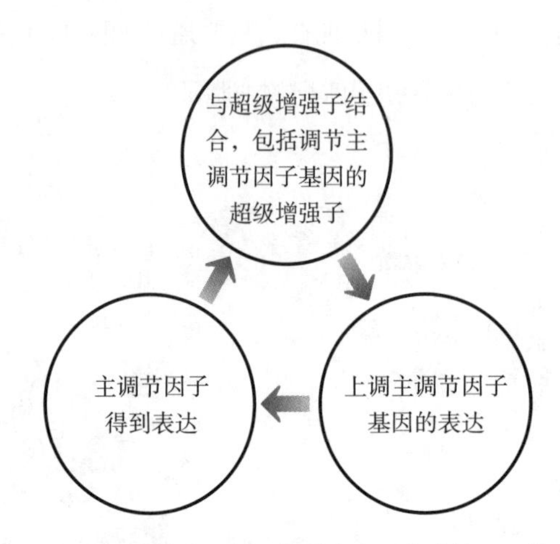

图 12.2　使主调节因子基因持续高水平表达的正反馈环路

正反馈环路在生物学中相对罕见，主要的原因是这样的体系一旦出错就很容易失控。幸运的是，超级增强子促进主调节因子表达的功能对任何能够干扰主调节因子结合的微小变化以及其他相关的因素都极度敏感。这意味着或许只要稍有改变，细胞的分子平衡略微倾斜，原来的正反馈环路就会崩溃，导致细胞失去多能性，分化为成熟的体细胞。毕竟，把一个彩虹圈从楼梯上推下去，又能有多费劲儿呢？

科学家还发现超级增强子也在肿瘤细胞中起作用，它们与促进细胞增殖和癌变的关键基因关系密切。[16] 我们在本章的开篇就提到过一种受超级增强子调控的基因，正是它导致了伯基特淋巴瘤。当然，正常的细胞内也有超级增强子的活动，它们会与特定的蛋白质结合，而具体与哪些蛋白质结合则由细胞的类型决定。

距离不是问题

到目前为止，我们所介绍的增强子都以距离较近的基因为作用对象，两者的间隔一般不超过 5 万个碱基对。要设想这种过程还是相对容易的：增强子借助长链非编码RNA和中介体复合物，将相关的酶锚定在基因附近，催化信使RNA的合成。但是，增强子与受调控的基因在染色体上相距很远的情况并不鲜见，最远可达数百万个碱基对。用日常生活中的情景打比方，如果间隔几万个碱基对犹如你要在吃早饭的时候给坐在餐桌另一头的人递盐，那几百万个碱基对就相当于你们两人中间隔着一整个足球场。很难想象，增强子是如何对编码蛋白质的基因施加这种远距离影响的，因为单论分子的大小，不管是长链非编码RNA还是中介体复合物，都不足以凭自己的尺寸弥合如此巨大的间隔。

为了解释这里发生的事，我们需要用一种比前文更复杂的视角看待基因组。多数情况下，把DNA分子比作梯子或铁路都有助于我们想象它的结构——两条反向平行的链状分子由碱基对连接在一起，但这样的比喻也容易给人留下它是一种线性结构的刻板印象。除此之外，用日常生活中熟悉的人造物件打比方还有另一个弊端：它很可能会让你下意识地觉得，DNA分子是一种非常坚硬的刚性分子。

但我们早就知道DNA不是刚性分子了，因为它能被弯曲、压扁，然后被不可思议地塞进小小的细胞核内。我们可以在这一点上稍微再展开一些讨论。首先，我们把DNA的双链结构简化成带状结构，这样更方便讨论问题。然后，基因组的任何一个片段都可以被看成是一条长长的意大利面（如果真是这样，那它肯定是世界上最长的意大利宽面）。这条面上还有许多用食用色素做的记号，分别代表增强子和编码蛋白质的基因。如图 12.3 所示，我们可以看到有两种不同的情形。在下锅之前，意大利宽面又干又硬，增强子和基因相隔甚远。但是在下锅之后，宽面变得湿软，它能朝任何方向弯曲折叠，使代表增强子和基因的彩色区域碰到一起。

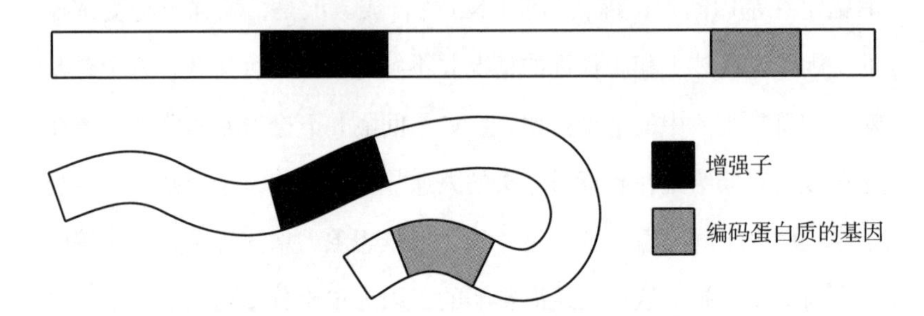

图 12.3　这张简图展示了为何折叠柔软的DNA分子能使两个距离很远的区域靠在一起。DNA可以通过这种方式让增强子和编码蛋白质的基因相互靠近

在我们全身上下的各种细胞里，总有一些染色体区域几乎始终处于被抑制和关闭的状态，这可以保证不同的组织细胞永远不会表达那些它们不需要的基因。举例来说，我们的皮肤细胞用不着表达携带血氧的蛋白质，所以在皮肤细胞里，编码这类蛋白质的序列全部位于基因组的“禁区”，这些区段的DNA紧紧缠绕，犹如一捆绷紧的弹簧。不过，基因组的许多区域并不是这种超高密度的形态，它们可以与其他的分子结合，在适当的时候启动表达。这些相对松散的区域就像煮过的意大利宽面，它们是世界上最长的宽面，在煮面水里弯曲、缠绕，这里打个圈，那里又有个环，把细胞核这口锅填得满满当当。

通过这种方式，一个编码蛋白质的基因就有可能与相距很远的增强子靠得非常近。随后，长链非编码RNA和中介体复合物让两段序列保持相邻的状态，以提高基因的表达水平。为了实现这样的效果，细胞还需要另一种蛋白复合物与中介体协同工作。①这种额外的复合体还参与了细胞分裂的过程，它同染色体与染色体复制的分离有关，可见这是一种专门用于调动大量DNA的复合物。构成这种复合物的某些组分同样有可能发生变异，目前已知有两种疾病与此有关，它们分别是罗伯茨综合征和阿姆斯特丹型侏儒征。[17] 患儿的症状差异相当大，这或许跟具体是哪一个基因发生了变异，以及发生了哪种变异有关。总体而言，患有这两种病的人在出生时和出生后都偏轻，体格和智力发育迟滞，并且经常伴有四肢的畸形。[18]

类似的环状折叠在基因组里相当普遍，而且不是增强子的专利，其他调控序列也会利用相同的机制接近调控对象。在一项以 3 种人类细胞作为实验对象的研究中，仅分析了 1% 的人类基因组，研究人员就在每种细胞内找到了 1 000 多个序列之间存在远距离相互作用的例子。这种作用方式非常复杂，序列间最常见的距离大约是 12 万个碱基对。调节序列通过形成环状结构接近的基因，通常都不是离它最近的基因。事实上，在超过 90% 的这种环状结构中，调节序列都对最靠近自己的基因视而不见。这就好比你为了借一杯白砂糖而特意跑到 1 千米外的陌生人家，却不去问问住在隔壁的邻居。

邻居的比喻最好只到这里就打住，因为如果我们要继续谈论这个话题，拿人打比方就不免显得有些过于淫邪了。不知道你有没有听说过曾在 20 世纪 70 年代的西方社会盛极一时的交换伴侣派对。交换性伴侣的做法在各个时代都有，但 20 世纪 70 年代的流行程度可谓空

① 这个复合体的名字叫黏连蛋白。

前。如同参加这种派对的男男女女，有的基因最多能和 20 个不同的调节序列眉来眼去，而有的调节序列则能勾搭 10 个不同的基因。虽然如此善于交际的基因和调节序列通常不会同时出现在同一个细胞里，但它们的存在显然足以说明基因和调节序列之间并不是形如“A 对 B”的一一对应关系，而是一张错综复杂的关系网络，这给细胞或者生物体的基因表达蓝图预留了高度的灵活性和极多的回旋余地。[19] 针对这张关系网络和序列相互作用的具体机制，虽然我们还有很多没有解开的疑问，但至少在目前看来，它的基本架构如下：我们依靠由“无用”DNA 构成的启动子去启动基因组的引擎，这时候的基因表达速度最多只能算是一台飞奔的桑德罗汽车，而在同样与“无用”DNA 相关的长链非编码 RNA 和增强子的帮助下，基因组鸟枪换炮，如同布加迪威龙汽车一般冲上生命的高速公路。

从手工作坊到工厂

调控序列和基因为实现远距离相互作用而形成的环状结构无疑令人眼前一亮，但细胞内还有更惊人的机制能够实现同样的效果。为了帮助理解这种机制的重要性，我们或许有必要在这里先穿插一小段社会历史课。在 19 世纪初的英国，手工作坊依旧是纺织业的主力，个人以家庭为单位，从事小规模的生产活动。如果在地图上标注一个地区的纺织品生产活动，你会得到很多密密麻麻的小点，每个点代表一间手工作坊。让我们快进到 50 年后，工业革命正在如火如荼地进行，这次，同样的研究得到的地图将与 50 年前天差地别。早先的那张地图犹如一幅点彩画，布满了大小和分布几乎毫无差别的小圆点，而在

50 年后的这张地图里，你只能看到为数不多的几个巨大的圆点，它们代表了大工厂所在的位置。

即使只考虑编码蛋白质的基因，我们现在知道的是，每种人类细胞通常也得启动几千个基因才能满足自身的需要。这些基因理应散布在我们的 46 条染色体上，如果逐个标出它们在细胞中的位置，我们是不是会看到数千个小圆点均匀分布在整个细胞核内的景象？事实上并非如此，如图 12.4 所示，细胞核内只有 300~500 个大圆点。[20] 从圆点分布的离散程度可以看出，相比手工作坊，基因在我们细胞中的表达模式更接近工厂。[21]

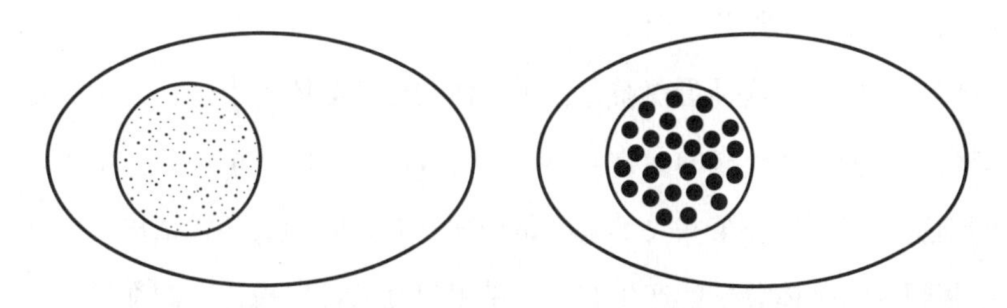

图 12.4　图中的每个圆点都代表编码蛋白质的基因在细胞核中所处的位置。如果核内的每个基因都单独作为表达的功能单位，并在自己所处的染色体上原位表达，我们应该会看到它们呈左图的弥散状分布。但是，实际情况更接近右图所示，基因集中分布在三维空间内，形成斑点状的基因集落

细胞核的每一处工厂都包含了 4~30 个以 DNA 为模板的酶，用来合成信使 RNA，另有大量与此过程相关的其他分子。[22, 23] 酶的位置固定不变，需要转录的基因像穿过卷筒机一样从中穿过。[24] 为了能让基因进入工厂，DNA 必须经过适当的弯曲折叠，这样才能到达细胞核的正确位置。但真正精巧的地方在于，一个工厂可以同时转录多个基因的信使 RNA。并不是任何基因都能在同一个工厂里进行转录，细胞不是随机选择，而是倾向于把那些在功能上有关联的蛋白质的基因放在一起转录。这就像是把多条相关的流水线放进了同一间工厂。只要每条生产线都完成了各自的任务，工厂就能用这些半成品装配出最终的产品。于是，我们看到这家工厂生产出了船只，那家工厂造出了食品搅拌机。细胞中的这些工厂保证了我们的基因能以协调的方式进行表达。要达到这样的效果，在DNA双链同步解旋后，许许多多来自不同染色体的环状结构必须尽可能同时聚集到细胞核的同一个区域。

血红蛋白分子的合成就是一个很好的例子，这种结构复杂的蛋白质的功能是在血液中携带氧气，它的各个组分就是在同一个工厂里合成的。[25] 另一个典型的例子与强烈的免疫应答有关。[26] 强效的免疫应答离不开抗体，这种蛋白质存在于人体的血液等体液中，它的功能是结合并攻击一切外来的异物。科学家曾设法在实验室里刺激产生抗体的细胞，以便研究某些关键基因是如何在表达时形成环状结构的。这些基因都与抗体分子的产生有关，结果研究人员发现，它们都进入了同一处表达工厂。惊人的是，其中一些基因位于不同的染色体上，由于相距很远，正常情况下它们之间根本没有任何物理上的联系。

虽然这种统筹基因表达的方式极为精巧，但它也带来了一定的风险。我们在本章开篇提到的伯基特淋巴瘤是一种恶性白血病，引起这种癌症的罪魁祸首正是变异后的合成抗体的细胞，因为某条染色体上的一个强力启动子，异常地出现在了另一条染色体上一个错误的基因前面。直到前些年，我们都还不清楚为什么这两个区段容易混在一起。在我们看来，它们位于不同的染色体上，相互之间隔着相当远的物理距离。但现在我们已经知道了一点：如上一段所说，这两个发生相互易位的区段属于同一个表达工厂。或许就是在表达工厂里，这两个来自不同染色体的区段才因为靠得足够近而有了相互交换的机会，导致危险的变异杂交染色体产生。至于为什么会发生交换，这很可能是因为它们同时发生了断裂，然后经错误修复而阴差阳错地被拼到了一起。

虽然说规避风险是演化的基本原则，但我们需要再次提醒自己，自然选择的本质是权衡利弊后的折中妥协，而非追求完美的精益求精。抗体的优势是能够对抗感染，让个体活得更长久，增加繁殖后代的成功率。相比提高了伯基特淋巴瘤的患病风险，拥有抗体的益处显然远远大于弊端。

基因组的无人区

当我们提到第一次世界大战的时候，很多人想到的第一个画面肯定是无穷无尽的堑壕战。对阵双方在湿漉漉的泥地上掘地三尺，除了偶尔发动攻势震慑一下敌军之外，剩下大部分的时间都只有枯燥的对峙。[1]两军的战壕之间隔着战场，这块地盘不受任何一方的控制，被称为“无人区”。堑壕战的无人区可宽可窄，从几百米到千余米不等。到了晚上，双方的士兵都会在夜色的掩护下偷偷摸出战壕，执行侦察任务，铺设铁丝网，以及把受伤或者阵亡的同伴带回战壕。

人类的基因组里有许多相当于无人区的区域，它们分隔了各种各样的基因组序列。同第一次世界大战战场的烂泥地一样，这些在基因组中起到物理阻隔作用的区域有大有小，而且相当复杂多变，它们的尺寸和状态取决于所在的位置及两军的动向。这些区域同欧洲当年那些血流成河的无人区一样，你可以说它们荒芜，但绝不能说里面毫无活动的迹象。人类基因组的无人区能与蛋白质结合，有表观遗传修饰，还在以高度活跃的方式调节不同遗传序列之间的相互作用。

它们的存在对我们的细胞来说至关重要，因为绝大多数的基因都散布在细胞核里①。[2]这句话的意思是，它们雨露均沾地分布在我们的23 对染色体上，几乎没有规律可循。我们在前面的章节里曾介绍过，编码血红蛋白各个组分的基因原本并不相邻，它们是凭借染色体三维构象的改变才聚到一起的，这种机制弥补了某些基因在功能上相关但在物理空间上没有交集的缺陷。如果你仔细看看人类绝大多数的基因是如何分布的，就会发现它们其实杂乱无章，犹如跳蚤市场或义卖会上未经分门别类的杂物和商品。

这意味着在我们的细胞里，一个为胎儿的肝脏编码某种蛋白质的基因可能紧邻着一个只会在成人皮肤中表达的基因。类似的情况不胜枚举，于是难题接踵而至：由于不同的基因有不同的表达模式，因此细胞必须设法分隔这些相邻的基因序列。除此之外，这种调控不仅得充分考虑细胞的类型，还要考虑具体的发育阶段。毕竟谁会希望看到眼球长出牙齿，或者膀胱细胞表达心脏的基因呢？

我们知道表观遗传修饰能够影响基因的表达。以大脑为例，有些基因永远不会在神经细胞内表达。比如，毛发和指甲的主要成分是一种名为角蛋白的分子，这种蛋白质是不会出现在大脑灰质里的。脑细胞的角蛋白基因因为受到特定的表观遗传修饰而关闭，会一直处于不活动的状态。但我们在前文介绍过，表观遗传修饰并不具有序列特异

---

① 也有不少例外，有些基因以基因簇的形式排列在一起，不难看出这类基因的表达模式。典型的例子譬如控制身体分节的*HOX*基因簇以及编码抗体的Ig（免疫球蛋白）对应基因。

性，所以细胞要如何防范这种抑制性的修饰从角蛋白基因开始向外蔓延，随后波及和关闭其他的基因呢？

考虑到表观遗传修饰常常是一种自发的调控机制，不依赖其他因素，担心上面这个问题并非我们杞人忧天。以抑制基因表达的表观遗传修饰为例，初始的修饰基团能够吸引其他蛋白质前来，强化抑制表达的效果，这让启动基因的表达变得难上加难。这种强化又会继续吸引其他的蛋白质，带来更多的表观遗传修饰，让基因进一步失去摆脱抑制状态的可能。话虽如此，但是由于表观遗传机制没有识别DNA序列的能力，因此可以想见，表达抑制区的边界应该相当模糊。这让表观遗传的修饰有了向外蔓延的可能，理论上，它可以从已经受到抑制的区域扩散到还未受到抑制的周边区域。

基因组的隔离带

我们的细胞演化出了非常巧妙的方式来防止这种扩散的发生。在面对严重的火灾时，消防队员会用砍倒成排的树木或者爆破建筑的手段，在大火前进的道路上清理出一道隔离带，与此类似，我们的基因组也会清除表观遗传机制扩散所需的“助燃剂”。“无用”DNA能像防火的隔离带一样横亘在受到抑制的基因和能够正常表达的基因之间，因为这些“无用”序列没有对应的组蛋白：没有组蛋白就无法受到组蛋白的表观遗传修饰，而无法进行修饰就能阻止表观遗传修饰的蔓延。如此一来，抑制性表观遗传修饰就不会扩散到启动的基因上，反之亦然。这个过程如图 13.1 所示。

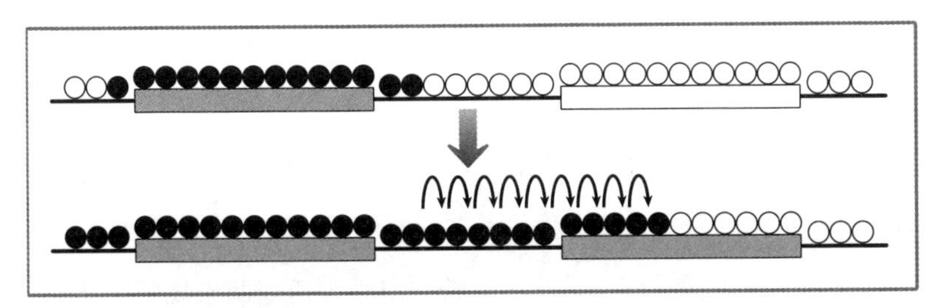

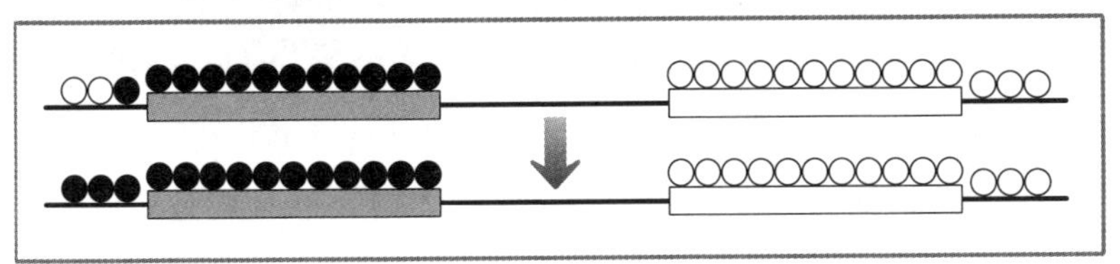

● 受到抑制性表观遗传修饰的组蛋白 ■ 受到抑制的基因

○ 没有受到抑制性表观遗传修饰的组蛋白 □ 能够表达的基因

图 13.1 如上方框中所示的情况，抑制性修饰可以从一个基因蔓延到相邻的另一个基因。而如下方框中所示，两个基因之间的区域因为没有组蛋白而成为隔离带，这可以阻止抑制性表观遗传修饰的蔓延，防止右边的基因发生异常的沉默

但是，由于不同的细胞需要设置不一样的隔离带（毕竟，虽然编码角蛋白的基因最好不要在脑细胞里表达，但也不见得就不能在其他部位表达，比如生成毛发的细胞），我们可以合理地推测，仅以DNA序列作为区分并不足以实现这样的机制，它是在给定的时间点，细胞内表达的各种蛋白质与细胞自身的基因组发生复杂互动的结果。

其中，一种代号为 11–FINGERS[①] 的分子是最重要的蛋白质之一。这种蛋白质的分布很广泛，几乎无处不在。这是一种分子量很大且高度保守的蛋白质，拥有非常独特的结构：它特殊的三维折叠方式使得蛋白质分子上伸出了 11 条形似手指的突起。这 11 条突起每条都能识

① 它的正式名称叫CTCF。

别特定的DNA序列，而且每条能识别的DNA序列不一样。

你可以想象有一位11指的钢琴家，戴着一副11指的手套，每个手套的指尖都对应4种颜色中的1种。现在，她要弹奏一架特殊的钢琴，这架钢琴的琴键也有4种与手套指尖相同的颜色，并且呈随机分布。钢琴家可以弹奏任何喜欢的音符，但必须遵守两条规则：其一，她每次必须同时奏响2~11个音符；其二，琴键和手套指尖的颜色必须匹配。不难想见，符合这种规则的演奏方式多得超乎想象。如果我们更进一步，把钢琴的琴键数量增加到上千个呢？这就是细胞里的情况。

11–FINGERS会以类似的方式与许多不同的基因组序列相结合，它能在人类的细胞内识别数万个位点。不仅是DNA，11–FINGERS能够结合的对象还包括其他蛋白质。我们可以再次借助“11指琴魔”的比喻来形象地理解这种功能：想象一下这副11指手套的手背上缝着一块魔术贴，毛茸茸的绒线球一碰就会粘上。当钢琴家戴着这副手套开始弹奏时，五颜六色的指尖在琴键上跳跃，而毛茸茸的线球则在手背上飞舞。

这就是11–FINGERS的模样：11个类似手指的突起与DNA结合，其余的表面则跟其他的蛋白质结合。具体是与什么蛋白质结合取决于细胞正在表达哪些分子，比如有一种能改变DNA分子卷曲形态的蛋白质，[3] 还有一种能添加特定表观遗传修饰的蛋白质，[4] 它们对控制基因的表达都非常重要。我们曾在第4章介绍过入侵基因组的外来序列，它们也能扮演隔离带的角色：在基因组的某些区域，这些入侵序列可以阻止激活或抑制基因表达的表观遗传修饰从一个片段蔓延到另一个片段，功能上与间隔序列无异。[5]

有的tRNA基因也能充当隔离带——它们横在两个基因中间，防止其中一个基因的激活不合时宜地启动另一个基因的表达。这是拥有大量tRNA基因拷贝的又一个好处，生物体会竭尽所能地利用每一点儿手头的原材料，这符合追求经济与效率的演化的特征。

tRNA能够阻止表观遗传修饰蔓延的原理如图13.2所示。首先是一个典型的编码蛋白质基因，它因受到表观遗传修饰而启动了表达。与基因相结合并催化RNA合成（经过后续的加工处理，这些分子将变成成熟的信使RNA）的酶有些类似于“亡命列车”：一旦启动，它催化转录的势头就会一发不可收。如果附近正好有另一个编码蛋白质的基因，这种酶会连带着把它一同转录了。但是，只要两个基因之间

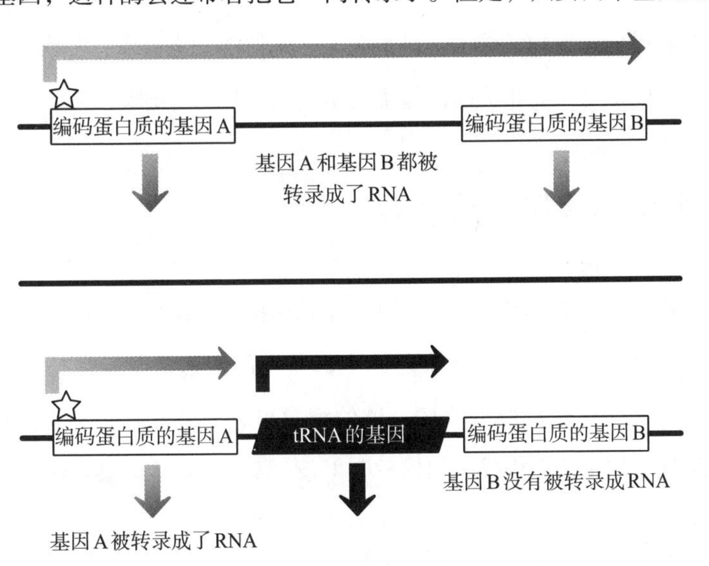

图13.2 将DNA转录成信使RNA的酶首先结合到带星号的位置上，也就是基因A的头部。如果没有遇到障碍，转录酶会一直向右推进，把基因B也一同转录，但后者很有可能不该表达。从DNA序列到成熟的tRNA分子，这个过程需要另一种转录酶催化。因此，编码tRNA的序列可以阻止转录基因A的转录酶，防止基因B被错误地启动

有两个或者更多的tRNA基因，这种情况就不会发生。因为要参与蛋白质的合成，所以编码tRNA的基因几乎总是维持着开启的状态。细胞有一种专门负责以DNA序列为模板、催化tRNA形成的酶，它与我们所熟悉的以编码蛋白质的基因为模板、催化信使RNA合成的经典转录酶并不相同。催化tRNA分子合成的酶活像一个身材魁梧的拦路恶霸，它的存在打破了转录酶从一个基因直接跳到下一个基因的美梦。由于tRNA的转录酶同样无法结合编码蛋白质的基因，酶的差异造就了两种序列在表达上严格的空间特异性。[6]

近几十年来，生物学一直沉醉于DNA测序技术进步所带来的技术红利，所以人们理所当然地相信，绝大多数理论上的突破都源于高端的前沿分子生物学技术。可事实上，生物学一路走来，多数时候依靠的依旧是与人类相关的浅显生物学知识和基本的逻辑思维。

为什么XX和XXX不一样?

我们在第 7 章里介绍过，雌性哺乳动物都会让细胞里的一条X染色体失活，以保证位于X染色体上的基因的表达量与雄性持平。我们的细胞会计数：如果雌性个体的细胞里有 3 条X染色体，它就会关闭其中的 2 条；相反，如果只有 1 条，就不会出现X染色体失活的现象。

因此我们可以得出一个相当明显的结论：无论哺乳动物的细胞内有多少条X染色体，只要不少于完整的 1 条，个体就都保持正常和健康。这是因为细胞拥有的X染色体失活机制可以确保有且仅有 1 条X染色体在发挥功能。

事实却并非如此。只有 1 条X染色体或者有 3 条X染色体的女性会表现出可见的症状，拥有 2 条X染色体的男性也是一样的。一种解释认为，或许是这些人的X染色体失活机制存在瑕疵，但这种说法似乎站不住脚。X染色体失活是一种非常强大且稳固的机制，虽然它不见得每次都能完美地发挥作用，但这并不是问题，因为生物学里本来就没有百分百可靠的事物。即便X染色体失活机制相当不完美，它也很难作为解释上述现象的理由：相对于X染色体失活的随机性，患者的症状显得有些过于稳定和典型了。

只有 1 条X染色体的女性普遍身高低于平均水平，卵巢发育不全；[7] 而有 3 条X染色体的女性往往高于常人，她们在童年时期更容易出现学习障碍和发育迟缓等问题。[8] 拥有 2 条X染色体（当然还有 1 条Y染色体）的男性身材颀长，睾丸的尺寸可能相对较小，造成雄激素（睾酮）分泌不足，继而引发其他问题。这些男性同样容易有智力上的缺陷。[9]

虽然对患者以及患者的家属来说是一种巨大的负担，但同那些由常染色体数量异常引起的疾病（还记得唐氏综合征、爱德华氏综合征以及巴陶氏综合征吗）相比，这些症状算是温和多了。原因在于，虽然X染色体很大，可无论有多少条冗余，细胞都能凭借X染色体失活机制让绝大部分多余的基因失去活性。问题恰恰就出在那一小部分漏网之鱼上。

为了理解这里所说的漏网之鱼，我们需要回顾一下卵子和精子的产生过程。在分裂的某个阶段，细胞内的染色体会成对地排列到一起，随后每一对染色体都分别被拉向细胞的两极。“先配对再分离”的过程保证了每个子细胞都能获得每对染色体中的一条，这个过程在雌性生殖细胞里很容易想象：2条X染色体配对排列，然后互相分离，同其他22对染色体没有任何区别。可是当雄性个体要产生精子时，问题就出现了。雄性只有1条巨大的X染色体，以及1条很小的Y染色体，这2条染色体的区别很大。尽管如此，在精子生成的过程中，X染色体和Y染色体必须设法找到对方并完成配对。

二者的配对之所以能够实现，是因为X染色体和Y染色体的两端各有一小段非常相似的区域。正是这种微小的片段让它们能在细胞分裂时彼此相认并配对，执子之手，直至曲终人散，不得不前往舞池的两端。

这种区域被称为假常染色体区段，里面含有编码蛋白质的基因，它们就算在X染色体失活后也不会停止表达。相比X染色体上其他大部分的基因，位于假常染色体区段内的基因享有非常不同的待遇。这种冗余染色体的严格失活以及失活染色体上的法外开恩，导致了X染色体数目的异常不会置人于死地，却又会对健康有负面影响。从中我们也能清楚地看到，细胞对DNA的每个区段应该发挥何种作用有严格的界定和区分，并不惜为此大动干戈。

X染色体失活与名为*XIST*的长链非编码RNA密切相关，这种RNA包裹住哪条X染色体，哪条就失活。但是，*XIST*从不染指假常染色体区段。这样的“屏蔽”现象表明，我们的基因组已经演化出了在重要的位置上立碑划线的本事，就像《星际迷航》的让-吕克·皮卡德在博格人入侵星际联盟的宇宙空间时说的那句台词：“我们必须把线划在这里！以此为界，不容逾越！”[10]*XIST*像一条能使X染色体瘫痪的毒蛇，从自己的位点鬼鬼祟祟地爬行出来，却被“无用”序列形成的隔离带拦住了去路。

图 13.3 展示了这些没有被沉默的区域为何能在X染色体数目异常的个体体内引发不良的后果。如果以拥有 2 条X染色体的正常女性

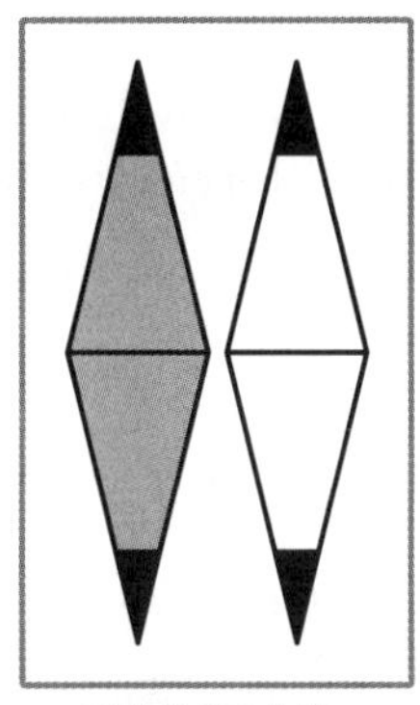

正常的XX女性
（1 条激活的X染色体+1 条失活的X染色体，4 个假常染色体区段）

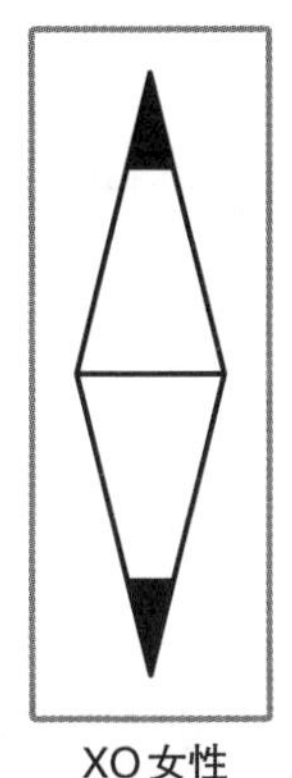

XO女性
（1 条激活的X染色体，2 个假常染色体区段）

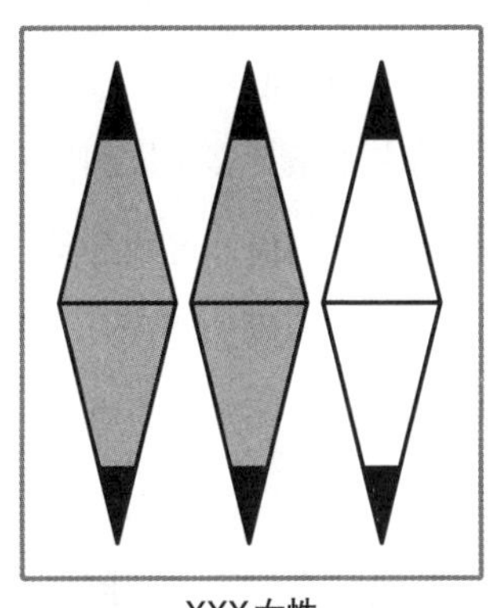

XXX女性
（1 条激活的X染色体+2 条失活的X染色体，6 个假常染色体区段）

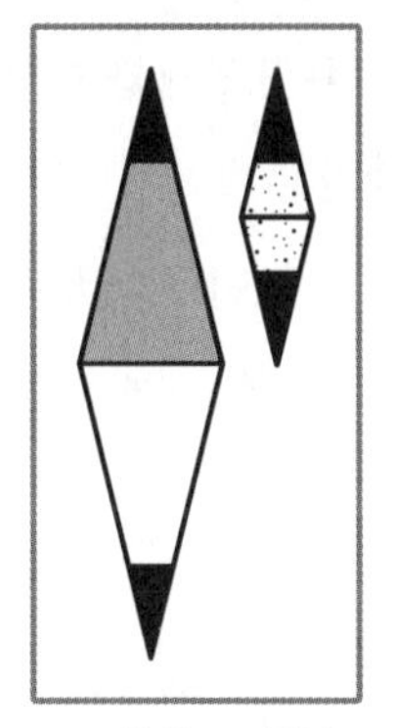

正常的XY男性
（1 条激活的X染色体+1 条Y染色体，4 个假常染色体区段）

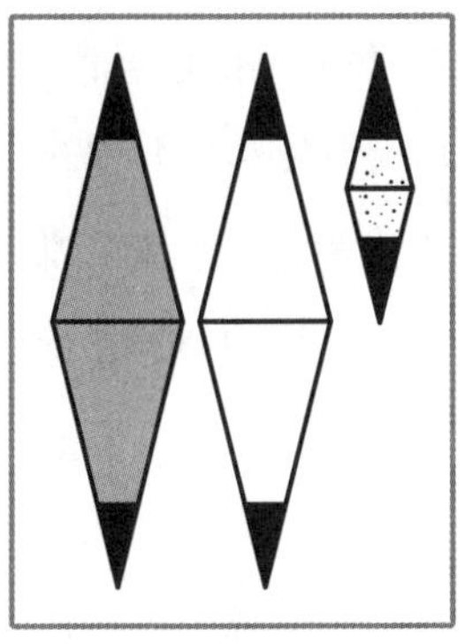

XXY男性
（1 条激活的X染色体+1 条失活的X染色体+1 条Y染色体，6 个假常染色体区段）

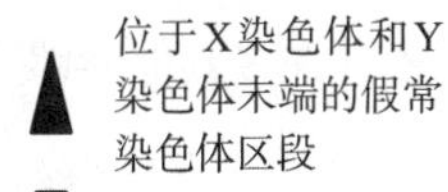

图 13.3　数量不同的X染色体在男性和女性的细胞内造成的效果。由于X染色体失活机制，每个细胞内都只有 1 条激活的X染色体。但X染色体和Y染色体的末端是不受该机制影响的假常染色体区段，它们的数量会随X染色体数目变动而线性地增加或减少，并造成相应的病理性改变

为标准，那么就假常染色体区段内的基因的表达水平而言，只有1条X染色体的女性仅能表达正常水平的50%，而拥有3条X染色体的女性（以及拥有2条X染色体和1条Y染色体的男性）又比正常水平多表达了50%。

多1条X染色体的男女普遍身材高大，少1条X染色体的女性身高不到平均值，这种现象不是巧合。假常染色体区段中有一个特别的基因，它编码的蛋白质①[11]控制着其他基因的表达，而这些基因对骨骼的发育（尤其是手臂和腿部的长骨）来说十分重要。多1条X染色体的男女可以比常人表达更多的这种蛋白质，所以其腿长和身高都很容易超过平均水平。同样的原理也可以用于解释只有1条X染色体的女性的矮小身材。在人类基因组中，像假常染色体区段这样的能够显著影响个体身高的单基因位点可不多。除了这个区段，整个基因组中还有许多其他能够影响个体身高的位点，[12]而且其中很多都是“无用”DNA。有些人人高马大，能为哈林篮球队②效力并成为“万人迷”；有的人娇小玲珑，走进酒吧后连人影都看不着，我们到今天也不清楚，上面所说的每种“无用”DNA究竟是通过怎样的方式，让个体变得如此天差地别。

---

① 这种蛋白质名为SHOX，全称为“short stature homeobox”（矮小身材同源异型）。

② 美国著名的职业花式篮球队。——译者注

ENCODE联盟：大科学拥抱“无用”DNA

如果你置身远离城市灯火的郊外，在万里无云的晴夜，与一轮当空皓月为伴，躺在地上，盖一条毛毯，望着满天星辰，你将看到世界上最美的绝景之一。尤其对常年生活在都市里的人来说，那更是美得令人屏息：漆黑的天幕上洒满了银屑，群星坠落九天，闪耀的光烁多到数都数不过来。

如果手上有一架天文望远镜，你就会意识到肉眼所见终归有限，苍穹之上的事物远超人的想象。透过望远镜看到的世界更加细致，比如，你将看到土星的光环。除此之外，星星的数量岂止是地毯上的银屑，简直堪比地球上的灰尘。宇宙并不像我们仰望夜空时看到的那般漆黑和空洞，从地球上观察不过是坐井观天。当我们学会用电磁波的其他波段探测空间中的能量，而不仅仅是在可见光谱段观测宇宙时，这一点就体现得更明显了。启用新型的设备后，大量的信息如潮水般涌入，从伽马射线到宇宙微波背景等。无论是这些细节信息还是遥远的恒星，它们一直都在那里，亿万年来不曾改变，但过去的我们只懂得用肉眼观察。变的不是它们，而是我们的观测技术。

2012 年的学术界出现了一大批相关的论文，这些研究就像瞄准人类自身的天文望远镜，以史无前例的分辨率深入观测了我们的基因组。它们是ENCODE联盟的阶段性成果，该联盟由来自全世界多个研究机构的数百名科学家组成，ENCODE是“*Encyclopedia of DNA Elements*”[1]（DNA元件百科全书）的首字母缩写。利用当今最灵敏的技术手段，ENCODE的科学家分析了将近 150 种不同类型的细胞，探查到了人类基因组的多种特征。他们有一套处理及整合数据的统一标准，所以才能对不同技术手段的输出结果进行横向比较。这一点很重要，因为不同的技术一直都在用各自的逻辑和标准产生和分析数据，要把这些数据集拿来直接比较的话，难度非常高。而在ENCODE项目之前，我们的研究向来都建立在这种“各说各话”的实验数据之上。

ENCODE研究数据的发表吸引了大量媒体和科学家同行的关注。新闻报道纷纷把它放到了头条的位置上，取的标题也很博人眼球，比如“重大研究推翻基因组的‘无用’DNA理论”[2]、“针对DNA的研究项目解读‘生命之书’”,[3] 以及“由科学家组成的国际联军破译‘无用’DNA的密码”。[4] 你可能认为其他的科学家会祝贺ENCODE项目取得的成功，甚至会对它公布的数据感激不尽。科研同行们肯定大受震撼吧？实验室的日常工作一定再也离不开这些数据了吧？并不是这样，科学界对ENCODE的评价远远没到大家一起交口称赞的地步。批评的声音主要来自两个阵营，第一个是对“无用”序列的功能持怀疑态度的科学家，第二个是研究演化论的科学家。

要理解为什么第一个阵营的科学家不高兴，我们可以看看下面这一句出自ENCODE论文的、极其精辟的陈述：

> 这些数据能让我们将生物化学的功能归因于80%的基因组，其中，除了那些被研究透彻的、编码蛋白质的基因之外，其余的序列尤其值得关注。[5]

换句话说，如果把人类的基因组比作浩瀚的苍穹，不同于过去认为星星只存在于不足2%的宇宙的观点，ENCODE宣称，其实4/5的空间内都有天体分布。绝大多数天体不是星星（这里指的正是编码蛋白质的基因），它们是小行星、行星、流星、卫星、彗星，以及其他任何你能想到的星际天体。

我们已经看到，其实有许多科研团队早就把特定的生化功能归因于基因组的某些区段，比如启动子、增强子、端粒、着丝粒和长链非编码RNA。因此，就“人类基因组的内涵远不只是那一小部分编码蛋白质的序列”这种观点而言，大多数科学家早已欣然接受了类似的论调。可是，声称80%的基因组都是有功能的？这样的观点实在是有些过于大胆。

尽管语出惊人，但ENCODE项目的科学家也不是信口雌黄，这个结论早在前一个10年就得到过间接验证，相关的数据来自试图理解人类为何如此复杂的科学家。人类基因组计划没能带给科学家他们想要的结果：相比于更为简单的生物，我们的基因在数量上不占优势。自那以后，“人类何以成为万物之灵”的问题就一直困扰着许多人。科学家研究和分析了各种动物的基因组构成，包括编码蛋白质的序列总长度和“无用”序列在基因组中所占的比例。分析的结果如图14.1所示，相关的结论我们曾在第3章里一笔带过。

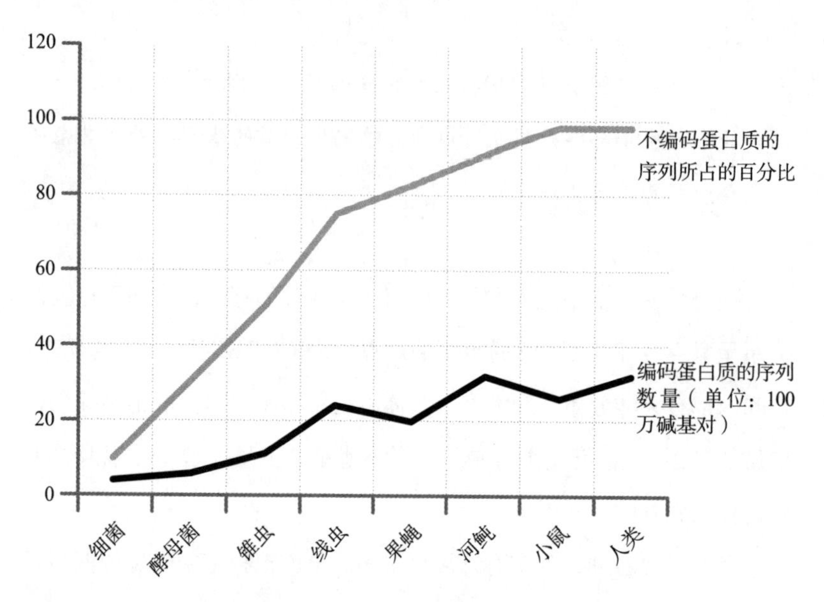

图14.1 从这张线形图里能够看出，相比编码蛋白质的序列的总长度，“无用”DNA在基因组中所占的比例与生物体复杂程度的线性拟合要更好一些

我们看到，编码蛋白质的遗传物质多少与生物体的复杂程度并不相称，反倒是“无用”DNA序列在基因组中所占的比例与复杂性的关系更明显一些。所以有科学家据此推测，简单生物和复杂生物的区别正是源于“无用”DNA。顺着这种思路，我们依旧可以得出相同的结论，即相当大比例的“无用”DNA应当是有功能的。[6]

一座活跃的信息和指令宝库？

ENCODE通过综合各种研究的数据，计算出了功能序列在基因组中所占的比例，其中包括他们研究过的RNA分子。功能性的RNA分子有两种，分别是编码蛋白质和不编码蛋白质的RNA，后者就是我们介绍过的各种“无用”RNA。“无用”RNA分子有大有小，小到几十个碱基，多达数千个。除了RNA分子，ENCODE还以序列带有的表观遗传修饰作为依据，因为有的表观遗传修饰通常存在于有功能的序列上。其他的方法还包括寻找特征性的环状结构，我们在前一章介绍过基因组的这种现象。另外，也有人根据特定的物理学特征甄别基因组的片段是否具有功能。①

所有这些特征在研究人员分析的各种人类细胞中均不完全相同，这再一次反映了哪怕基因组完全相同，细胞利用基因组的方式也可以有非常高的灵活性和可塑性。例如，研究人员对环状结构的分析发现，任何一种特定的跨区段作用方式都不是通用的，只会被大约 1/3 的细胞所采用。[7] 这说明人类遗传物质的折叠方式不仅复杂，还是一种十分精巧的现象，它与细胞的类型密切相关。

在对那些通常情况下与调控序列有关的物理特征进行分析后，研究人员总结认为，这些调控序列的激活与关闭情况同样因细胞而异，而且它们反过来决定了细胞的类型。[8] 这个结论是科学家在分析了 125 种不同的细胞和将近 300 万个调控位点后得出的。并不是说每个细胞内都有 300 万个这样的位点，而是把实验中 125 种细胞内所有不同的位点加起来，总数达到了 300 万个。这也从侧面反映出，每种细胞能根据各自的需要，对基因组的调控序列潜力善加利用。调控位点在不同种类的细胞中的分布情况如图 14.2 所示。

① 最典型的例子是看切割DNA分子的酶能否作用于某一段序列，如果可以就意味着它或许具有开放结构，而拥有开放结构的序列就有被转录的可能性。

在一种细胞内能找到的功能性位点　　在两种或多种细胞内能找到的功能性位点的总和　　在所有细胞内都能找到的功能性位点

图 14.2　ENCODE 以多种人类细胞系为实验对象获得数据，在经过研究人员的分析后，他们识别出 300 万个具有功能序列特征的位点。图中圆圈的面积大小代表比例的大小。两种或多种不同的细胞就能涵盖绝大多数的位点，不过，单单一种细胞含有的位点也已经不在少数了。研究人员在分析中还发现，能够同时存在于每一种细胞内的调控位点只占非常小的一部分

在上述研究鉴别出的调控区段中，超过 90% 的区段与最近的基因起始位点的距离都超过了 2 500 个碱基对。有的调控序列附近根本没有任何基因，有些还被包含在某个基因内部的“无用”区段中，即便如此，它们距离基因的起始位点依旧很远。

大多数基因的启动子都与不止一个这样的调控序列有关联，相反，每个调控区段也和多个启动子相关。细胞似乎又一次摈弃了简单直接的线性方式，而是用多个相关节点形成的复杂网络来调控基因的表达。

最令人吃惊的一组数据显示，超过 75% 的基因组序列都能被细胞转录成 RNA，如果没有，那只是时间或细胞类型的问题。[9] 这个比例相当惊人，因为没有人能想到细胞中竟然有 3/4 的“无用” DNA 可以被用来转录 RNA。在对编码蛋白质的信使 RNA 和长链非编码 RNA 进行比较后，研究人员发现了二者在表达上的一个主要差别。

如图 14.3 所示，就他们研究的 15 种人类细胞系而言，在所有细胞系中都表达的信使RNA的比例远高于在所有细胞中都表达的长链非编码RNA的比例。研究人员根据这个发现得出的结论是，长链非编码RNA对细胞的分化和命运起着举足轻重的决定性作用。

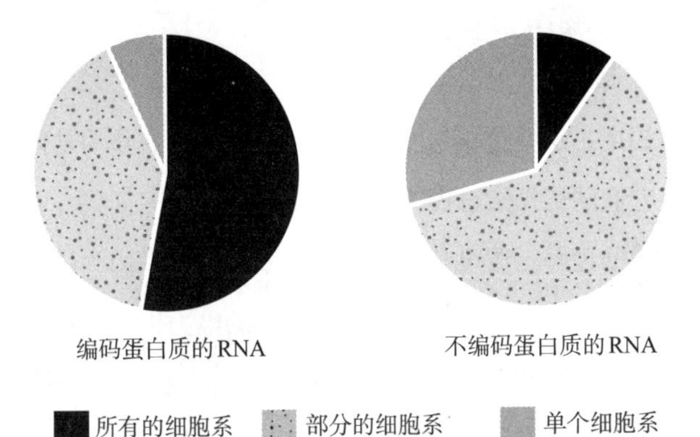

图 14.3 编码与不编码蛋白质的基因在 15 种人类细胞系内的表达情况。相比长链非编码RNA，编码蛋白质的信使RNA更容易被所有的细胞表达

整体而言，ENCODE联盟发表的论文和公布的数据将人类的基因组描绘成非常活跃的模样，里面充满了极其复杂的分子对谈和相互作用。“无用”DNA就像一座信息和指令的巨大宝库，它值得我们花点儿笔墨，把序言里那个舞台指令的比喻再重复一遍：“如果是在温哥华演出《哈姆雷特》，或是在珀斯上演《暴风雨》，就用重音读这句来自《麦克白》的台词的第四个音节。除非有业余剧团在蒙巴萨表演《查理三世》且基多正大雨瓢泼。”[10]

这一切听起来都很令人振奋，既然如此，为什么质疑这些数据重要性的声音会不绝于耳呢？部分原因是ENCODE的论文过分夸大了一些有关基因组的事实，尤其是宣称 80%的人类基因组序列都具有功能。部分论文并没有基于直接的功能验证实验完成，特别是那些仅仅根据表观遗传修饰或者DNA与相关蛋白质的某些物理特征就得出结论的推论性研究。

事实还是背景噪声?

质疑者提出，这些数据最多只表明相关的序列有作为功能性区段的潜力，但它们的依据太过模棱两可，不能说明什么问题。我们可以打个比方来帮助理解。假设有一座豪华的宅邸，可是因为屋子的主人最近手头周转不灵，所以电力公司切断了它的电力供应。我们就当是唐顿庄园落到了一个嗜赌成性的继承者手里吧。这座宅邸可能有 200 个房间，每个房间都有 5 个电灯开关。每个开关都可能点亮灯泡，但有的开关其实并没有连接灯的电路（电工向来不是贵族成员的长项），或者灯泡已经坏了。显然在这种情况下，我们不能仅仅因为墙上有一个可以拨动的开关，就理所当然地认为它真的能点亮或者关闭屋子里的灯。

或许，同样的情况也会发生在我们的基因组里。有的区段确实带有表观遗传修饰，或者拥有其他的物理特征，但这并不足以说明它们具备功能。它们带着这些特征或许只是因为受到其他因素的影响，被附近的序列波及而已。

瞧瞧杰克逊·波洛克创作印象派画作的纪实照片。[11] 几乎可以肯定，当他在画布上挥洒灵感的时候，画室的地板会沾上滴落的颜料。当然，你不能说地上的污渍也是作品的一部分，或者画家需要赋予它们任何意义。颜料的污迹就是污迹，它们是一幅画作的创作过程中不可避免又无关紧要的副产物。我们体内的DNA所发生的物理变化也一样。

技术的灵敏度是另一个让有的评论者对ENCODE联盟的结论持怀疑态度的原因。与刚刚开始研究基因组的年代相比，今天的科学家采用的研究技术要比当初的灵敏得多，这让他们能够检测到非常微量的RNA。批评者担心，过于灵敏的检测技术放大了基因组的“背景噪声”。年纪较长的人可能还记得录音磁带，想想如果把录音机的音量调到很高会发生什么？正常情况下，你将在音乐里听到“嘶嘶”的杂音。可这不是创作者有意为之，它只是一种受限于技术水平和录音介质的不可避免的副产物。批评ENCODE的人相信细胞内也发生了同样的事，基因组的转录活性会以随机的方式蔓延到激活的区段之外。根据这种假说，细胞并非主动开启了这些本不应该表达的基因，它们的表达水平非常低，只不过是因为附近有高强度的转录活动，所以它们被意外地波及了。上涨的潮水能把船只托起来，也能抬高腐烂的木板和被丢弃的塑料瓶，但木板和瓶子终究不能像船一样乘风破浪，它们只是碰巧赶上了一个浪头。

如果你觉得技术手段就算有点缺陷也无伤大雅，那么要是研究人员检测到某些RNA分子的数量是每个细胞不到一个，我们对这样的数据是不是应该有个合理的解释？细胞不可能只表达不到1个分子，它要么不合成某种RNA，要么合成一个或者很多个。就像一个女人要么怀孕了，要么没有怀孕，我们不能说她“怀了一点儿孕”。0和1之间没有其他的值。

不过，这种数据其实并不能说明我们的技术过于灵敏。正好相反，它代表我们的技术依然不够灵敏。因为我们的技术水平还没有高到能单独对一个细胞内的RNA进行分析，所以只能圈定复数个细胞，检测所有细胞的RNA，然后再用平均数估算每个细胞里RNA分子的数量。

平均数的问题在于我们无法区分下面两种情况：到底是绝大多数细胞在以极低的水平表达某种RNA，还是只有一小部分细胞在进行高水平的表达。这两种不同的情况如图 14.4 所示。

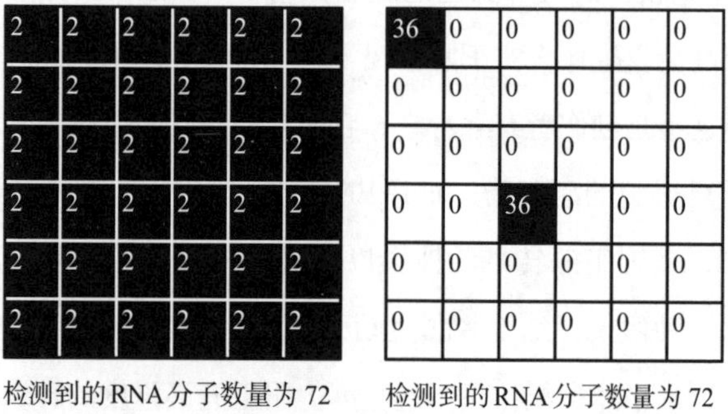

2	2	2	2	2	2
2	2	2	2	2	2
2	2	2	2	2	2
2	2	2	2	2	2
2	2	2	2	2	2
2	2	2	2	2	2

检测到的RNA分子数量为 72

36	0	0	0	0	0
0	0	0	0	0	0
0	0	0	0	0	0
0	0	36	0	0	0
0	0	0	0	0	0
0	0	0	0	0	0

检测到的RNA分子数量为 72

图 14.4　每个方格代表一个细胞。细胞内的数字是它合成的某种RNA分子的数量。受限于当前技术的灵敏度，研究人员只能对细胞进行批量分析。这意味着他们只能获知一批细胞内的分子总数，而无法区分上面的两种情况：36 个细胞都能合成这种RNA分子，每个细胞都含有 2 个（左）；36 个细胞中只有 2 个细胞能合成这种RNA分子，每个细胞含有 36 个（右）。事实上，只要总数是 72 个分子，还有很多其他可能的情况，而且我们无法对其进行区分

另一个问题是，为了分析RNA分子，我们必须先杀死细胞。这种技术手段只能分析某个定格的瞬间，而理想情况下，我们希望看到的其实是有如电影般流畅的动态画面，是RNA的实时表达情况。这个问题如图 14.5 所示。

当然，在最理想的情况下，我们应该用直接的实验来验证ENCODE的发现，看看它们是否经得起推敲。但是这样一来，我们又兜兜转转地回到了那个老问题：相关的研究和发现不计其数，我们怎么知道要研究哪个区段或者哪种RNA分子？另一个难题是ENCODE联盟发表的论文有管中窥豹之嫌，它们发现的许多特征都是一张巨大、复杂的分子关系网络的一部分，单看其中任何一点都不足以反映或匹敌整张网络的整体效应，这让验证实验的设计变得异常困难。毕竟，仅仅割断一个绳结又能对整张渔网造成多大的影响呢？或许会有鱼从这个破洞里逃走，但少捞一两条小鱼苗还不至于严重影响出海的收成。当然，我们并没有认为绳结不重要，它们其实很重要，但只有众多的绳结共同起作用，渔网才有功能。

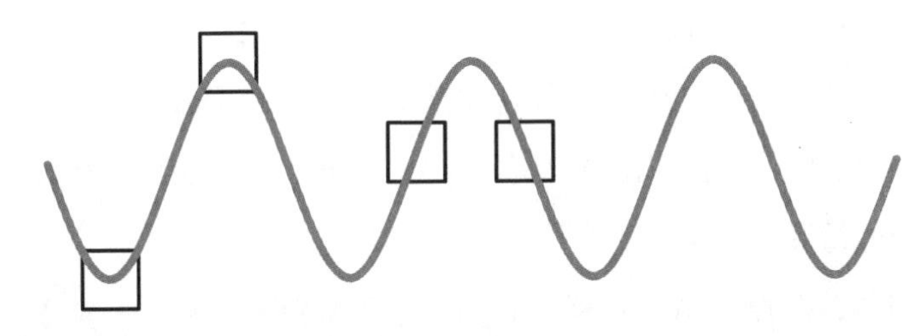

图 14.5 某种RNA在细胞里的表达可能具有周期性。方框代表研究人员采集细胞样本、用于检测RNA分子表达情况的时间点。不同批次的细胞，实验结果有时会很不一样。这或许反映了不同组织之间的区别，但也可能只是周期性波动的体现，而非真正的、具有生物学意义的差异性

来自演化生物学的猛烈抨击

ENCODE论文的作者，以及这些论文的评论者，还试图用手头的数据解释人类基因组的演化。他们之所以要这么做，部分的动机来自这些数据显而易见的违和感：如果80%的人类基因组都具有功能，那么我们可以大胆预测，人类的基因组应当与其他动物（至少是其他哺乳动物）的基因组有非常高的相似性。问题是，哺乳动物共有的保守序列只占人类基因组的5%，而且编码蛋白质的序列在这些保守序列中占绝对的多数。[12] 为了自圆其说，论文的作者提出了解释这种分歧的推测：调控序列是新近才演化出来的，而且主要发生在灵长类动物中。基于一项针对不同人口的大规模DNA序列多样性研究，科学家得出的结论是，人类调控序列的多样性相对较低，而完全没有任何活动迹象的区段却很多变。有一位论文的评论者更是进一步提出了下面的观点。编码蛋白质的序列在演化上表现得极度保守，这是因为蛋白质往往需要在多种组织和细胞内起作用。如果基因的序列发生改变，新的蛋白质或许能在某些组织里表现得更出色，但同样的改变很有可能会在另一些需要这种蛋白质的组织里引起负面效应。这种牵一发而动全身的效应在演化中扮演了选择压力的角色，保证了基因的序列不会轻易发生改变。

但是，调控RNA不一样，它们不编码蛋白质，所以更容易表现出组织特异性。由于调控RNA只需对应一种组织，而且只在个体一生中的特定时期或者受到特定的环境刺激时才发挥作用，因此它们受到的选择压力要小得多。缺少牵制使调控RNA的演化不必束手束脚，于是，我们和其他哺乳动物的调控序列才变得极其不同。而与此同时，同样是由于演化的选择压力，人类的调控序列在经历人类种群内部的优胜劣汰后趋于相似。[13]

面对观点的分歧，生物学家是相当矜持的社会群体。虽然各种大小会议的问答环节偶尔会爆发唇枪舌剑的较量，但公开声明的遣词造句绝对都经过深思熟虑，尤其是生物学家对待准备发表的论文时，用心程度往往胜于会议上的口头发言。我们都知道如何揣摩作者的言外之意（如图 14.6 所示），但通常情况下，论文的措辞还会更克制一些。所以，在利益不相关的旁观者眼里，围绕 ENCODE 研究成果的辩论才显得格外有趣。

最激烈的反应来自演化生物学家。这倒不奇怪，因为演化生物学向来都是生物学里最容易让人情绪上头的分支。平时，演化生物学家都把弹药倾斜在神创论者身上，但他们有时也会把手中“加特林机枪”的枪口指向科学家同行。研究获得性状如何从亲本传递给后代的表观遗传学家很可能松了一口气——多亏 ENCODE 撞到演化生物学家的枪口上，他们总算摆脱了演化生物学家的纠缠，获得一丝喘息的机会。[14]

图 14.6　科学家往往表面上很礼貌（左边说的话），但有时只是在并不高明地掩饰自己的想法（右边想的话）……

对 ENCODE 最愤怒的批评譬如“逻辑谬误”“荒唐的结论”“妄下定论”，还有“错误地使用了错误的定义”。如果你还怀疑类似的话到底是褒是贬，那我们来看看这些作者给这些檄文写的结尾有多不留情面：

> 一位项目的主要参与者曾预测，ENCODE的发现将使重写教科书成为必要。我们同意这种说法，许多与市场营销、媒体炒作以及公共关系学有关的教科书都将被重写。[15]

这些语气强硬的批评主要针对三点：研究人员对“功能”一词的定义，ENCODE论文作者们分析数据的方式，以及那个关于选择压力的假说。我们已经用杰克逊·波洛克和唐顿庄园的比方解释过科学家在第一个问题上存在分歧的原因了。从某种程度上来说，这些问题都源于研究者把生物学过度抽象为数学。通过统计和数学手段解释到手的数据集，这种研究方法在ENCODE论文的原作者中占绝对的主流。持怀疑态度的人认为这种研究手段会把我们带进死胡同，因为它没有考虑生物学上的关联，而这层关联对研究相关的问题非常重要。他们打了一个很形象的比方。心脏之所以重要，是因为它能向全身泵血，这是它与生物学的重要关联。可是，如果我们只用数学的眼光分析心脏的活动、描绘它与身体的关系，就会得出很多可笑的结论。比如，心脏的存在是为了平衡躯干的重量分布，还有发出“扑通”的声响。这两点无疑都是心脏的特征，但它们并不是心脏的功能，不能喧宾夺主。

批评者还对数据分析的手段颇有微词，因为他们感觉ENCODE的研究团队在实际应用中没有严格把控算法的自洽性和前后一致性。由此造成的后果之一是，如果一段具有某种效用的序列很长，它就很容易导致统计数字不恰当地膨胀。举个例子，假设一段长度为600个碱基对的序列被认定为功能序列，而实际执行的功能只需要其中的10个碱基对，那么功能序列在基因组中所占的比例被大大高估了。

至于ENCODE的科学家对基因组演化的看法，反对者认为他们的观点违反了演化生物学的标准理论模型，即多样性的高低与选择压力的大小负相关。一段序列越是多样，代表它受到的选择压力越小，同时也意味着它相对而言没有那么重要。这个标准模型是经历过时间考验的学科准则，任何想要推翻它的人都需要有非常充分的理由和极其可信的证据。而批评者宣称，ENCODE的论文虽然有海量的数据，但相比它们试图得出的结论，论文作者选取的基因组区段的数目太少了，这样的研究不足以反映人类和其他灵长类动物在演化上的真实概况。

虽然论战双方都会不时提出一些有趣的科学观点，但要说ENCODE联盟的一腔热忱纯粹是出于对科学和真理的追求，那就不免有些自欺欺人了。我们不能对其他因素视而不见，比如一些非常世俗的人性因素。ENCODE是“大科学”理念的典型代表。通常，大科学是指那些耗资百万美元级别的大型科研合作机制。科研经费不是无限的，当它被大科学项目榨得所剩无几时，我们也就没钱支持那些规模相对较小、更多地靠假说和理论驱动的研究了。

调拨研究经费的机构一直在努力平衡对这两种研究项目的取舍。如果大科学项目能够刺激大量其他科学研究的产生，它就能得到资助，类似的例子有很多。如果没有后来的变故，最初的人类基因组计划就是最好的例子。不过需要注意的是，即便如此，依旧有人对人类基因组计划表示不满。而ENCODE的情况是，批评者指摘的不是它获得的数据，而是其释义和解读这些数据的方式。在他们眼里，对数据的曲解使这项研究背离了设置公共科研经费的初衷，也就是用巨额研究经费带动科研基建。

如果把ENCODE各个阶段以及方方面面的开销加到一起，它的总花费约达到2.5亿美元。同样的经费本可以资助至少600个平均规模的独立研究团体，让他们能专注于各自的理论研究。科研经费的调拨是一项权衡取舍的工作，当资金的数目多到这种级别时，无论怎么做都不可能让所有人满意，分歧和忧虑都在所难免。

一家名叫高德纳的咨询公司曾就新技术带给公众的感受绘制过一张曲线图。这张图被称为技术成熟度曲线[①]：首先，新技术引发公众的强烈关注，这时是“期望过高的峰值期”；随后，当你发现新技术没能给你的生活带来任何实质的改变时，曲线掉头向下，进入“幻想破灭的低谷期”；最终，每个人的情绪都平复下来，公众开始理性地关注和认识新技术，信心逐渐增长，进入“有产品作为支持的稳定期”。

这种技术成熟度曲线有很多需要改进和完善的地方，比如就ENCODE而言，它的各个时期有严重的重合和压缩，因为两个极力发声的团体形成了两极化的评价：那些期望过高的科学家和那些幻想破灭的科学家在不遗余力地同台激辩。而剩下的大多是奉行实用主义的看客，他们当然乐见ENCODE公布大量的研究数据，尤其是当一位单打独斗的科学家需要梳理某个感兴趣的专业问题时。

① 技术成熟度曲线（Hype Cycle），有时也译作“炒作周期曲线”。——译者注

第 15 章

无头的皇后、奇怪的猫和肥硕的老鼠

虽然ENCODE联盟对人类基因组内潜在的功能性序列进行深入的研究，但它认定的功能序列的数量过于巨大，让人有些望而生畏、不知所措。需要分析的对象一旦多到这种地步，科学家一时之间也不知道要以哪些片段作为研究的切入点才合适。不过，想着困难，做起来却不然，因为同以往一样，大自然再次为科学家指明了前进的道路。近些年来，科学家一直在研究调控序列上的微小改变在人类遗传病中所扮演的角色。这类变异在从前并未引起研究人员足够的重视，只被当成“无用”DNA内的无害变异看待。但今天的我们知道，在某些情况下，哪怕是没有明显关联的区段内一个碱基对的改变，也有可能对个体产生匪夷所思的重大影响。在极少数的情况下，这种微不足道的变异足以导致个体的死亡。

作为本章的开篇，我们先看一个相对不那么戏剧性的例子，故事发生在大约500年前那个由英王亨利八世统治的英格兰。亨利八世一生立过6位王后，绝大多数英国学童都学过一句顺口溜，说的正是那6个女人嫁给这位风流君主后的下场：

离婚，斩首，不长寿

再离婚，又斩首，白头相守

（如果这两句顺口溜在历史小测验里让你多得了两分，记得给我发一封表达感谢的电子邮件。）

第一位被斩首的王后名叫安妮·博林，她的女儿是日后继承大统的女王伊丽莎白一世。安妮被处决后，都铎王朝的“喉舌”开始发动抹黑王后的舆论攻势，他们扭曲王后的长相，以16世纪流行的女巫形象诋毁安妮。当时最常见的说法是，王后是一位龅牙女，下巴上有一颗大痣，右手长着六根手指。虽然没有任何可信的证据，但六指王后的传说终究成了广为流传的民间故事。[1]

人们愿意相信王后确实有六根手指，其中一个原因很可能是六指并非完全虚构的现象。这和御用史官诬陷前一任王后有三条腿不同，因为人们真的见过出生时长着六根手指的婴儿。只不过大多数情况下，这些人的双手都是六指，而不像传说中的安妮王后那样只有右手多出一根手指。

人体有一个编码蛋白质的基因对手掌和脚掌的正确发育来说至关重要。①这种蛋白质是形态发生素的一种，顾名思义，形态发生素把

① 这种蛋白质被称为“音猬因子”（Sonic Hedgehog），简称SHH。它的名称源于游戏形象“音速刺猬索尼克”。遗传学界曾出现过用知名的漫画角色给基因命名的风潮，如今这种做法不再受到推崇和鼓励，因为当这种名字从遗传咨询师的嘴巴里冒出来时，那些儿女患有严重遗传病的父母无论如何都不能体会科学家这种不合时宜的幽默感。

控着组织发育的方式。这种蛋白质在胚胎中的分布表现出明显的浓度梯度：往往在一个地方浓度极高，但越靠近相邻的组织，浓度就变得越低。

多指和六趾小猫

形态发生素能够影响的其中一个性状正是手指的数量。如果这种蛋白质的表达量发生错误，新生儿的手掌就会多长一根手指。10 多年前，科学家发现某些多指的病例是由一个极其微小的遗传改变引起的。这个变异不在形态发生素对应的基因内，而是发生在大约 100 万个碱基对开外的“无用”序列上。研究人员的依据来自一个人丁兴旺的荷兰家族，这个家族有 96 名多指成员，他们的多指症状表现出明显的遗传倾向，而且他们都有上面所说的那个位于“无用”序列内的单核苷酸变异：在本应是C的位置上，多指者的碱基无一例外地变成了G；而所有手指数量正常的家族成员这个位置的碱基也都不是C。科学家在其他有多指者的家族里也发现了单核苷酸变异，这些单核苷酸变异全都落在与荷兰家族相同的基因组“无用”区段内，各个位点之间仅仅相差 200~300 个碱基对。[2]

这些单核苷酸变异所在的“无用”区段是形态发生素基因的一个增强子[①]。为了保证生物体能发育成正常的形态，形态发生素基因的表达时机和表达部位被牢牢掌控在许许多多的调控序列手里。上面那些携带单核苷酸变异且表现出多指的人，他们患病的原因仅仅是形态

---

① 这段增强子序列的名称为*ZRS*，位于 7 号染色体的长臂上。

发生素的这个增强子出现了轻微的活动异常。这一个调节因子的细微改变就造成了显著的后果，可见形态发生素的表达受到了何等严格而精细的调控。

我还有一个能帮你在小测验中脱颖而出的小知识点。请问，上面那些几乎不可能在市面上买到心仪手套的荷兰居民，让你想到了20世纪哪位知名的美国大文豪？想不出来？直接告诉你答案？好吧，答案是欧内斯特·海明威。20世纪30年代，一名船长送给海明威一只猫，正常的猫每个前爪都是五趾，而海明威收养的这只猫却有六趾。如今，海明威的故居里生活着大约40只当年那只猫的后代，其中前爪有六趾的约占总数的1/2。你可以很容易地在网上搜到这些六趾猫的照片，[3]它们仿佛竖着一个“大拇指”，好像对谁都是一幅赞赏有加的样子，可爱之中略微透着一丝诡异。

那个在人类多指者的增强子上发现单核苷酸变异的团队，也对海明威的猫进行了研究，结果显示多趾猫的变异发生在与人类相同的区域内。通过将这个增强子插入另一种动物的基因组，研究人员证实它的改变影响了形态发生素基因的表达：增强子的插入导致实验动物过量表达形态发生素，前爪多发育出了一根脚趾。这个实验相当有趣，研究团队把猫的DNA插进了鼠的胚胎中——名副其实的“猫鼠游戏”。[4]

其他国家也有多趾猫的例子，比如英国。英国的多趾猫也是因为同一个增强子发生了变异，但二者的情况不完全相同：英国多趾猫的变异位点与海明威的猫相差两个碱基对，它位于一个在演化上高度保守的三碱基基序内。猫前爪的多趾现象和人手掌的多指现象都与一个长约800个碱基对的增强子有关，上至人类，下至鱼类，这800多个碱基对中的绝大部分在脊椎动物的基因组里几乎没有发生变化。这说明调控肢体发育的机制是一套非常古老的系统。

形态发生素和面部的发育

形态发生素不光影响手指，还在其他发育过程里发挥着关键的作用，比如大脑的前部和面部的形成过程。这个部位的发育异常可以非常温和，仅仅表现为兔唇；也可以十分严重。后者往往是因为形态发生素的表达受到了异乎寻常的干扰，后果通常是致命的：患者的大脑和面部完全畸形，脑部没有清晰的结构分化。绝大多数严重的病例在出生时只有一只眼睛，长在前额的正中央，还有一个发育严重畸形的大脑。这样的新生儿都会夭折，无人能够幸免。

这种严重程度不一的头面部发育异常被统称为前脑无裂畸形。[5]从家族系谱的分析来看，有很多编码蛋白质的基因与这种疾病相关，其中许多都参与了对形态发生素基因（正是决定正常手指数量的那一个）表达的调控。在某些病例中，编码形态发生素的基因本身发生了变异，这将导致胚胎只能合成相当于正常水平半数的形态发生素，因为半数的染色体无法产生具有功能的蛋白质。通常，类似的病例带有严重的发育畸形，这侧面说明形态发生素的合成量必须在胚胎发育的关键时期达到特定阈值，只有这样才能确保生物体的形态正常。

导致前脑无裂畸形的变异还没有全部得到鉴定。研究人员已经分析了将近 500 名患者的DNA，他们在一例病情严重的患儿身上发现了此前从来没有见过的情况：“无用”序列中有一个碱基从C变成T的单核苷酸变异，这个位点与形态发生素基因之间的距离超过了 45

万个碱基对。[6]

这个C–T变异的位点属于一段保守的十碱基序列。大约3.5亿年前，我们的祖先与现代青蛙的祖先走上了不同的演化道路，从那以后，这个十碱基序列就没有再发生过改变。我们可以由此推断，这样一段哪怕经受过演化的洗礼也依旧“矢志不渝”的“无用”序列肯定具有某种功能。就这个增强子而言，碱基C与一个转录因子①的结合有关。转录因子是一类特殊的蛋白质，因为它们能够识别DNA序列（通常是启动子）并与之相结合。转录因子与启动子的结合是启动基因表达的必要前提。以这个C–T变异为例，当该位点的碱基是C时，相应的转录因子就能与这段十碱基的保守序列结合；而当碱基变成T时，二者的结合就不会发生了。

这项研究还招募了450名没有亲缘关系的健康志愿者作为对照组，他们中没有任何一个人具有这种C–T变异。这或许让“该变异是导致前脑无裂畸形的原因”这个结论有了相当的可信度，但是不要忘记，在人数与对照组几乎相当的患者组里，这种变异也仅仅出现了一次。这名患儿的母亲没有患病，不出所料，她和普通人一样，两条染色体上的碱基都是C。孩子的生父却不然，他的情况同自己的孩子如出一辙：一条染色体上的增强子是C，另一条染色体的相同位置上是T。然而奇怪的是，患儿的父亲没有表现出任何前脑无裂畸形的症状。

有人可能会因此认为，C–T变异肯定是一种无关变异，但事情没有这么非黑即白。对于前脑无裂畸形这种疾病，在同一个家族中，遗

---

① 这个转录因子的名称是Six3。

传序列与性状表现不匹配的情况时有发生。即便是形态发生素基因本身发生了变异，不同家族成员的表现也不完全相同。多达 30% 的人即使携带致病的变异也没有任何症状，剩下 70% 的人症状的具体表现和严重程度也有可能因人而异。第一种情况被称为基因的外显率，第二种情况则叫作表现变异性。

只可惜，有时候生物学家在发现新的现象后并不愿意多费精力，他们常常只是给现象取个高深莫测的名字就草草了事了。这就是个很典型的例子。外显率和表现变异性都是为了描述某种遗传现象，可是很多人光是听到这两个术语就以为问题得到了解决，忘记了我们对这种现象背后的原因其实一无所知。这是一个非常有潜力的分支，可相关的研究始终非常匮乏。或许，基因型和表现型的不匹配是因为基因组内有其他微妙的改变起到了补偿作用，比如有其他效力更强的增强子促进了形态发生素基因的表达；也有可能是表观遗传机制在起作用，它只略施小力，就让关键基因的表达发生了倾斜。又或许是这两种因素或者我们目前还不清楚的其他机制共同作用的结果。

既然基因和性状不一定匹配（基因相同的父母和孩子，症状却完全不一样），为了摆脱理论上的泥潭，利用实验证明变异的位点确实具有致病效应才是重中之重。那些发现C–T单核苷酸变异的研究人员正是这么做的，他们用小鼠模型检验了这种变异的后果。结果显示，当目标点位的碱基是C时，这段“无用”DNA就是形态发生素基因的增强子；但在碱基C被T取代后，同一段序列就失去了增强子的功能，以致形态发生素的水平再也达不到小鼠正常发育所需的阈值。

形态发生素与胰腺

多指和严重程度不一的前脑无裂畸形都是与形态发生素相关的发育问题，至少在一部分患者中，问题不是出在形态发生素基因的本体，而是出在它的调控序列。不过，它们并不是唯二由调控序列的变异而导致的人类疾病。有一种名为胰腺发育不全的病症，顾名思义，患者的胰腺未能发育成熟。患有这种疾病的新生儿往往有严重的糖尿病。[7] 因为胰腺是人体唯一能够产生胰岛素的部位，而胰岛素堪称调节血糖水平的中流砥柱。

绝大多数有胰腺发育不全病例的家族都是因为一个转录因子①发生变异，[8] 也有一小部分家族的变异发生在另一种转录因子②的对应基因上。[9] 但是，有很多孩子在出生的时候患有胰腺发育不全，可家族中却没有任何其他的患者。对于这种原因不明的病例，我们通常会认为他们是随机出现的：很可能是胚胎在发育的过程中，因为受到了某些未知的环境因素的影响而出现了错误。不过，有一点很快就引起了研究人员的注意：这些散发病例的父母大多数都有血缘关系，最常见的情况是堂（表）兄弟姐妹。通常，这种情况被称为近亲结婚。倘若近亲婚配生育的后代有高于常人的患病率，我们往往会想到这是一种遗传病，它的致病基因通常是患者体内的某一对变异基因。至于为什么遗传病在近亲结婚生育的后代里更常见，可以参考图 15.1。

---

① 这种转录因子的名称是GATA6。

② 这种转录因子的名称是PTF1A。

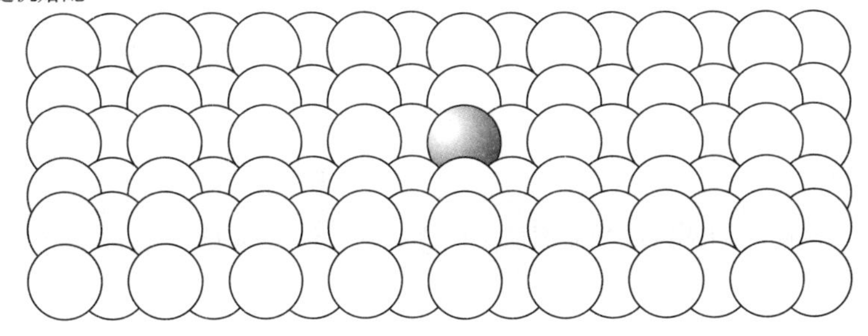

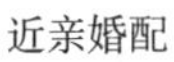
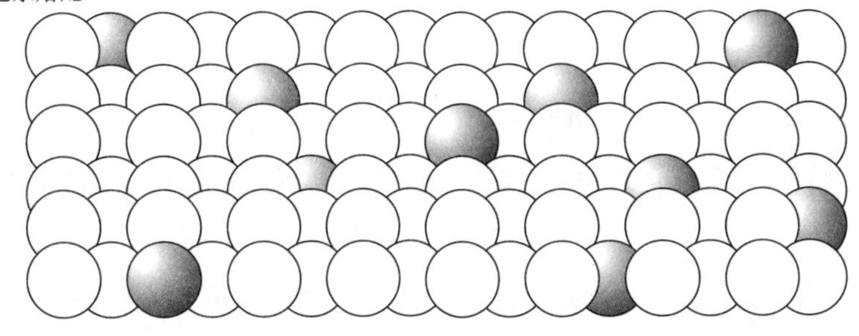

图 15.1　图片的上半部分表示，一个携带罕见变异的人要在人群中碰到另一个携带同种变异的人是一件概率相对较小的事。如果在自己的家族中，同一种变异的携带率会非常高，这也正是图片下半部分所展示的情景。这就是为什么罕见的隐性遗传病（父母双方都是无症状的携带者，各有一个致病基因）更容易在近亲——比如堂（表）兄弟姐妹——结婚的家庭里出现

研究人员从散发型胰腺发育不全的患者体内分离出DNA，并对所有编码蛋白质的序列进行了分析，但没有找到任何疑似与该病有关的变异。于是，他们把注意力转向了可能的调控序列。我们已经见识过“可能的调控序列”了，这种序列在人类基因组中的数量多到令人发指。为了缩小范围，科学家研究了人工培养的干细胞在分化成胰腺细胞时究竟经历了哪些变化。他们的目标是寻找符合下面条件的调控序列：带有表观遗传修饰，并且这些修饰通常强烈指向增强子；能够结合转录因子，并且是已知在胰腺细胞的发育中扮演了重要角色的转录因子。

这样的筛选条件把需要研究的序列数量缩减到了刚超过6 000个，对进一步的深入分析而言，这个数字的可操作性已经相当高了。以此为基础，研究人员在10号染色体上发现了一个长度约为400个碱基对的区域，这段可能是增强子的序列里有一个碱基A变异成了G，一共有4名患者的体内发生了这种变异。在距离这个疑似增强子2.5万个碱基对的地方有一个编码转录因子的基因，它的变异与一小部分家族的胰腺发育不全的发病有关。10名没有亲缘关系的胰腺发育不全患者中，有7名都拥有这种变异：在两条10号染色体上，这个增强子内本应是A的某个碱基双双变成了G。还有2名患者的变异发生在这个增强子附近的位点上，其中1名完全丢失了整个增强子。研究人员还分析了将近400个胰腺发育正常的人，没有一个人携带相同的A–G变异。

研究人员用实验证明，他们发现的这个区域的确在胰腺细胞的发育中起着增强子的作用，并且会在碱基A变成G后丧失增强子的功能。在进一步的实验里，他们又研究了这个增强子调节目标基因的方式，如图15.2所示。简言之，增强子通过形成环状结构，靠近它所调节的目标基因。通常，这个增强子需要与转录因子结合，才能启动和促进基因的表达。但转录因子只能与特定的序列相结合，如果本应是A的碱基变成了G，转录因子就无法结合到这个增强子上，自然也就无法启动目标基因的表达了。[10]

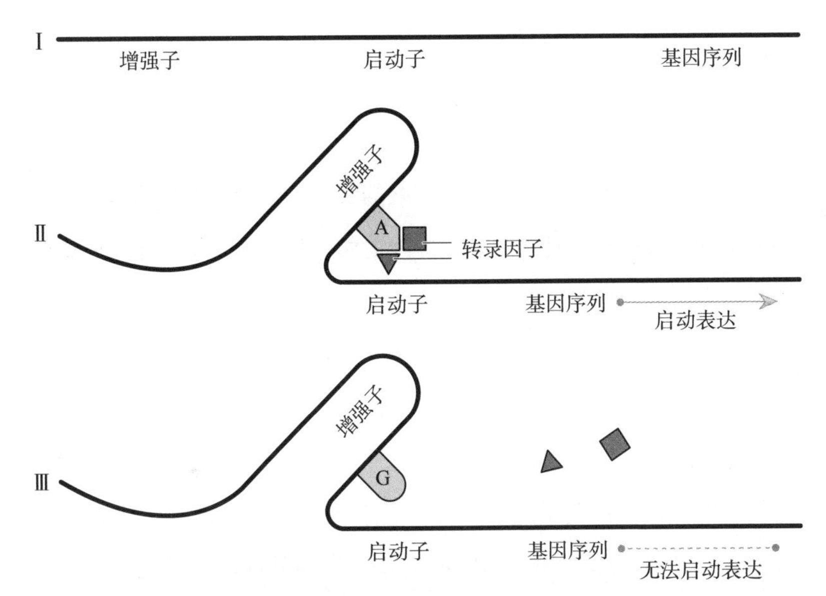

图 15.2　图 I 展示了增强子、启动子和基因序列的位置关系。DNA 可以发生折叠，让增强子更靠近启动子。如果增强子内的某个位点是碱基 A，它就能与一类被称为转录因子的蛋白质结合。增强子和转录因子的结合将激活启动子，继而启动基因的表达。在图 III 中，增强子内的碱基 A 被 G 所取代，导致转录因子无法识别它并与之结合。这意味着启动子不会被激活，基因的表达也不会启动

这有点儿像钓鱼。如果你在鱼钩上挂一条肥美的虫子，丢进水里，那么很快会有贪吃的鱼来咬钩；可如果你用胡萝卜当鱼饵，愿意上钩的鱼想必就没有那么多了。除了鱼饵之外的所有东西都是一样的——鱼钩、鱼线、鱼缸、鱼，但仅仅改变一个关键的因素（鱼饵）就彻底改变了钓到鱼的成功率。

基因组的多样性

我们很容易就此认为，所有发生在“无用”DNA（实际上是调控序列）内的改变都会对细胞和人体造成可怕的负面影响。这种看法是不对的，因为有时候我们只是更关心那些异常的情况，尤其是在试图寻找健康和疾病的关系与区别时。诚然，在胰腺发育不全的例子里，一段调控序列内仅仅一个核苷酸的变化就造成了严重的影响，但是类似的变异并不总是造成非生即死的两极化效应，调控序列还造就了人类正常的遗传多样性。

我们以体色为例。色素在体表的分布是数量众多的基因共同作用的结果，所以体色是一种非常复杂的性状。体色的区别最终会反映在一个人的瞳色、发色和肤色上，人的外貌特征极为多变，我们对此肯定都有相当丰富的生活经验。除了控制这个性状的基因的数量本来就多之外，各个基因还有不同的变体，这额外提高了体色的多样性程度。[11]

其中有一种主要的变体只涉及一个核苷酸：C或者T。如果这个位点上的碱基是T，细胞就能合成相对更多的深色色素；如果是C，合成的色素就没有那么多。①不过，这个变异位点并不在任何编码蛋白质的基因内。研究结果显示，这个变异能影响体色的原因在于它是一个增强子，距离目标基因约 2.1 万个碱基对。而这个目标基因编码了一种对色素分子的合成至关重要的蛋白质。我们之所以知道这些，是因为这个目标基因②的变异会使个体无法合成色素，引发一种白化病。[12]

研究人员已经通过实验证实，这个增强子会以形成环状结构的方式靠近目标基因。转录因子与它的结合能力有高有低，取决于增强

---

① 这个变异位点的名字是rs12913932。

② 这个基因的名称是*OCA2*。

子特定位点上的那个碱基究竟是C还是T。[13] 这和我们在前文介绍的胰腺发育不全的情况非常类似，两者的机制也大体相同，都如图 15.2 所示。

发生在“无用”DNA序列的单核苷酸变异最终改变了编码蛋白质的基因的表达，人类的基因组里可能还有很多类似的例子。这种现象对我们理解人类的遗传多样性，以及人类的健康和疾病都很有启发性。我们知道很多疾病的发生都与遗传脱不了干系，在这些疾病中，一个人的遗传背景只能影响他或她罹患某种疾病的可能性，而不能决定得或者不得这种病。因为除了遗传因素之外，环境也有影响，甚至还有些时候，单纯只是不走运罢了。

遗传病最显著的特征是它高于人群水平的家族发病率。双胞胎对鉴别一种疾病是不是遗传病尤其有用。让我们以亨廷顿病为例，这是一种极其严重的神经性疾病，由某个基因的变异引起。假设同卵双胞胎中的一个患有这种病，那另一个通常也一定会患上这种病（除非出于交通事故等不相关的原因，他们还没发病就过早地夭折了）。因此我们可以说，亨廷顿病是一种百分百由遗传决定的疾病。

但是，如果同卵双胞胎中有一个患的是精神分裂症，另一个人也患上这种疾病的概率就仅为 50%。这个数字是在对大量患病双胞胎进行研究后算出的，是双胞胎中两人都发病的情况在所有研究样本中所占的比例。它代表遗传因素只占精神分裂症发病原因的 50%，其余的 50% 与人类的基因组无关。

科学家能够把这个以同卵双胞胎作为对象的研究演绎到同一个家族的任意成员之间，因为我们可以计算家族成员之间的遗传相似度。比如，非双胞胎的兄弟姐妹之间，以及父母和亲生子女之间，都有

50%的遗传物质是一样的。①而堂（表）兄弟姐妹之间则只有12.5%的基因组相似度。我们只需要多考虑遗传相似度这个参数，就可以计算遗传因素在很多疾病（从类风湿性关节炎到糖尿病，从多发性硬化到阿尔茨海默病）的病因中所占的权重。这些以及很多其他的疾病，都是遗传和环境共同作用的结果。

只要有足够的家族和家族成员作为统计的样本，我们就能通过分析他们的基因组，确定所有与某种疾病有关的遗传序列。但是不要忘记，这里所说的“相关”与纯粹由遗传因素决定的那种情况并不是一回事。比如前文的亨廷顿病，它的情况就相对简单明了：某个编码蛋白质的基因发生了一处变异，这就是患者患病的全部原因。精神分裂症就不一样了，遗传因素只占病因的50%，而且这50%的权重通常不是落在一个基因上，而是由多个基因分摊：可能是5个相关的基因，每个基因贡献10%的相关性；也可能是20个相关的基因，每个基因贡献2.5%的相关性，又或者是任何你能想到的组合方式。绝大多数同时受遗传和环境因素影响的疾病，都存在着相同情况。这给鉴定与疾病有关的遗传因素增加了难度，因为DNA序列的改变未必会在疾病的表现上有所反映。

尽管存在上面所说的种种困难，但凭借前文介绍的研究手段②，我们已经成功地为超过80种疾病和人类性状找到了上千个疑似相关的区段和序列变体。[14] 惊人的是，科学家在实验中找到的这些区段，将近90%都位于“无用”DNA区段，其中大约1/2的“无用”序列在基因与基因之间，剩下的1/2在基因内。[15]

---

① 这里指的是数学期望，而不是实际的遗传物质含量，下同。——译者注

② 用来寻找疾病/性状相关基因和变异的手段被称为全基因组关联分析，简称GWAS。

相关性谬误

我们一定要非常谨慎，不能仅仅因为一个变异与某种疾病有关，就认定它是导致这种疾病的原因。因为有的时候，我们看到的只是相关性，而不是因果性：造成疾病的可能是相距不远的另一个变异，而不是落入我们视野的“嫌疑人”，后者不过是变异造成的连带后果之一。

肝硬化是解释这种相关性谬误的一个极好的例子。要评估一个人暴露在香烟中的水平高低，有一种办法是测量吸入空气中的一氧化碳含量。大约 10 多年前，我们发现相比肝脏健康的人，平均而言，肝硬化患者呼吸道内的一氧化碳浓度更高。当时有一种解释认为（并不是唯一的解释），吸二手烟会增加肝硬化的患病风险。实际上，一氧化碳只是相关因素，而不是致病因素。它代表患者可能是夜店或者酒吧的常客（因为大量摄入酒精是肝硬化的主要诱因），而在许多城市推广公共场所禁烟令之前，夜店和酒吧大多是典型的烟雾缭绕之地。

即使我们排除了相关性谬误、证实了某个遗传变异的确在某种人类疾病的发病中起作用，也依然要保持严谨的求证态度，从基因到遗传效应的推论不能想当然，否则很容易误入歧途。

上一节介绍的那个与人类体色相关的变异实际上位于内含子中。我们曾在第 2 章介绍过内含子，它是一种穿插在基因编码序列之间的“无用”DNA。这个变异所在的基因非常大，发生变异的是基因的第 86 段“无用”DNA。不过，这个基因本身与色素的合成没有任何关系，但之前有类似的例子，所以我们马上就能想到：别看变异发生在这个基因的“无用”序列上，它却可以对其他基因的功能施加重大的影响。

我们对鉴定某些疾病的相关基因一直饶有兴趣，尤其是它们与人的身材和外貌有关的话，比如肥胖症。迄今为止，科学家已经在人类的基因组中发现了将近 80 个与肥胖或衡量肥胖的参数（比如体重指数）有关的区域。[16]

有多项研究显示，与肥胖症关系最密切的单个序列变异是 16 号染色体上某个候选基因①② 发生的单核苷酸变异。[17, 18] 两个拷贝都是A的人，要比两个拷贝都是T的人重大约 3 千克。这个变异位点在候选基因第一段和第二段编码氨基酸的序列之间。多个团队的结论不约而同地指向这个变异，使它成为备受关注的焦点，因为多方的背书通常意味着极高的研究价值。

小鼠实验几乎是从另一个角度证实了这个基因具有调控体重的作用。研究人员借助遗传学手段改变了基因的表达水平：过量表达该基因的小鼠在高脂饮食的条件下普遍患上了超重和 2 型糖尿病；[19] 而当他们敲除这个基因时，相比对照组，实验组的小鼠拥有更少的脂肪组织和更瘦长的体形。哪怕给敲除这个基因的小鼠大量喂食，它们也能高效地燃烧多余的热量，而且是在活动量没有显著增加的情况下。[20]

人们激动的心情溢于言表，因为这意味着科学家只要研制出一种能够抑制这个基因在人体内活动的药物，他们就能治疗肥胖症。但要达成这个目标还有一个问题：我们对这个候选基因在细胞内的功能几乎一无所知，不解决这一点就很难研发出药性优良的产品。好在我们已经有了非常好的切入点：从来自动物实验和人体的数据推断，这个

---

① 候选基因指的是那些尚没有充分证据证明，但其功能被认为与某种疾病或性状有关的基因。——译者注

② 这个基因的名称是FTO，是“fat mass and obesity associated”（脂肪组织与肥胖症相关）的缩写。

候选基因很可能编码了一种与肥胖症和代谢有关的重要的蛋白质。更何况，既然发生在基因内，显然这个与肥胖症有关的变异或许能够影响基因本身的表达——这样的推论当然是合情合理的。

凡事都不尽然。塞缪尔·杰克逊在《特工狂花》中饰演的米奇·轩尼诗有这样的金句："假说就是假模假样的说法。"当然，谁都会当"事后诸葛亮"，你也大可不必从那些当初试图研究这种蛋白质的功能的科学家身上攫取不必要的优越感。假说被推翻不是任何人的错，兴许只是自然太会捉弄人了。

上文所说的单核苷酸变异能够影响人体生理的原因其实是这样的。在距离这个关键性变异位点大约 50 万个碱基对的地方有另一个编码蛋白质的基因[①]，发生在候选基因"无用"序列内的变异能够作用于这第二个基因的启动子，改变后者的表达模式。从本质上看，第一个基因的那段"无用"序列事实上充当了第二个基因的增强子。同样的现象存在于人类、小鼠和鱼类中，侧面反映了这两个基因之间的关联相当古老且重要。

研究人员在超过 150 份人类的大脑样本中分析了第二个基因的表达水平，"无用"序列（增强子）内的单核苷酸变异与这个基因的表达水平有明确的关联，可是就它本身所在的候选基因而言，这个变异存在与否不会影响基因的表达强度。

在研究人员敲除第二个基因后，他们发现与对照组相比，敲除组的小鼠更精瘦，脂肪组织更少，基础代谢速率也更高。实际上，这是我们第一次意识到这个基因居然和代谢有关系。[21]

---

① 这个基因的名称是 *IRX3*。

我们在这里看到的现象与前文介绍的人类体色和胰腺发育不全非常类似。最初那个被科学家认为与肥胖症有关的基因，它的“无用”序列其实会发生不止一种单核苷酸变异，其中许多都会导致肥胖的性状。这表明它们极可能具有相同的效应，比如改变增强子的活动性，继而影响目标基因（远在 50 万个碱基对之外）的表达水平。

当然，事情或许没有这么绝对。小鼠的实验数据表明，最早进入我们视野的那个基因可能同样与肥胖症和个体的代谢有关。既然结果都一样，可能就有人要问，区分这种变异究竟是通过哪个基因起作用的，又有什么意义呢？如果只是论最终的效应，区别的确不大。但对某些情景来说，具体的机制事关重大，比如研发药物。

研制新药有许多难题，经常碰到的难题是患者对药物的反应不同，有的药物对一部分患者有效，而对另一部分患者却没有。这种情况大大提高了药物的研发成本。因为制药公司不得不为此开展大规模的临床试验，广泛招募被试，尽可能保证自家的药品能在各种各样的患者身上起效。除了研发成本，药品的使用成本也会上升，因为无论临床大夫给病人开的是什么药，只要它不是对所有患者都有效，就总有一部分药品会被白白浪费掉。

近些年，制药公司无不在努力推广一种被称为“个性化医疗”的理念。个性化医疗把治疗疾病的时间点提前到了端倪初现的极早期，为此，制药公司通常需要根据患者的遗传背景研制药物。这种研发手段将非常高效，因为研制个性化药物的资金投入更少，不仅更容易获批，还可以精准地给最有可能受益的患者施用。这对医疗工作者来说也有好处，他们可以不用再浪费资金，徒劳地给患者开没用的药品。不过，最大的赢家或许还是患者。任何药物都有副作用，如果疗效甚微，患者就没有必要承担副作用带来的风险。[22] 目前，个性化医疗已经取得了实实在在的成功，最值得称道的是治疗乳腺癌 [23] 和一种白血病 [24] 的新药物。另外，治疗肺癌的个性化药物也刚刚取得突破。[25]

研制个性化药物的关键步骤是寻找可靠的生物标志物。生物标志物可以告诉你某种药物是否能对患者起效。理想情况下，我们当然希望一种生物标志物的存在可以预示药物百分百有效。不过，即使我们找对了生物标志物，也不代表可以高枕无忧——发起进攻的“信号”是对了，但“靶子”有可能是错的。我们或许会根据错误的归因设计出一种失败的药物，然后对着病情毫无起色的患者抓耳挠腮，不清楚问题到底出在哪里。问题就出在因果链上的缺失环节，如图 15.3 所示。

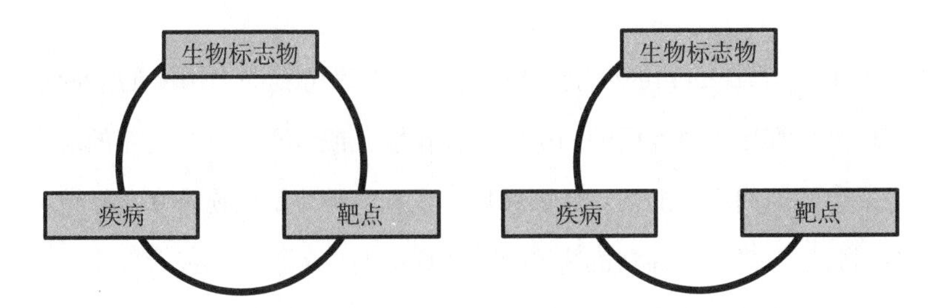

图 15.3　左图是一个完整的逻辑闭环，从生物标志物到靶点再到疾病。右图的生物标志物和治疗靶点之间缺少或没有联系，以这种残缺的逻辑关联为依据设计针对靶点的药物，生物标志物将无助于我们预测患者对药物的反应

减肥药的潜在市场非常巨大（这可不是一语双关）。当初一些反应迅速的制药公司早在科学家发现那个候选基因的第一时间，就启动了针对它的药物研发项目，现在这些公司要么正在终止相关的研发，要么在设法补救和挽回资产。与此同时，对想要减肥的人来说，“管住嘴，迈开腿”依然是目前最有效的办法。

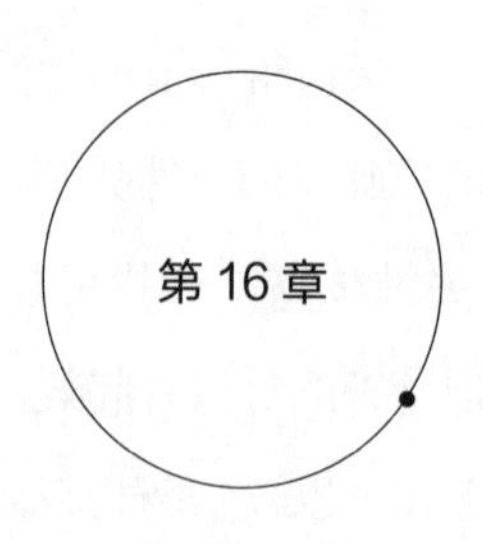

如果“无用”序列变得“有用”……

很少有什么行径能比蓄意伤害儿童更卑劣。许多国家的急诊室工作人员都接受过专门的训练，擅长在婴儿或者刚刚学会走路的幼童身上寻找原因不明的伤，比如骨折。发现这种可疑的伤常常会导致一系列后果，包括由福利机构接管照看孩子的任务、限制或者禁止孩子的父母亲探视，最终，父母中的一人或两人可能会遭到起诉甚至被监禁。

保护儿童，我们责无旁贷。可是，如果孩子的骨折是因为他们得了病，[1]而不是家长动粗，这时候社会强行介入，无辜的父母该有多绝望。虽然这种好心办错事的情况在针对虐童的法律实践中只占很小的比例，可一旦发生，对当事家庭来说就是毁灭性的打击：失去人身自由，婚姻破裂，被社会排挤，还有最令人心碎的骨肉分离。

这样的悲剧发生过不止一次，而罪魁祸首是一种遗传病，它的名称是成骨不全，更通俗的名字叫脆骨病。[2] 这种病的患者非常容易骨折，哪怕是放在普通孩子身上连淤青都不会出现的轻微擦碰也不行。断过的骨头无法彻底痊愈，导致同样的部位反复骨折，所以随着时间推移，患者的行动能力会变得越来越差。

有人可能会想，这样的疾病不是很好辨认吗，怎么会有人因为它而被冤枉成虐待子女的冷血父母？实际情况并没有这么简单，当中的影响因素很多。首先，脆骨病很少见，每 10 万个儿童中只有六七名患者。接诊的医生可能根本没见过这种病，尤其是刚进入急诊科的“新手大夫”。不幸的是，医生几乎肯定在职业生涯里碰到过遭受侵害的儿童，于是他们更有可能默认孩子身上的伤是被虐待造成的。

脆骨病很难诊断的另一个原因是它的分型很多，根据严重程度和症状的具体表现，脆骨病至少可以分为 8 种不同的亚型。其中最极端的一种，婴儿甚至还没出生就已经深受骨折之苦。不同的脆骨病是由不同基因的变异引起的。最常见的变异与胶原蛋白基因的缺陷有关，胶原蛋白对保持骨骼的韧性至关重要。虽然在我们的印象中，硬度才是骨骼的关键属性，但如果缺少足够的韧性、无法适度地弯曲和变形，骨头就很容易在运动中折断。这和家长告诫孩子不要爬枯死的树木是一个道理，因为干枯的树枝缺乏韧性，比青葱、柔韧的活树枝条更容易折断。

绝大多数脆骨病患者都只携带一个致病基因，以及一个未发生变异的正常基因（因为我们会从父母身上分别获得一个基因，凑成一对）。不过，一个正常基因不足以抵消一个“坏”基因的效应。当类似的情况发生时，不光是孩子，孩子的父亲或者母亲（那个把致病基因遗传给孩子的人）也会患病。除非致病基因是在卵子或者精子形成的过程中新产生的，才会出现孩子是患者而父母都健康的情况。这类患儿的脆骨病往往属于重症型，不仅如此，这种情况还让急诊室的大夫很难把眼前看到的东西往遗传病的方向上想。

只要医生起了疑心，猜测孩子可能是脆骨病患者，他们就能用基因检测来佐证自己的诊断。基因检测的目的是分析患者的遗传序列，将其与已知的脆骨病致病基因进行对比。科学家会先根据患者的症状表现，推断病人可能患有哪种脆骨病，再从概率最大的病症开始，依次检测各个致病基因，看看患者体内那些保证骨骼强健的蛋白基因是否发生变异。

这通常都能奏效，但总有一些例外的情况：有的患者表现出明显的脆骨病症状，可我们在所有已知的与脆骨病有关的蛋白质对应基因上，都找不到能导致任何氨基酸异常的变异。韩国有一种特殊的脆骨病①，仅见于少数家庭，研究它的科学家正是在寻找致病基因上遇到了难题。这种脆骨病的患者不仅有典型的骨折症状，还有非常奇特的愈后表现。当骨头受损后（无论是因为骨折，还是因为修复骨骼的侵入性治疗），患者的身体都会做出非同寻常的反应，于受伤的部位附近堆积大量的钙质，这会在X光片上产生一种云雾状的结构。

与此同时，科学家在一个德国家庭里发现了一个患有这种特殊脆骨病的孩子。令人震惊的是，韩国和德国患者的变异居然完全相同。他们分别从父亲和母亲身上获得了30亿个碱基对，在总计60亿个碱基对中，区区一个碱基对的变异竟然造成了这样的局面。更何况，这个碱基对并不在编码氨基酸的基因序列内，而是位于“无用”序列中。

---

① 第五型成骨不全。

当“无用”RNA变异得能编码蛋白质

这个变异发生在一段前文介绍过的“无用”序列里。我们在第2章说过，基因是由长短不一的模块构成的，起初所有的模块都会被转录成RNA，但经过剪切和拼接，不编码蛋白质的序列被剔除，最后只有一部分模块会被保留在信使RNA中。

尽管如此，有两段“无用”DNA却总是会被保留在成熟的信使RNA分子中。你可以在图2.5或者下面的图16.1里找到它们。这两段分别位于信使RNA分子首尾的序列不会被翻译成蛋白质，所以它们被称为非翻译区。[①]虽然它们不编码任何蛋白质的氨基酸，但科学家仍在不断研究这些非翻译区能以哪些方式参与蛋白质的表达，以及影响人类的疾病与健康。

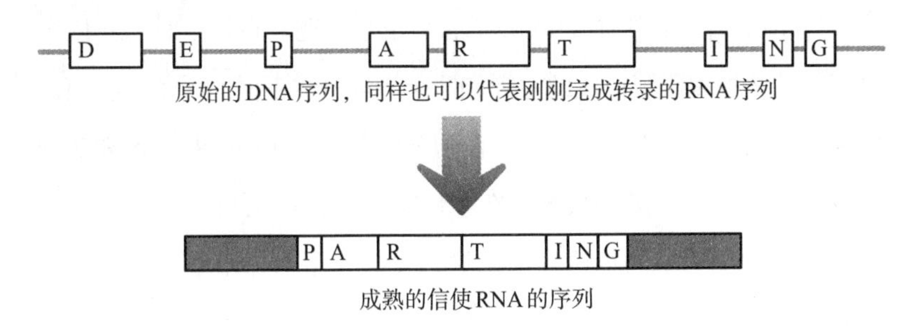

图16.1　即使编码氨基酸的序列完成了剪接，信使RNA中也依然有“无用”序列，它们分别位于分子的头部和尾部

---

① 在教科书里，这两段序列经常被写作UTR（非翻译区），这是“untranslated regions”的缩写。位于信使RNA开头的那段被称为5’UTR，而位于末尾的那段则被称为3’UTR。

韩国科学家对 19 名患者的DNA序列进行了分析，其中 13 人来自 3 个不同的脆骨病家族，剩下 6 人是散发病例。这 19 名患者都有一个同样的变异：在某个基因①开头的非翻译区里，有 1 个碱基从C变成了T。在信使RNA中，该变异位点距离编码氨基酸的起始点仅 14 个碱基。不管是在没有患病的其他家族成员中，还是在实验项目招募的 200 名没有血缘关系的健康韩国人里，科学家都没有发现同样的变异。[3]

与此同时，在 5 000 英里②之外的德国，研究人员在一个年轻女孩和另一个与她没有血缘关系的患者身上发现了完全相同的变异，他们的脆骨病与韩国的患者属于同一型。两个人的父母都不是携带者，所以他们的变异肯定是新生而非遗传的，产生于卵子和精子形成的过程中。[4] 科学家还分析了超过 5 000 份正常人的基因组样本，但没有在任何人的样本中发现类似的变异。

图 16.1 描绘的信使RNA分子有一个小问题。在作图时，我们会清清楚楚地把编码蛋白质的序列和非翻译区画成不同的样子，方便区分。但它们在细胞里可不是这么泾渭分明的。现实中，翻译区和非翻译区都是由RNA碱基构成的，在序列层面上看不出任何区别。

对熟练掌握书面英语的人来说，要破译下面这串字母应该不是难事：

Iwanderedlonelyasacloud③

---

① 这个基因的名称是*IFITM5*。

② 1 英里≈1.61 千米。——译者注

③ 这句话按照正常表达的断句最有可能是：I wandered lonely as a cloud（我像一片孤云般独自徘徊）。

就算所有的字母都挤在一起，很多人依旧能找到每个单词的起止位置。细胞也一样，它知道如何在没有标点与空格的信使RNA分子上区分非翻译区和编码氨基酸的序列。

将信使RNA翻译成蛋白质的过程发生在核糖体，具体机制我们曾在第 11 章介绍过。信使RNA像纸带一样穿过核糖体，当它的分子头部进入核糖体时，一开始什么也不会发生，直至核糖体读取到一个特殊的三核苷酸序列——AUG（我们在第 2 章介绍过，DNA分子和RNA分子的碱基构成有一个细微的差别，RNA没有碱基T，取而代之的是碱基U）。这个信号告诉核糖体：是时候把氨基酸拼接起来，组成蛋白质了。

如果借用我们上面的那个比喻，那么核糖体读到的东西类似于：

dbfuwjrueahuwstqhwIwanderedlonelyasacloud

字母串中那个大写的“I”相当于提示阅读开始的信号，三核苷酸序列“AUG”的功能也是如此，它是蛋白质翻译启动的信号。

在德国和韩国的那些脆骨病患者中，发生在正常基因非翻译区内的一个单核苷酸变异使“ACG”变成“ATG”（DNA中的“ATG”就是RNA中的“AUG”）。这个变化导致的结果是，核糖体会过早启动蛋白链的合成，具体的过程可以参考图 16.2。

这造成了一种非常奇怪的现象：“无用”RNA反倒变异成了能够编码蛋白质的RNA。如图 16.3 所示，这种变异发生后，蛋白质的前部多出了 5 个额外的氨基酸。与这一型脆骨病有关的这种蛋白质是一个跨膜蛋白，它的一部分在细胞外，另一部分在细胞内。“无用”序

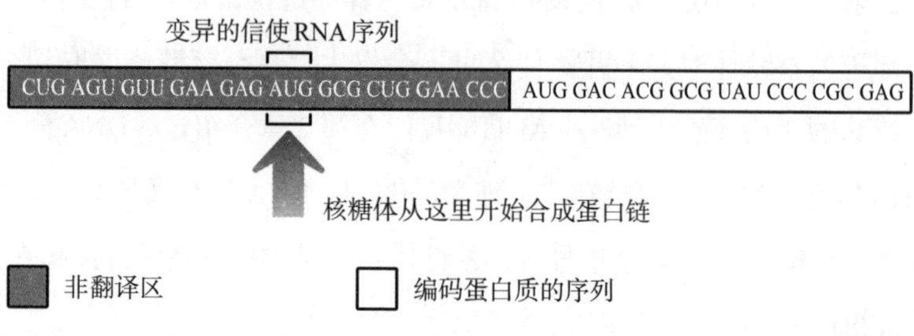

图 16.2　一个发生在信使RNA前部非翻译区内的变异给核糖体发出了错误的指令。核糖体过早地启动了蛋白质的合成，导致最终得到的蛋白链的头部多了几个氨基酸

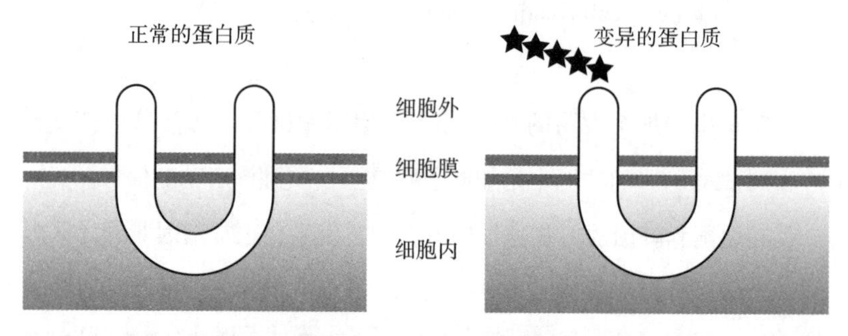

图 16.3　右侧U形蛋白质的头部有5个多余的氨基酸，分别以星号表示。这些额外的氨基酸很可能影响了U形蛋白质与其他蛋白质分子的相互作用

列的变异使细胞外的部分延长了5个氨基酸。

我们仍不清楚这5个额外的氨基酸为何会导致患者的那些症状。以往在啮齿动物身上进行的实验显示，这种蛋白质太多或太少都会影响骨骼的健康，显然，它的含量必须严格维持在合适的范围内。[5]变异后额外多出的氨基酸残基位于细胞的外侧，因此有人推测，或许这原本是与其他蛋白质或者分子结合、向骨细胞内传递信号的部位，而多出的 5 个氨基酸犹如一块黏附在烟雾感应器上的口香糖，导致变异蛋白无法对外界信号做出精准的反应。

脆骨病不是唯一由非翻译区的变异导致的人类疾病。还有一种叫黑色素瘤的恶性皮肤癌，大约 10% 的病例具有明显的遗传倾向。科学家在这部分患者体内找到了一种变异，它的致病机制与导致脆骨病的变异异曲同工：它们都是发生在基因前部序列的单核苷酸变异，都让信使 RNA 的非翻译区出现了一个异常的“AUG”，造成核糖体读取到错误的起始信号并提前开始多肽链的合成。多余的氨基酸会干扰蛋白质的正常功能和行为，增加细胞癌变的风险。[6]

同往常一样，我们需要警惕“见风就是雨”的思维定式，不能根据有限的数据妄下结论。并不是所有发生在基因前部非翻译区内的变异都会给蛋白质添加多余的氨基酸。我们还知道一类名为基底细胞癌的皮肤癌症，虽然恶性程度通常不及黑色素瘤，但它同样有非常明显的遗传倾向。科学家在一对患有基底细胞癌的父女身上发现了一个极其罕见的变异。

这个变异发生在某个基因前部的非翻译区。通常情况下，这段非翻译区序列含有 7 个首位相接的“CGG”。但这个父亲和他的孩子多了 1 个“CGG”，拥有 8 个（而不是 7 个）连续的“CGG”让他们比普通人更容易患上基底细胞癌。这个变异没有改变蛋白质的氨基酸残基，多出的 3 个碱基似乎影响了核糖体对信使 RNA 的处置方式，具体的机制仍未得到阐明。我们只知道最终的结果是，这个基因在两名患者体内的表达水平比在普通人体内要低上许多。[7]

不过，细胞癌变是一种受多因素影响的多步骤过程，上面所说的那些发生在基因前部非翻译区内的变异仅仅增加了患者的发病风险，癌症的最终爆发往往离不开细胞内其他因素和事件的推波助澜。

位于基因前端的变异

但是，我们在前文的确遇到过一种疾病，发生在基因前部非翻译区的变异是造成这种疾病的直接原因。这里说的正是脆性X染色体综合征和由它导致的智力障碍。如果你一下子想不起来，我们可以稍微回顾一下：这种疾病的遗传方式非常特殊，引起该病的原因是“CCG”这个三核苷酸序列的重复次数超出了某个上限。正常人的重复次数都在50次以下，虽然重复50~200次不一定会使人产生得病的表现，但落到这个区间后，重复序列会变得非常不稳定。细胞的DNA复制机制似乎也应付不了这种情况，它无法再精确地还原“CCG”序列的重复次数，每次复制都意味着基因组里将混入更多的重复序列。如果从配子开始算，那么当孩子出生时，“CCG”的重复次数往往已经达到数百次乃至数千次，这样的孩子就会表现出脆性X染色体综合征。[8]

重复序列越长，脆性X基因的表达水平就越低。我们在前面的章节里看到，这是“无用”序列和表观遗传机制共同作用的结果。在我们的基因组里，如果碱基C的后面紧跟着一个G，这个C就很容易受到一个小分子的修饰。这种修饰最有可能发生在“CG”序列高频出现的区域，而造成脆性X染色体综合征的大量“CCG”重复正好创造了合适的条件。在患者体内，位于脆性X基因前方的非翻译区受到了密集的修饰，基因的表达因而受阻。脆性X染色体综合征患者的这个基因无法转录出信使RNA，所以他们也不能合成相应的蛋白质。

缺乏这种蛋白质对患者的影响很大。患者不仅智力低下，有的症状还会让人联想到孤独症的表现，比如社交障碍。也有一些患者变得多动亢进，还有人会受到癫痫的困扰。

如此多样化的表现让我们对这种蛋白质在正常人体内的功能感到好奇。脆性X染色体综合征的临床表现相当复杂，所以这种蛋白质极有可能牵涉很广。实际的情况似乎也确实如此。

我们在第 2 章中看到，脆性X蛋白往往同大脑中的RNA分子关系密切。在神经元内，脆性X蛋白能以大约 4%的信使RNA为效应的对象。[9] 与这些信使RNA结合之后，它就像一个分子刹车，能终止蛋白质的翻译过程。这可以阻止核糖体以信使RNA为模板、没有节制地合成某种蛋白产物。[10]

这种调控基因表达的额外手段对大脑来说似乎尤为重要。大脑是个极度复杂的器官，而我们最感兴趣的细胞类型无疑是神经元，也就是人们通常所指的“脑细胞”。人类的脑神经元数量多到令人发指，最新的估计数字是，一个人的脑中拥有 850 亿个左右的神经元。[11] 换句话说，人脑的神经元数量是全球人口的 12 倍。① 每个生活在社会中的人都有自己的朋友、熟人、爱人、家人和敌人，与此类似，神经元也有自己的“社会”。神经元本身的数量已然是天文数字，但更惊人的是这数百亿个神经元之间的连接数。神经元靠突触与其他神经元建立联系，形成一张巨大的神经网络，每个神经元都通过这张神经网络对其他神经元的功能和活动施加频繁的影响。至于神经元之间有多少

---

① 此处的全球人口以 2011 年的 70 亿计。——编者注

连接，确切的数字很难估计，但每个神经元会与其他神经元形成至少1 000个连接，所以我们的大脑中最少应该有85万亿个连接点。[12] 这样的规模，就连全世界最大的社交媒体“脸谱网”也相形见绌。

对大脑来说，要正确建立如此多的神经元连接可是一项浩大的工程。你可以用刚上大学的学生试图合理安排自己的人际关系作为类比：谁都想交志同道合的好朋友，同时避免跟那些奇怪的家伙接触。如同入学第一周的大学新生，神经元首先会与别的神经元无差别地建立起连接，再根据外界环境和神经网络中其他神经元的活动，通过复杂的反馈机制，强化其中的一些，同时弱化另一些。许多与脆性X蛋白结合的信使RNA在正常情况下都与神经元的这种可塑性相关，它们让神经连接能以恰当的方式得到强化或弱化。[13] 如果脆性X蛋白没有表达，相关的信使RNA将以过高的效率被翻译。这会干扰神经元正常的可塑性，导致我们在前文那些患者身上看到的神经系统问题。

研究人员最新的实验显示，他们可以凭借以上信息治疗脆性X染色体综合征——至少在基因工程小鼠身上取得了成功。缺乏脆性X蛋白的小鼠在空间记忆和与同伴的交流互动方面都存在缺陷。不知道自己身在何处或者不懂如何与同类相处的小鼠通常活不久。研究人员利用这种缺陷小鼠，通过遗传学手段调低了一种关键的信使RNA的表达强度，正常情况下这种调控是由脆性X蛋白负责的。在研究人员完成这些操作后，他们发现小鼠的情况出现了明显的好转：空间记忆变好，与其他小鼠相处得也更融洽。另外，与标准的脆性X染色体综合征小鼠模型相比，它们的癫痫发作更少。

这些症状的改善与科学家在小鼠大脑中发现的生理变化一致。[14] 外形酷似蘑菇的短小树突通常代表强健而稳固的神经元连接，大量蘑菇型树突在患有脆性X染色体综合征的人类和小鼠的大脑中被细长的纺锤状树突取代，后者是相对不那么稳固的神经链接。在接受基因治疗后，小鼠的大脑里有了更多的“蘑菇”和更少的“面条”。

这个实验最让人振奋的一点发现是：即便是在症状出现以后，实验动物的神经系统功能也依然有改善的可能性。我们不能在人类身上动用基因工程的手段，但开发具有类似功效的药物则另当别论，这将成为治疗脆性X染色体综合征的潜在方法。作为遗传性智力障碍中最常见的一种，如果脆性X染色体综合征可以被治疗，这对个人和社会而言将是何等的福音。

现在来看看尾部

我们在本书的开头就看到，位于基因末尾的某个三核苷酸序列的异常扩增也会导致人类遗传病。最经典的例子是强直性肌营养不良，它是由“CTG”的异常重复引起的，这个重复位于基因末尾的一段非翻译序列内。“CTG”的重复次数超过 35 次就会引发症状，重复的次数越多，症状的表现就越严重。[15]

强直性肌营养不良是“功能获得突变”①的一个范例。同样是序列的扩增，造成脆性X染色体综合征的变异会阻止信使RNA的合成，而强直性肌营养不良的情况正好相反——序列的扩增激活了变异所在的基因，最终的产物是末端极其臃肿的信使RNA。正是这些后面拖着一长串“CUG”的信使RNA（不要忘记RNA分子没有碱基T，只

① 功能获得突变：导致获得原先没有的功能的基因突变。——编者注

有U）引发了强直性肌营养不良的症状。如果我们回头看看图 2.6，就可以对这种情况是如何发生的有一个大概的认识：扩增的重复序列犹如一块分子海绵，大量吸附了某些能与它结合的蛋白质。

如图 16.4 所示，“无用”DNA在强直性肌营养不良的发病中扮演了举足轻重的角色。非翻译区（“无用”序列）的“CTG”异常地结合了数量众多的某种关键性蛋白质①。正常情况下，由于DNA最初被转录成RNA时会保留编码序列之间的“无用”序列，这种蛋白质的功能是参与移除RNA中的间隔序列。可是，在扩增的非翻译区大量截留这种蛋白质后，它便不能再执行正常的功能，这导致很多其他基因的RNA分子无法得到恰当的调控。

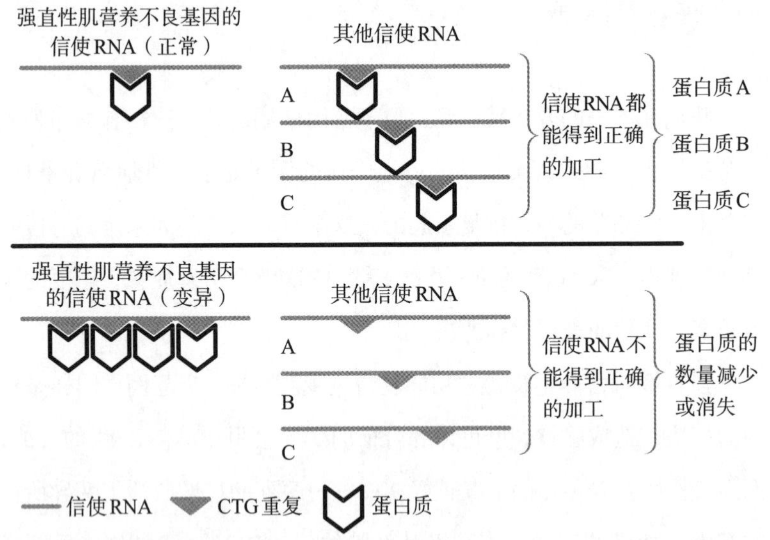

图 16.4　强直性肌营养不良基因的末端出现过量的重复，它的信使RNA在与其他基因的信使RNA争夺调控蛋白的过程中占据上风。其他的信使RNA因为缺少这种蛋白质而得不到正确的加工，没有成熟的信使RNA就没有相应的蛋白质

① 这种蛋白质的名称是肌盲样蛋白 1（Muscleblind-like protein 1），简称MBNL1。

只要是同时表达强直性肌营养不良基因和这种关键蛋白质基因的细胞，就会发生信使RNA对这种蛋白质的争夺，这可以在很大程度上解释为什么强直性肌营养不良的症状有如此巨大的个体差异。因为它不是一种“全或无”的遗传病，症状的表现和轻重取决于细胞内有多少富余的可供结合的蛋白质来调控目标基因的表达。至于究竟能富余多少，这又取决于非翻译区序列的长短，以及特定细胞中强直性肌营养不良基因转录的信使RNA及与其结合的蛋白质的相对数量。[16]

我们有必要多花点儿时间，深入介绍一下最终受到这种争夺影响的蛋白质（也就是图16.4中的蛋白质A、B和C）。被研究得最透彻的几种要数胰岛素受体[17]、一种心脏蛋白[18]和一种骨骼肌细胞上的氯离子跨膜转运体[19]。胰岛素是机体维持肌肉质量所必需的。如果不能表达足够多的胰岛素受体，肌肉细胞就会慢慢萎缩，而上面所说的心肌蛋白则对心脏正常的电生理功能来说至关重要。[20]最后，氯离子的跨膜转运是骨骼肌正常的收缩和舒张周期中的重要环节。由此可见，如果这三种蛋白质的信使RNA受到干扰，它们所导致的后果可以与强直性肌营养不良的几个主要症状一一对应，包括肌肉萎缩、由心率异常引发的心源性猝死，还有肌肉收缩后难以舒张的症状。

强直性肌营养不良极好地体现了“无用”DNA对人类健康和疾病的重要意义。虽然这个变异发生在编码蛋白质的基因里，而且会被保留在成熟的信使RNA中，但它对基因编码的蛋白质几乎没有任何影响。该变异不是通过改变蛋白质，而是凭借RNA序列本身发挥致病的效应。不仅如此，这种效应也没有改变其他的蛋白质，它只是干扰了其他信使RNA移除“无用”序列的过程。

说“啊”（AAAAAA）

正常情况下，拖在信使RNA尾部的非翻译区有多种不同的功能。它最重要的作用与所有的信使RNA都有关。“裸露”的信使RNA分子会立刻被分解，这很有可能是细胞针对某些类型的病毒专门演化出的防御机制。为了防止误伤自己的RNA分子、确保信使RNA能在细胞内留存足够长的时间，以便翻译成蛋白质，细胞会在合成信使RNA后第一时间对其进行修饰。这种修饰本质上就是在信使RNA的尾部添加很多碱基A，具体的过程如图 16.5 所示。哺乳动物的信使RNA后通常跟着大约 250 个A碱基。它们对保持信使RNA分子的化学稳定性，确保信使RNA能被运出细胞核、顺利进入核糖体并被翻译成蛋白质都很重要。

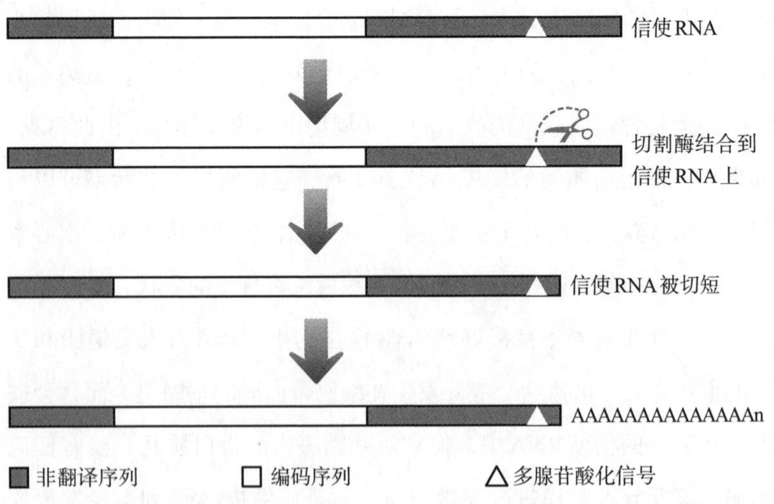

图 16.5 信使RNA尾部非翻译序列内的某段序列吸引来了一种酶（用图中的剪刀表示），酶与特定的位点相结合，在该位点稍稍靠后的地方将信使RNA一刀两断。随后，许许多多的A碱基被添加到信使RNA的切口处，而原先的DNA模板上并没有这段序列

信使RNA尾部的非翻译区序列里有一段关键的基序，在图16.5中，这段序列以三角形表示，它被称为多腺苷酸化信号（A表示腺苷，所以添加很多A就是“多腺苷酸化”）。非翻译区的“无用”序列内有一段六碱基序列（AAUAAA），它就是图中的切割酶识别和加工信使RNA分子的信号。切割酶的作用位点在这个六碱基基序后方稍远的地方，通常是下游的10~30个碱基处。一旦切割酶通过这种方式完成对信使RNA的切割，另一种酶就能接手，给切口添加一连串的碱基A。①

很多情况下，这种六碱基基序会在同一段非翻译序列里出现不止一次。我们不是特别清楚细胞每次要如何从这些完全相同的序列里“挑选”出需要的那一个，或许这个过程还受到其他因素的影响。不过，既然可用的基序不止一个，那么产生的信使RNA会不会其实也不止一种？换句话说，细胞含有多种编码同一个蛋白质的RNA分子，它们的区别在于末端非翻译区序列的长度。这些长短不一的信使RNA的化学稳定性不同，所以能够产生的蛋白质的数量也各异。倘若真的如此，就相当于给细胞提供了又一种可以精细调控蛋白质产量的手段。[21]

有一种很不寻常的人类遗传病，名叫IPEX综合征②。它是一种致命的自身免疫病，患者的身体会攻击并摧毁自己的组织。如果肠道表皮细胞受到攻击，襁褓中的婴儿就会出现严重的腹泻，导致发育不

---

① 这种变化被称为非模板加工，因为作为模板的基因组DNA并不含有这一连串碱基A。

② IPEX是“Immunodysregulation, Polyendocrinopathy, Enteropathy, X-linked”（免疫失调，多内分泌腺病，肠病，X染色体连锁）的缩写。

良。分泌激素的腺体也会被攻击，造成诸如1型糖尿病此类内分泌疾病。糖尿病的致病因是胰岛素分泌不足，而如果受累的是甲状腺，患者就会表现得活力不足、精神萎靡。[22]

极少数IPEX综合征的病例是由多腺苷酸化信号的变异引起的。正常的信号序列是“AAUAAA”，而患者的信号序列有一个碱基的不同，变成了“AAUGAA”，这导致它无法再作为切割酶的识别和效应位点。[23]

这个变异所在的基因编码了一种可以启动其他基因表达的蛋白质①。这种蛋白质是调控某种类型的免疫细胞②所必需的。对别的基因来说，发生在六碱基基序里的单核苷酸变异或许并不是多么严重的问题，因为非翻译区有不止一个六碱基基序，细胞只要利用附近的、正常序列即可。这或许不能完全弥补变异对精细调控造成的负面影响，但至少我们也不会看到类似IPEX综合征这么严重的后果。IPEX的主要症结是基因的非翻译区几乎没有多余的六碱基基序可以作为多腺苷酸化的候补信号序列。一旦非翻译区仅有的六碱基基序发生变异，切割和加工这段信使RNA就成了大问题。尾部没有多腺苷酸的信使RNA非常不稳定，所以细胞几乎无法靠这种分子合成相应的蛋白质。可以说，这个发生在非翻译区序列的变异，造成的负面效应与编码蛋白质的基因本身失去功能基本无异。

直到近些年，随着测序技术的成本降低，科学家才得以真正开始对信使RNA的非翻译区序列进行研究和分析，甄别是哪些变异引发了那些罕见的严重疾病。我们有信心在接下去的数年里看到更多类似

---

① 这种蛋白质名为FOXP3，它是一种转录因子。

② 调节性T细胞。

于IPEX综合征的研究案例。不过，之所以敢夸下海口，或许也是因为研究人员已经找到了另一个典型的例子。

肌萎缩侧索硬化（简称ALS）也叫运动神经元病或卢伽雷病，是一种会让人渐渐丧失行动能力的可怕疾病。随着患者的脑和脊髓中控制肌肉运动的神经元逐批死亡，肌肉萎缩和躯体瘫痪的症状会变得越来越明显，直至患者最终无法正常地说话、吞咽或呼吸。[24] 宇宙学家史蒂芬·霍金正是一名ALS患者，不过他并不是一个典型病例。霍金教授首次确诊时年仅 21 岁，而绝大多数人要到中年才会出现症状。霍金在ALS发作后继续带病生活了 50 多年，遗憾的是，虽然良好的医疗条件可以适当延长患者的预期寿命，但大部分患者在确诊后都活不过 5 年。

对于ALS，我们不知道的东西还很多。只有不到 10%的病例是家族性的，剩下 90%可能只是因为DNA的变异而有了患病的倾向，随后被环境因素（我们还不清楚究竟是哪些）所触发。有的患者虽然出生于没有家族病史的家庭，却携带了不需要环境因素的触发、本身就足以致病的变异，这可能是父母双方的生殖细胞在形成过程中自发产生的。[25]

科学家认为有一个基因①与 4%的家族性，以及 1%的非家族性ALS病例有关。[26–28] 在最初的研究中，所有涉及这个基因的病例，他们的变异都位于某个编码蛋白质的序列内。后来，研究人员终于得以在这个基因末尾的非翻译区序列上鉴定出了 4 种不同的变异。携带这 4 种变异的ALS患者没有任何其他已知的致病变异。尽管这 4 种变异

---

① 这个基因的名称是*FUS*（Fused in Sarcoma的缩写）。

也有可能与ALS无关，但是这个基因编码的蛋白质在细胞内的分布和表达水平双双出现了异常，这是不争的事实。以上的发现至少表明，非翻译区序列的异常可以通过某种方式干扰这个蛋白质本身的加工和翻译，并且因此导致ALS这种疾病。[29]

生命之剪：为什么乐高积木比模型飞机更好？

有哪个孩子会不喜欢模型？别说孩子，热衷于此的成年人也不在少数。当然，市面上模型的品牌有很多，我们就说说其中最著名的两个。在英国，Airfix是最受欢迎的半成品模型品牌之一，风靡 30 多年，经久不衰。它有专门为飞行器、船舶、坦克或者任何你能想得到的东西（我想拼孟加拉枪骑兵，有人感兴趣吗？）设计的塑料小零件，并为每种模型的组装配上了详细的说明书。买家只需按部就班地把各个零件粘到一起，给它们上色，贴上贴纸，就能得到一件像模像样的作品，足够开心把玩上好几年。

与Airfix相反的另一个极端，也是我个人非常钟爱的丹麦畅销玩具品牌——乐高。虽然这些年乐高也推出了很多专属的主题套装，但它的基本理念并未改变：只提供种类相对有限的基础部件，让玩家能随心所欲地进行组合。而且每一件乐高的成品都能被彻底拆解和还原，完全不会影响零部件的二次利用。

如果用这两种积木打比方，那么相对简单的生物（比如细菌）更青睐Airfix式的生存之道，它们的基因相当死板，一个基因只编码一种蛋白质；越是复杂的生物，基因组就越像乐高积木，它懂得灵活运用自己的各个组成部分。人类在这方面可谓登峰造极，我们完全可以说，就人类的基因组而言（借用一部电影里的台词）“一切都美妙至极”①。

我们曾在图2.5中见过一个极端的例子，通过对RNA的剪切和拼接，人类的细胞可以用一个基因合成多种在结构和功能上相关的蛋白质。这种活用基因的各个组分、实现一个基因多种用途的能力，为生物体带来了巨大的灵活性以及额外的生存机会。至于人类基因组的灵活性到底有多惊人，你可以根据下面罗列的数字得到一个大概的印象：每个人类基因平均有8段编码氨基酸的序列，每两段编码序列之间都有一段“无用”序列作为间隔；②研究显示，至少有70%的人类基因拥有至少两种不同的蛋白质产物，[1]这是通过将氨基酸编码序列以不同的方式剪接到一起实现的。借用我们前文打过的那个比方，如果DEPARTING是一段编码序列，那么它既能编码蛋白质DART，也能编码蛋白质TIN。这种通过剪切和拼接同一段编码序列，让一个基因产生多种蛋白质产物的机制被称为可变剪接（也称选择性剪接）。

与作为间隔的“无用”序列相比，编码氨基酸的序列相对较短。编码序列的平均长度大约是140个碱基对，但与它们相邻的“无用”

---

① 如果你还没有看过《乐高大电影》，记得赶紧补上，这部电影太好看了。

② 稍微回顾一下，在基因内，所有编码氨基酸的序列被称为外显子，而外显子之间的“无用”序列则被称为内含子。

序列的长度可达上千个碱基对。[2] 间隔序列大约占一个基因序列总长度的 90%，“无用”序列才是基因的主体，编码序列是绝对的少数。如果同样的情况发生在英语中，你会马上发现细胞面对的是怎样的难题。

假设你认识了一些魅力非凡的新朋友。你听说他们喜爱诗歌，于是决定投其所好，想用诗歌把他们迷得神魂颠倒。只可惜你力所不及，因为上学的时候你总是逃掉文学课。好在有个朋友递给你一张纸，上面写着一首唯美诗歌的开头。可是，不知道出于什么原因，这位隐隐有些反社会人格倾向的朋友居然把整句诗给打散，然后把字母混进了一大堆杂乱无章的字符里。现在，你只有几秒钟的时间找到这句诗、大声朗诵出来，并赢得他人的芳心（或者至少引起他们的注意）。你能做到吗？快速浏览一下图 17.1，试着把诗句找出来。

Iqrrtliruienvjbhghadbwnfqwrhvierhbtuehu_ebjxmbmvnkbnvmnnlehaboiwhebrijjjoovburunvrmwwmwuhtyghdlsqppjfn
bjcbbvfxkmxmsfdhdhjfkmjmljllgnhjwekvfdhbut_vnytuututriobvbvmcncnmzxmciiwerbfnjcxegnxwcbeihfcnzihxbhnzxmx
kmjvbecgfvbchvgcbfdncmxkmazkjcfhcbnxzkxcfbvworldfbcdnxszmxcjhgbvfcnhadxxncvfcxszxchcahfgevbgbuhruhtieiyuo
yttirqrutiopqwieueoiwpvbkvbncmzxmxcbnvskdkjfhgfdgueriwruytreiwohfghjxncbnvnxcmzncbvjfhg_dskafgeriowuryteri
owiurghjfkdnbvncmxncbvnxmcznbcnmxcnbfghjerguitaroeiwuytirohgfkdlsxmcdkemcknjbhbhuvdmkmxwokszlpazqaqlxp
dceofvingnkmokokokkokkonbvcxxcfvcxzcrxcyfvmgbmvncbxvbdcnmvbhmoibnuvevxbencmorvbmbnvcxbnmcvbnvucxnj
bvnjcdiwbcndiwbhnjfnbhvnjnnfdbhubhcudebhvbhncjnbnhjitokmkyojnbgovfnjchduxsvgtfcrfwvgdbuehrnbtkmbkvfmndi
uhvswfdvhugnhkhongefhdvydefghtnjhjkmkimjoenoughkhtgnjfdewbrkjum,imojhgijrfbdwsfraxeswwzexrdxsessxdxdxdrc
xdrcdcfcfcftgvbyhnmkmplkmjhyugthkyhljukhgfrdefrngmbhnmhbvdxbdntocmvgbngvfdxsbnmfvgbhomgvfdbwnx_ghun
gv_junjcefhubhnrgijthniewdhubhn_rijbnjiehrbhntjigvfnjdewhfbnjfrunijbdehfurbgbugjnfeidjwncdkmwokxnicde_grubh
ubfrhdwsbhuxsncidfergijhgbufhewdydrinkvsgdfbibhnbjvifdcbhndijfandvnjokcdsnqjuhdvfgyhudbcijwnmokmcdokfvmob
ghmnokjmknhkbgmrfdjwinshuwbgvtfcdxftcdbuv_mkfmnvjdbcdfbgkfdnhcdvtimefghrufncdsoibcvhufbdjnvjgbijvfbdchh
bchvjncdoxnoksmocnivifcndnicdnicdnvfnjvfncmxxmxmxnuyuy_dnmoqwhufhyrgyehduhequmjpufruifrubdjbuhcnuher

这里面藏着一句优美的诗歌……

图 17.1　快速浏览一下，你能找出那句诗，并赢得他人的芳心吗？

这就是我们的细胞在它活着的每一天，每一个小时，每一秒所做的事。细胞内的某种机制让它能大段大段地分析杂乱无章的序列，并几乎瞬间找出隐藏在海量无义字符中的单词，然后第一时间把它们拼成有意义的句子。上面提到的诗句的答案请参考图 17.2，扪心自问，你觉得自己是否能跟没有感情的蛋白质翻译机器一较高下呢？

Iqrrtliruienvjbhg**had**bwnfqwrhvierhbtuehu_ebjxmbmvnkbnvmnnlehaboiwhebrijjjoovburunvrmwwmwuhtyghdlsqppjfn
bjcbbvfxkmxmsfdhdhjfkmjmljllgnhj**we**kvfdh**but**fivnytuututriobvbvmcncnmzxmciiwerbfnjcxegnxwcbeihfcnzihxbhnzxmx
kmjvbecgfvbchvgcbfdncmxkmazkjcfhcbnxzkxcfbv**world**fbcdnxszmxcjhgbvfcnhadxxncvfcxszxchcahfgevbgbuhruhtieiyuo
yttirqrutiopqwieueoiwpvbkvbncmzxmxcbnvskdkjfhgfdgueriwruytreiwohfghjxncbnvnxcmzncbvjfhgfidskafgeriowuryteri
owiurghjfkdnbvncmxncbvnxmcznbcnmxcnbfghjerguitaroeiwuytirohgfkdlsxmcdkemcknjbhbhuvdmkmxwokszlpazqaqlxp
dceofvingnkmokokokkokkonbvcxxcfvcxzcrxcyfvmgbmvncbxvbdcnmvbhmoibnuvevxbencmorvbmbnvcxbnmcvbnvucxnj
bvnjcdiwbcndiwbhnjfnbhvnjnnfdbhubhcudebhvbhncjnbnhjitokmkyojnbgovfnjchduxsvgtfcrfwvgdbuehrnbtkmbkvfmndi
uhvswfdvhugnhkhongefhdvydefghtnjhjkmkimjo**enough**khtgnjfdewbrkjum,imojhgijrfbdwsfraxeswwzexrdxsessxdxdxdrc
xdrcdcfcfcftgvbyhnmkmplkmjhyugthkyhljukhgfrdefrngmbhnmhbvdxbdntocmvgbngvfdxsbnmfvgbhomgvfdbwnxfighun
gvfijunjcefhubhnrgijthniewdhubhn_rijbnjiehrbhntjigvfnjdewhfbnjfrunijbdehfurbgbugjnfeidjwncdkmwokxnicdefigrubh
ubfrhdwsbhuxsncidfergijhgbufhewdydrinkvsgdfbibhnbjvifdcbhndijf**and**vnjokcdsnqjuhdvfgyhudbcijwnmokmcdokfvmob
ghmnokjmknhkbgmrfdjwinshuwbgvtfcdxftcdbuv_mkfmnvjdbcdfbgkfdnhcdv**time**fghrufncdsoibcvhufbdjnvjgbijvfbdchh
bchvjncdoxnoksmocnivifcndnicdnicdnvfnjvfncmxxmxmxnuyuyfidnmoqwhufhyrgyehduhequmjpufruifrubdjbuhcnuher

这是英语诗歌中最浪漫、最扣人心弦的开篇之一："Had we but world enough and time"（倘若给我们足够的天地，足够的时间），摘自《致羞怯的情人》，作者是安德鲁·马维尔

图 17.2 粗体和带下划线的那几个词应当能助你马到成功

只要足够长，任何随机的字符串都会碰巧组合出有意义的单词。如果你把这种瞎猫碰上死耗子的情况当真，拼凑了一句不知所云的诗去追求心仪的对象（估计很难），可能就会耽误自己的终身大事了。图 17.3 展示的就是这种情况。

Iqrrtliruienvjbhg**had**bwnfqwrhvierhbtuehu_ebjxmbmvnkbnvmnnlehaboiwhebrijjjoovburunvrmwwmwuhtyghdlsqppjfn
bjcbbvfxkmxmsfdhdhjfkmjmljllgnhj**we**kvfdh**but**fivnytuututriobvbvmcncnmzxmciiwerbfnjcxegnxwcbeihfcnzihxbhnzxmx
kmjvbecgfvbchvgcbfdncmxkmazkjcfhcbnxzkxcfbv**world**fbcdnxszmxcjhgbvfcn*had*xxncvfcxszxchcahfgevbgbuhruhtieiyuo
yttirqrutiopqwieueoiwpvbkvbncmzxmxcbnvskdkjfhgfdgueriwruytreiwohfghjxncbnvnxcmzncbvjfhgfidskafgeriowuryteri
owiurghjfkdnbvncmxncbvnxmcznbcnmxcnbfghjerguitaroeiwuytirohgfkdlsxmcdkemcknjbhbhuvdmkmxwokszlpazqaqlxp
dceofvingnkmokokokkokkonbvcxxcfvcxzcrxcyfvmgbmvncbxvbdcnmvbhmoibnuvevxbencmorvbmbnvcxbnmcvbnvucxnj
bvnjcdiwbcndiwbhnjfnbhvnjnnfdbhubhcudebhvbhncjnbnhjitokmkyojnbgovfnjchduxsvgtfcrfwvgdbuehrnbtkmbkvfmndi
uhvswfdvhugnhkhongefhdvydefghtnjhjkmkimjo**enough**khtgnjfdewbrkjum,imojhgijrfbdwsfraxeswwzexrdxsessxdxdxdrc
xdrcdcfcfcftgvbyhnmkmplkmjhyugthkyhljukhgfrdefrngmbhnmhbvdxbdn*to*cmvgbngvfdxsbnmfvgbhomgvfdbwnxfighun
gvfijunjcefhubhnrgijthniewdhubhn_rijbnjiehrbhntjigvfnjdewhfbnjfrunijbdehfurbgbugjnfeidjwncdkmwokxnicdefigrubh
ubfrhdwsbhuxsncidfergijhgbufhewdy*drink*vsgdfbibhnbjvifdcbhndijf**and**vnjokcdsnqjuhdvfgyhudbcijwnmokmcdokfvmob
ghmnokjmknhkbgmrfdjwinshuwbgvtfcdxftcdbuvfimkfmnvjdbcdfbgkfdnhcdv**time**fghrufncdsoibcvhufbdjnvjgbijvfbdchh
bchvjncdoxnoksmocnivifcndnicdnicdnvfnjvfncmxxmxmxnuyuyfidnmoqwhufhyrgyehduhequmjpufruifrubdjbuhcnuher

如果你把部分粗体单词和错误（斜体）的单词拼凑到一起，诗歌的意境就荡然无存了。比如，"Had we but had enough to drink"（倘若给我们足够的酒水）

图 17.3 不！这不是马维尔的诗！

这个例子确实稍显占怪，但它能让我们明白细胞在正确剪接 RNA 分子时需要面临的一些难题。如果我们要设计一套工作流程，那它应该包含图 17.4 所示的几个环节。[3] 不过，这只是标准化的步骤。

即便是同一个基因，在各个细胞里的情况也不尽相同，细胞会根据自己的类型以及每时每刻的状态，做出相应的调整。就结果而言，细胞需要对每个步骤进行恰当的调控，协调各个步骤之间的关系，以便根据眼前的情况合成能够满足实际需要的蛋白质变体。

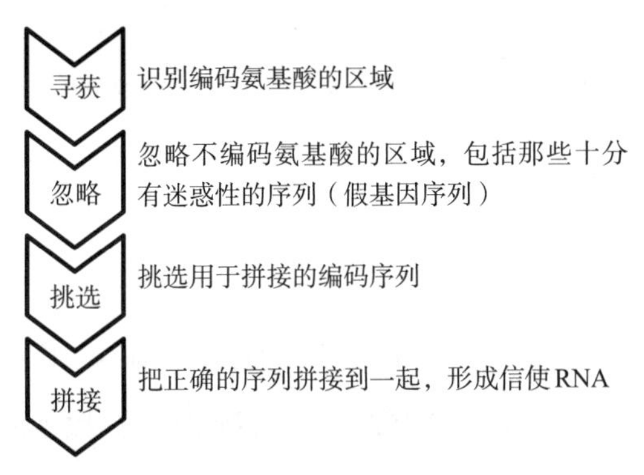

图 17.4　从上到下，这是RNA剪接机制执行功能的大概流程：转录完成后，细胞挑选合适的编码氨基酸的序列，将其拼接到一起，形成成熟的信使RNA

生命的剪刀

把长长的RNA分子剪断，再用剪碎的片段拼成一条携带某种蛋白质信息的、较短的信使RNA，这其实是一个非常复杂的过程。RNA的剪接系统十分古老且非常普遍地存在着，从真菌到整个动物界的生物几乎都多少跟它沾点边。剪接是通过一种巨大的分子复合物实现的，它被称为剪接体，是剪接机制的分子基础。剪接体由数百种蛋白质组成，还含有一些“无用”RNA，化学构成与号称蛋白质工厂的核糖体有些类似。[4]

给RNA分子上需要移除的间隔序列“打包裹”是剪接体在发挥

作用的过程中最关键的步骤之一。剪接体要先把“无用”序列剪掉，再把编码氨基酸的部分连接起来。这个过程包含多个步骤，极其复杂，我们可以想见的是，在反应发生之初，准确识别间隔序列肯定是剪接体最重要的任务之一，否则包裹和移除“无用”序列都将无从谈起。

间隔序列总是会用 2 个特定的碱基标识开头和结尾。剪接体内的“无用”RNA可以像DNA的 2 条双链一样，凭借碱基互补配对与这些二碱基序列相结合。

可是RNA只有 4 种碱基，也就是说，用 2 个碱基作为标记最多只有 16 种不同的组合方式（AC和CA被看作 2 种不一样的组合，其他的也同理）。如此一来，我们势必会在除间隔序列以外的地方（乃至编码氨基酸的序列内）看到这些本应用于标识间隔序列开始和结束的二碱基序列。现实中的情况也的确是这样。因此，尽管开头和结尾的二碱基序列对RNA的剪接来说是必要的，但光凭它们并不足以保证剪接的准确性。细胞还需要其他的序列，如图 17.5 所示。

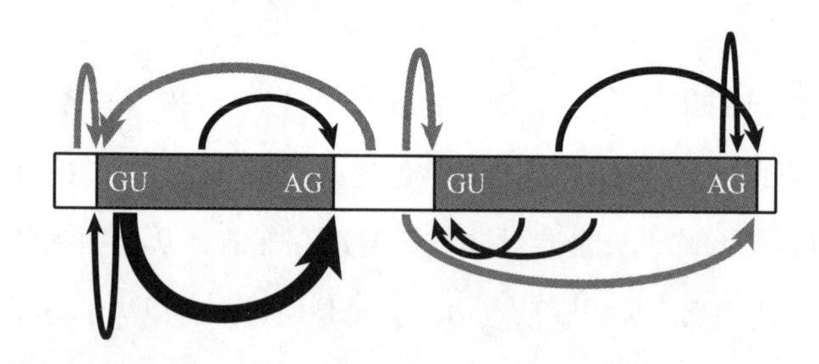

图 17.5 剪接过程由RNA分子内多个序列之间的相互作用所驱动。虽然二碱基基序是必要的，但光有开头和结尾的两个基序并不足以保证所有精细的调控过程。细胞还需要其他位点进行辅助，它们的作用有强有弱，这种强弱效应用图中箭头的粗细表示

其他影响剪接如何进行的序列既有可能位于间隔序列中，也有可能在编码氨基酸的序列内。这些序列的影响有强有弱，有的影响极大，有的普普通通；它们的效应也不相同，有的是促进RNA的剪接，有的则是抑制。基序间的关系错综复杂，最终的剪接过程不只要看基序和基序之间的相互作用，还要看细胞内的其他因素，比如构成剪接体的蛋白质具体有哪些。人们经常用“眼花缭乱”或者“扑朔迷离”这样的词来形容这些起辅助作用的序列，但这不过是搞技术的人惯用的辞令罢了，他们想说的其实是：“复杂得令人难以置信，远远超出了我们目前的认识水平，眼下还没有人能设计出预测性的计算机算法。”

剪接与疾病

我们可以透过一些遗传病，对剪接机制的复杂性有个感性的认识。比如一种叫视网膜色素变性的眼疾，这种疾病的发病率是平均每4 000 个人里有一名患者。视网膜色素变性是一种逐渐进展的疾病，通常在青少年时期开始发病，早期的症状以夜间视力下降为主，患者的视力将随年龄增长而持续恶化，最终，患者会因为眼内的感光细胞全部死亡而失明。[5] 大约有 1/20 的视网膜色素变性病例是由变异造成的，RNA 剪接的某个步骤需要 5 种蛋白质的参与，而该变异正好涉及参与该过程的 5 种蛋白质之一。[6-9] 说来神奇，这种变异只会使视网膜上的细胞产生缺陷，而对同样依赖剪接机制的其他体细胞却没有影响。可见，RNA 剪接机制受到了复杂的调控，细胞和细胞之间或者基因和基因之间有明显的差异，可惜我们至今都不明白其中的原理。

与此相反的情况是一种非常严重的侏儒症，除了身材矮小之外，这种侏儒症的症状还包括皮肤干燥、头发稀疏、癫痫发作和智力低下。患有这种病的孩子几乎都活不到 4 岁。[10] 侏儒症在人群中的发病率极低，唯一的例外是美国俄亥俄州的阿米什人社区，其中多达 8% 的居民都是致病基因的携带者。这是因为俄亥俄州的阿米什人社区当初是由少数几户家庭建立的，而不巧的是，其中正好有人携带了该病的致病变异。因为奠基者不同，所以美国其他地区的阿米什人社区（比如宾夕法尼亚州的）就没有这么高的致病基因携带率。在这个病的致病基因得到确定之后，科学家起初认为，变异发生在一种组成剪接体的蛋白质的基因编码序列上。不过我们今天已经知道，这个变异造成的后果其实是破坏了剪接体内一种“无用”RNA 的三维结构。[11] 与视网膜色素变性不同，这一次剪接体的功能异常引起了广泛的全身性症状，这可能是由于许多基因的剪接都因为这个变异而出现了问题。

剪接机制本身出问题不是造成人类遗传病的唯一原因，同样是剪接过程的异常，变异的位点也可能发生在编码蛋白质的基因内——在那些与RNA分子的剪接密切相关的重要位点上。有科学家声称，最多可能有 10% 的人类遗传病是由基因内的剪接位点（图 17.5 里那些二碱基序列）发生变异而引起的。[12]

现实中的例子比如下面这一个。有两个孩子出生没几天就出现了原因不明的腹泻，虽然医务人员设法稳定住了两人的病情，但腹泻问题阴魂不散，持续几个月都没有好转，最后，其中一个孩子还是不幸在 17 个月大的时候夭折了。在对这个孩子的基因组进行测序后，科学家发现有一个剪接位点发生了变异，原本的“GU”（如图 17.5）变成了其他的序列。这导致细胞的剪接机制不恰当地跳过了一整段编码氨基酸的序列。总而言之，细胞最终合成的蛋白质因为缺少一段必要的氨基酸而无法执行原本的功能。[13]

卡波西肉瘤最初是由于在艾滋病患者中异乎寻常的高发病率而受到了公众的关注。艾滋病由人类免疫缺陷病毒（HIV）引起，感染HIV会抑制人类免疫系统的功能。卡波西肉瘤则是由另一种名叫人类疱疹病毒 8 型（HHV–8）的病毒引起的。正常情况下，我们的免疫系统完全可以压制住这种病毒，只有当免疫系统严重受损时，HHV–8 才能出来兴风作浪，使人患上卡波西肉瘤。

在地中海地区，HHV–8 的人群感染率很高，但卡波西肉瘤在当地的人群中很罕见，乃至几乎从未出现过幼童患病的情况。正因为如此，当一个土耳其家庭把他们 2 岁大的女儿送到医院时，医生们才会惊讶地发现，小女孩嘴唇上的破溃居然是卡波西肉瘤的典型症状。病情很快就迅猛地扩散，短短 4 个月之后，小女孩便撒手人寰。

所有检测都显示，这个孩子没有感染HIV。她的父母是近亲结婚，夫妻俩是堂兄妹关系。于是，研究人员从遗传因素入手，寻找女孩的免疫系统没有对HHV–8 做出应答的原因。

研究人员从小女孩的遗体上取得样本，通过测序发现，有一个基因的剪接位点发生了变异。这个变异把一个“AG”序列变成了“AA”，意味着剪接体无法再识别RNA分子上对应的切割位点，由此造成的结果是，一段本应该移除的“无用”序列被保留到最终的信使RNA里。这打乱了编码的序列，导致信使RNA上过早地出现了一个终止信号，因而核糖体无法合成完整的蛋白质。因为这种蛋白质是人体对病毒做出有效的免疫应答所必需的分子——包括对抗HHV–8，所以携带这个变异的孩子会对卡波西肉瘤毫无招架之力。[14]

虽然剪接位点的变异相对比较常见，但更多的时候，人类的遗传病是由发生在编码序列上的变异引起的。比如，有的变异把终止信号引入了信使RNA，让核糖体无法合成完整的蛋白质分子；也有的变异把一种氨基酸残基变成了另一种，举例来说，“CAC”编码的是组氨酸，而“CAG”编码的是谷氨酸，两者只相差一个碱基，编码的氨基酸却天差地别。但是一直以来，科学家推算认为，这种发生在编码序列内的变异，其中最多可能有25%既改变了蛋白质的氨基酸残基，又同时影响了邻近的区段在信使RNA内的剪接过程。在某些情况下，单个氨基酸的改变本身并不是最主要的后果，剪接位点的改变导致信使RNA剪接方式发生变化才是引起疾病的主因。

可问题是，在绝大多数情况下，想要证实这一点非常困难。因为就算知道RNA分子上有一个既能影响分子的剪接又能改变某个氨基酸残基的变异，我们又该如何区分它通过哪一种途径造成疾病的症状呢？换句话说，我们究竟要如何辨别一种疾病的病因是错误的氨基酸残基，还是错误的RNA剪接方式？

事实上，自然界确实为我们提供了回答这个问题的依据。有时候，发生在编码序列内的变异之所以会导致疾病，并不是因为它改变了蛋白质的氨基酸残基，而是因为它影响了RNA分子的剪接。早老症（又名哈-吉二氏综合征，以最初发现它的两位科学家的名字命名）是一种非同寻常的疾病。“早老”就是过早衰老的意思，而这一型早老症的症状尤其严重，远超常人的想象。早老症病例极度罕见，大约每400万个儿童里才会有一名患者。[15]

起初，患儿并没有任何不健康的表现，但不到一岁，他们生长发育的速度就会大幅减缓，体重过轻和身材矮小将伴随他们终生。虽然还是孩子，可是许多衰老的表现接踵而至，比如毛发稀疏、关节僵硬和谢顶。当然，也不是所有衰老的症状都会出现，早老症患儿并不会得阿尔茨海默病（他们也没有智力问题）。不过，患者的确会患有严重的心血管疾病，通常情况下，心脏病和严重的脑卒中是导致患者在青少年时期早夭的主要原因。

2003 年，研究人员找到了引起早老症的基因突变。他们在每一个接受测序的患者体内都发现了一个新生突变——特指在卵子和精子生成的过程中自然产生的变异。令人难以置信的是，研究人员在 18 名没有血缘关系的患者（总共有 20 名患者参与研究）体内找到了一模一样的新生突变。[16]

在某个基因内，一段原本是“GGC”的序列变异成了“GGT”。这个变异发生在该基因的编码序列内，编码序列的改变自然会导致氨基酸残基的变化，氨基酸残基变化也会影响蛋白质的功能，还有什么比这更显而易见、顺理成章的事呢？所以，研究人员做的第一件事，当然是查看遗传密码子，看看这个序列在变异前后编码的分别是什么氨基酸：GGC，也就是正常的序列，编码的氨基酸名叫甘氨酸；而变异后的GGT，它编码的则是……稍等一下……居然也是甘氨酸！没错，这两个序列编码的氨基酸是一样的。

这是因为我们的遗传密码子有一定的冗余性。人类的基因组用 4 种字母书写——A，C，G 和 T（对 RNA 来说则是 U），而我们用 3 个字母一组的方式编码氨基酸。从 4 种字母里挑选 3 个按顺序排列，总共有 64 种不同的组合方式。其中有 3 种组合是终止信号，它们的作用是告诉核糖体不要再往蛋白链上添加氨基酸了。除去这 3 种组合后，还有 61 种组合可以用来编码氨基酸。但是，构成人体全部蛋白质的氨基酸只有 20 种，所以有的氨基酸可以对应不止一种 3 个字母的组合。其中对应密码子数量最多的是甘氨酸，它分别对应GGA、GGC、GGG和GGT（U）；最少的则是甲硫氨酸，它只对应AT（U）G。

既然蛋白质的氨基酸残基没有因为基因的变异而发生变化，那么早老症的严重症状究竟是由什么原因引起的呢？再看看图17.5，基因中的每一段间隔序列都是由两个相同的碱基起头的：GT。研究人员在早老症患者体内发现的变异是正常的“GGC”变成了“GGT”：一个额外的RNA剪接信号不合时宜地出现在了编码氨基酸的序列里，导致剪接体误伤信使RNA的编码序列。编码序列的剪接陷入混乱，最终的结果是蛋白质失去了尾部的大约50个氨基酸。蛋白质的合成出了问题，对细胞的破坏在所难免。我们仍然不清楚为什么这种疾病的症状如此严重，也不知道儿童迅速衰老的具体机制，但就目前的理论和证据来看，我们猜测最有可能的原因是细胞核的正常功能难以为继。这会导致基因表达的改变，乃至细胞核的崩解。不仅如此，有的基因和细胞或许比其他的基因和细胞更容易受到这种影响。

脊髓性肌萎缩也是一种患者以幼童为主的疾病。这种病的病因是供养肌肉的神经细胞逐渐死亡，造成患者的肌肉萎缩和运动能力丧失。脊髓性肌萎缩有多种不同的分型，其中最严重的一种，患者的预期寿命极短，甚至不到18个月。[17]作为一种遗传病，它算是相对比较常见的：在英国，平均每40个人中就有一个人是致病基因的携带者，也就是说，全英国大约有150万个身上带着一个缺陷基因的人。幸运的是，脊髓性肌萎缩是一种隐性遗传病，一个人只有获得同一个缺陷基因的两份拷贝才有可能会发病。[18]

脊髓性肌萎缩是由基因*SMN1*的缺失或失能而引起的。如果我们仔细看看人类的基因组，就会惊讶于这个基因的缺陷居然会造成如此严重的病症，因为我们还有一个 *SMN1* 的等位基因，它编码的蛋白质与 *SMN1* 一模一样。这个基因被称为 *SMN2*。于是，一个显而易见的问题摆在了我们面前：既然这两个基因编码的蛋白质一样，那么为什么 *SMN2* 无法弥补 *SMN1* 失能（或者缺失）造成的负面影响呢？

SMN2 和 *SMN1* 的编码序列有一个关键且微妙的区别：虽然变异发生在编码氨基酸的序列内，但是由于密码子的冗余性，二者的差异并没有改变氨基酸残基，而是改变了剪接体对信使 RNA 切割的位点选择。[19] 这和早老症的情况非常类似，不过在脊髓性肌萎缩患者的基因组中，发生改变的不是基因原有的剪接位点，而是一个影响了 RNA 剪接发生位置的位点。因此，*SMN2* 的信使 RNA 比 *SMN1* 的少了一整段编码氨基酸的序列，可想而知，这种蛋白质是无法发挥应有功能的。出于这样的原因，*SMN2* 不能在 *SMN1* 的功能出现异常后起到补偿的作用。*SMN1* 编码了一种剪接体执行正常功能所必需的蛋白质。也就是说，一个基因的变异让细胞的整个信使 RNA 剪接体系陷入了麻烦。想要解决这个问题，除非细胞有另一套不相干的剪接体系以及一个有可能代偿这种缺陷的基因才行。

修正错误剪接

我们曾在第 7 章介绍过进行性假肥大性肌营养不良，这是一种严重的肌肉萎缩症，致病基因位于 X 染色体。这种疾病是由抗肌萎缩蛋白基因的变异引起的，编码这种蛋白质的基因大得不可思议，长度几乎达到了 250 万个碱基对。该基因含有将近 80 段编码氨基酸的序列，也就是说，细胞要对 80 段编码序列进行正确的剪接。这一点在这里显得尤其重要，因为抗肌萎缩蛋白在细胞里的留存时间实在是太长了，所以任何能够提高剪接错误率的因素，如果影响到了抗肌萎缩蛋白的结构，就会对细胞造成长期的负面效应。但是，这个巨型基因偏偏含有 78 个内含子，这使它很容易出现影响RNA剪接的新生突变或者遗传性突变。不是因为别的，仅仅是因为这些内含子太长了，出问题的概率自然也高。有一篇综述对此的概括十分凝练："巨大的抗肌萎缩蛋白基因（2.4Mb），78 个内含子占掉了大部分序列，它们是孕育剪接错误的温床，事实也是如此，每 3 000 个新生儿中就有 1 个会出现问题。"[20]

有的进行性假肥大性肌营养不良病例的确是错误的剪接导致的。不过更多的时候，问题出在基因的关键序列上，并最终反映在关键的蛋白质里。这是一种不治之症，但是近些年，一种新的思路给治愈这种疾病带来了一丝希望：科学家希望研发一种能够影响抗肌萎缩蛋白基因剪接的药物。与大多数人的直觉相反，科学家想制造的这种药物，它的作用是促进患病男孩体内的错误剪接。

抗肌萎缩蛋白是肌肉细胞的减震器，我们可以把它想成床垫里的弹簧。为了有效地支撑床垫，弹簧需要"顶天立地"。如果稀里糊涂的制造商生产的弹簧短了 10 厘米，它们就够不着床垫的顶了。这样的床垫你使用得越多弹性就越差，变形也会越来越严重。

进行性假肥大性肌营养不良通常是因为抗肌萎缩蛋白基因缺失部分序列造成的。当这种变异的基因被转录成RNA时，细胞只能把剩余的序列剪接到一起。与正常的抗肌萎缩蛋白相比，变异后的蛋白质少了一些位于分子内部的氨基酸残基。但这并不是最严重的问题，如图 17.6 所示。

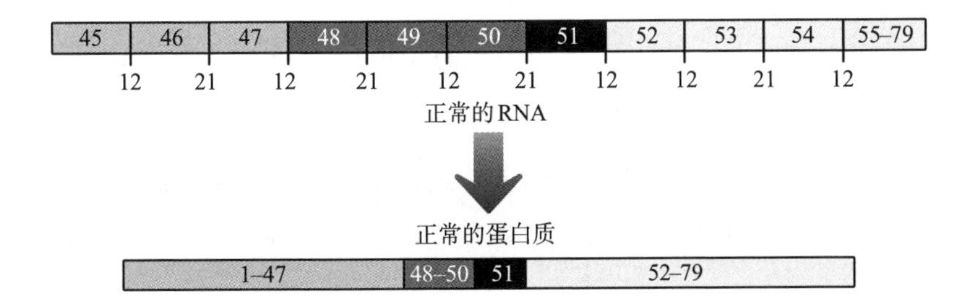

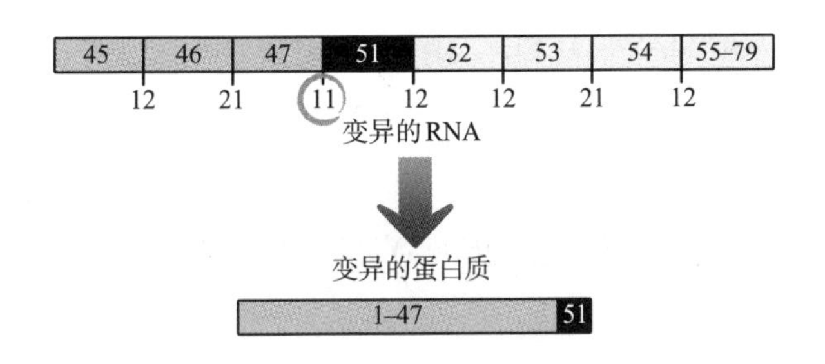

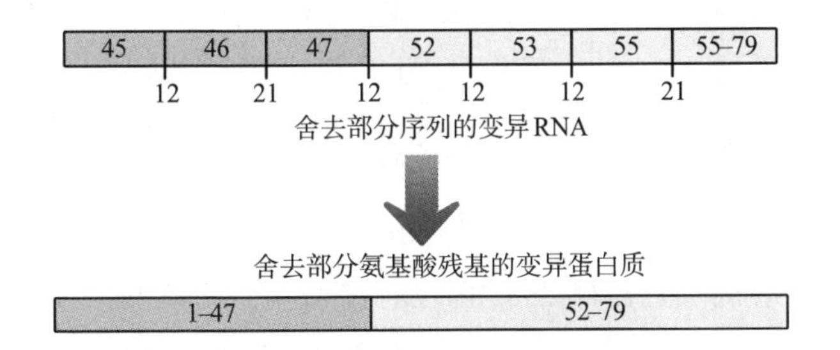

图 17.6　抗肌萎缩蛋白的基因发生变异，导致蛋白质的分子长度严重缩短，上图展示了这种变化发生的原理。编码氨基酸的 48—50 号外显子发生缺失后，基因序列的读取出现了移码的现象。只有边线下方的两个数字相加为 3 时，两个方框（外显子）被剪接到一起才不会出现移码的问题。如果我们设法跳过 51 号外显子，就可以让后面所有的密码子恢复正常。方便起见，这里采用大小一致的方框表示所有的外显子，但在现实中，每个外显子的长短其实各不相同

我们已经知道，每一个编码氨基酸的密码子都是由三个碱基组成的。正常情况下，细胞把编码氨基酸的序列（称为外显子）剪接到一起，形成长长的信使RNA，信使RNA的序列可以对应许多氨基酸。但是，如果细胞在拼接外显子时选择了错误的位点，就有可能打乱编码序列的阅读顺序，彻底改变密码子的组合方式。下面就是一个简单的例子：

YOU MAY NOT SEE THE END BUT TRY

（你或许看不到结尾，但再坚持一下）

只要丢失一个字母，整句话的意义就立刻陷入了混乱：

YOU MAY OTS EET HEE NDB UTT RY

（你或许% ￥#&##@ ￥+%*）

在生物学中，如果碱基增加或减少的数量不能被3整除，导致原本的密码子组合改变，这种现象就被称为移码。对信使RNA来说，移码变异造成的首要影响当然是，从变异发生的位点开始，后面所有的氨基酸残基都改变了。但是随着序列延伸，更严重的后果还在后面：混乱的序列可能会阴差阳错地组成终止密码子。一旦遇到终止信号，核糖体就会停止往肽链上添加新的氨基酸残基，蛋白质的合成便戛然而止。

这就是部分患者的情况，他们的抗肌萎缩蛋白基因因为缺失了一段序列而产生了移码的现象。在图17.6中，根据每一个小方框下方的数字，只要一个方框末尾的数字和下一个方框开头的数字相加后等于 3，核糖体就能继续阅读信使RNA上的外显子。在进行性假肥大性肌营养不良患者中，最常见的一种序列缺失会导致移码现象的出现。很快，核糖体就会因为读到终止密码子而停止工作，而蛋白链的长度也会严重缩水。

细胞规避这种后果的可能方法之一是跳过紧跟在缺失片段后的编码序列，这能让其后所有密码子的阅读顺序都恢复正常。最终造成的结果是，虽然蛋白质的长度有损失，但大部分氨基酸残基和功能仍得以保全。这样的处理方式有时的确能减缓病情进展的速度，我们还可以用床垫和弹簧的比方来解释，如图 17.7 所示。缩短的抗肌萎缩蛋白依然可以在其他的必需蛋白质之间起到连接的作用，只是它的抗震减震功能打了折扣。即便如此，也总比什么都没有、细胞无法维持自身的必要结构来得强。

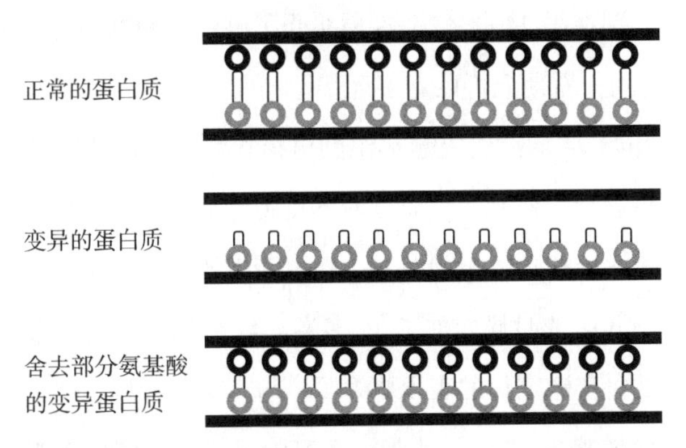

图 17.7　可以从图中看到，变异的抗肌萎缩蛋白因为分子长度不够，无法同时触及两端的细胞膜。而如果细胞选择牺牲一小段氨基酸，以保全其他的部分，那么虽然长度不及正常的蛋白质，但是这种变异蛋白的长度已经足以跨越细胞膜之间的距离了。由于短了一截，它的减震效果自然也打了折扣，但这种壮士断腕的做法总好过中间那种什么也不做、对变异听之任之的情况

这本是一种假说，但它得到了不少证据的支持，引得不少生物技术公司纷纷投入研发，因为它们都想尽快把该理论应用于实践。其中，一家名为Prosensa的公司开发了一种药物，目的是帮助肌肉细胞跳过第51段氨基酸编码序列，它后来把这种试验性药物授权给了制药业巨头葛兰素史克。2013年4月，葛兰素史克公布了一项小规模临床试验的结果。该试验一共招募了53名患有进行性假肥大性肌营养不良的男孩，所有患者的病因都是前文提过的那种缺失。他们被随机分成两组，一组接受药物的治疗，另一组接受完全相同的照料——他们也服用“药物”，但不是第一组吃的那种。这种安排在医学研究中被称为安慰剂试验，目的是控制临床试验的变量，防止其他因素干扰。因为除了试验性药物之外，与药物无关的因素也会影响患者的病情进展，比如积极乐观的情绪，乃至患者本人的身体素质。想要评估药物的效果，就要尽可能消除这些无关因素的差异。参与试验的男孩们分别在第24周和第48周接受了测试，测试的方法是给他们6分钟的时间，看他们可以走多远。

试验开始24周后，安慰剂组的男孩在测试中的表现变差了，这符合我们对进行性假肥大性肌营养不良患者的预期。他们在6分钟内行走的距离比当初加入试验时短。而试验组的男孩则不然，他们的成绩比试验刚开始的时候增加了30多米。48周后，所有男孩又接受了同样的测试。安慰剂组的表现更差了，与入组时相比，他们6分钟行走测试的成绩减少了将近25米；而实验组的成绩则比入组时增加了11米。[21]

试验数据显示，随着时间推移，即便是接受药物治疗的试验组也表现出了运动能力的下降（通过比较第24周和第48周的成绩），只是病情恶化的速度明显比放任它自然发展要慢得多。

这项临床试验的结果一经公布便引发了轰动。对于这种不治之症，人们终于看到了一丝可以治疗的希望。哪怕不能治愈，我们也可以显著减缓病情的恶化速度，推迟不可逆的症状出现的时间。这正是深耕该领域的科研人员梦寐以求的目标，也是几十年来患者和家属共同的夙愿。诚然，葛兰素史克的药物不是对所有的进行性假肥大性肌营养不良患者都有效，但是根据特定的变异在患者中所占的比例，毕竟会有 10%~15% 的患者落在它的适用对象里。

可是仅仅 6 个月之后，一盆冷水就劈头盖脸地浇了下来。葛兰素史克组织了一项规模更大的临床试验，但这一次研究人员没能在试验组和对照组之间发现任何显著的差异。[22] 临床试验的可靠性与规模呈正相关，因为参与的人数越多，偶然因素的影响就越小，结果也就越可信。葛兰素史克对大型临床试验的结果没有异议，认为这种药物确实有效的话，它理应在试验中有所体现。于是，葛兰素史克把药物的授权退还给了Prosensa公司，双方一拍两散。虽然Prosensa重新接手了该药的临床试验，但葛兰素史克的离场让市场对这种药物的研发前景持非常悲观的态度，Prosensa一蹶不振的股价就是行业分析师对它缺乏信心的最好体现。

除了Prosensa，还有一家生物技术公司也在尝试从剪接机制入手，通过帮助细胞舍弃出问题的序列，治疗同一类肌营养不良患者。这家公司的名字叫Sarepta，它正在研发的治疗手段与Prosensa十分类似。虽然这家公司对自己的研究业务一如既往地乐观，但美国食品药品监督管理局已经对它提出疑问，该机构认为Sarepta的临床试验规模太小，不足以保证结果的可信度。比如，Sarepta声称在某次试验的试验组和对照组之间发现了显著的区别，但参与那次试验的患者总共只有 12 人。

这些公司的投资人无疑感到了阵阵凉意，但是和患者家属一直以来所承受的心灰意冷以及每天都要面对的前途未卜相比，投资人的焦虑根本不值一提。

这一章的内容很容易让人觉得RNA的剪接是一种弊大于利的机制。它也的确是墨菲定律的典型例子：如果一个错误有发生的可能，就一定会发生。然而事实上，这样的看法几乎适用于所有的生物学现象。数以十亿计的碱基对，数以千计的基因，数以万亿计的细胞，数以十亿计的人口，没有什么东西能在如此庞大的基数上保持绝对的正确，这只是一个关乎概率的数字游戏。把基因切割后再拼接起来，生物在进化中摸索出了这种机制，并专门为此演化出一整套极其保守的系统，数亿年来未曾改变，这是确凿无疑的事实。显然，为了实现精细复杂的调控效果、额外的信息容量以及纯粹的灵活性，细胞认为就算付出一点儿代价也是值得的。

小RNA，大力量

可能是因为人类自己的体形就不小，所以我们更倾慕身材魁梧的大型动物。这也是人之常情。毕竟，谁都会对美洲豹这样的大型猫科动物印象深刻。除了体形，美洲豹还是出色的猎手、顶级的肉食动物，这也是吸引我们的原因之一。相比之下，小小的蚂蚁（哪怕是中南美洲凶猛的行军蚁）实在是太微不足道了。诚然，行军蚁也颇具血性和野性的魅力，它们长着巨大且强壮的颚，甚至会被人拿来固定创口。即便如此，应该也没有人会真的害怕一种只要用登山鞋轻轻一踩就会一命呜呼的动物。

但如果是一群行军蚁，那就另当别论了。一大群行军蚁的食量很可能跟一头美洲豹不相上下。如果看到一支行军蚁大军正浩浩荡荡地朝你挺进，你最好穿上自己的登山鞋——千万不要妄想横扫千军，而是应该拔腿就跑，能跑多远就跑多远。

同样的情况在我们的基因组里也是存在的。人类的细胞有上千种非常特别的“无用”RNA分子，它们非常短小。[1]虽然它们的功能都是参与基因表达的精细调控，可如果单拿出来，每一种的效应都不强。只有算成一笔总账，它们才堪称基因组内一支不可忽视的力量。

欢迎来到小RNA的世界，它们是基因组的行军蚁。顾名思义，这种RNA的分子量很小，长度通常在20~23个碱基。你可以把它们看作一股锦上添花的力量，为基因表达的精确调控添砖加瓦。

图18.1展示了这些小RNA是如何产生以及如何工作的。它们本是双链RNA分子的一部分，生成后便以信使RNA末端的非翻译区序列为目标，与其结合，形成新的双链RNA片段。这是两段“无用”序列之间的相互作用，得到的双链结构对信使RNA分子有两种可能的影响：要么是给信使RNA打上了“需要降解”的标记，要么是阻

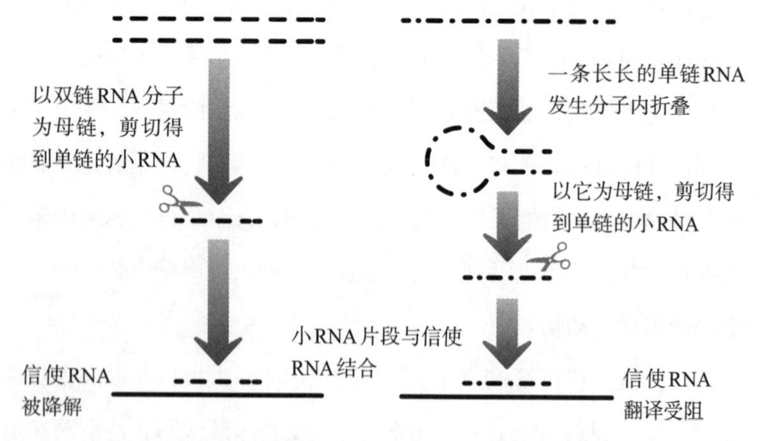

图18.1 图中展示的是细胞如何用相对较长的RNA母链分子产生两类不同的小RNA。可以从底部的标注看到，这两类RNA抑制基因表达的方式不同

碍核糖体把信使RNA翻译成蛋白质。①虽然两种影响不同，但造成的最终效应是类似的——目标信使RNA的翻译减少，对应的蛋白质含量下降。[2]

能触发信使RNA降解的小RNA分子只有与目标序列完美匹配才能发挥这种功能。相较之下，阻碍信使RNA翻译的那类小RNA对序列的要求就随便多了：只要是长度为6~8个连续碱基的种子序列能对上，它们就可以与相应的信使RNA结合。由此造成的结果之一是某些小RNA能与不止一种信使RNA相结合，并降低它们的翻译速度。另一个可能的后果是，就一种特定的小RNA分子而言，它能在多大程度上干扰细胞内各种信使RNA的翻译将部分取决于后者的相对数量。换句话说，小RNA造成的实际效应与细胞具体表达了哪些目标分子，以及这些目标分子在细胞内所占的相对比例密切相关。

好坏难辨，亦正亦邪

有这样一群小RNA，它们来自同一个基因簇，对某种类型的免疫细胞起到了重要的调节作用。如果这群小RNA在小鼠体内被过量地表达，小鼠会因为免疫系统的过度激活而死亡。[3, 4]另一方面，如果完全缺失这群分子，小鼠则只能活到出生。人类也有这个基因簇，缺少其中一个拷贝会导致一种名为法因戈尔德综合征的罕见病。[5]患

① 能够触发信使RNA降解的是一大类被称为微小RNA（microRNA，简称miRNA）的分子，而阻碍信使RNA翻译的那一类则叫作小干扰RNA（small interfering RNA，简称siRNA）。为了避免过多使用拗口的专业术语，本章将不对这两类RNA进行区分，只笼统地把它们称为小RNA。

者将出现多种异常的表现，常见的症状包括骨骼畸形、肾病、肠梗阻和中等程度的智力障碍。[6]

这个基因簇仅包含6个小RNA分子。乍看之下，这6种分子的缺失造成的缺陷竟然如此五花八门，实在令人费解。但是根据研究人员的估算，这个基因簇可能与1 000多个基因的表达有关，是名副其实的牵一发而动全身。[7]

编码小RNA分子的“无用”序列本身常常位于其他的“无用”序列内，譬如那些编码长链非编码RNA的序列。[8]有一种名为软骨毛发发育不全的病症，在最早发现这种病的阿米什人社区里，有10%的阿米什居民都是致病变异的携带者。对一种能够引起遗传病的变异来说，10%的人群携带率已经相当高了。因此我们几乎可以肯定，这个社区最早应该是由为数不多的几个家族共同建立的。患上这种疾病的儿童骨骼发育有缺陷，最终将演变为侏儒，四肢短小，毛发稀疏（发质倒是没有问题，单纯是发量不足）。除此之外，患者通常还有各种各样其他的缺陷。

造成这些病症的变异发生在一段长链非编码RNA的对应序列上。只不过这段长长的非编码序列其实包含了两个小RNA基因（它们可以说是“无用”序列中的“无用”序列），许多变异影响的都是相对较小的那一个小RNA基因。序列的改变干扰了小RNA的结构，以致它们无法得到酶（在图18.1中以剪刀符号表示）的正确切割。结果，这些小RNA的表达无法达到正常的水平。受到这两个小RNA调控的基因超过900个，其中一些与骨骼和毛发的发育明确相关，还有一些则涉及其他的生理系统。这大概就是为什么当变异影响了这些小RNA的数量和功能时，患儿的诸多器官和系统会发生异常。[9]

鉴于小 RNA 在精细调控基因表达中的重要性，这种“无用”分子能在胚胎发育中扮演重要角色似乎就不奇怪了。毕竟，胚胎发育不比其他的时期，任何基因表达的微小偏差都会对机体造成深远的影响。（还记得彩虹圈和楼梯的那个比方吗？）

小 RNA 与干细胞

小 RNA 非常重要，通过重编程将人类的组织细胞变成多能干细胞的实验是能够生动说明这一点的绝好例子。多能干细胞可以用来修复任何我们需要的组织，我们最早在第 12 章介绍过这种技术，具体的过程可以参考图 12.1。虽然开创这种技术的研究以极其罕见的速度被授予了诺贝尔奖，但它依旧有不足的地方。首先，尽管实验中使用的主调节因子效果超群，能逆转细胞的发育，犹如让彩虹圈倒着退回楼梯的顶部，但它们的逆转效率相当低：只有极小比例的细胞能被成功地转化，不仅如此，每一轮实验都要耗费许多个星期的时间。在最初那项石破天惊的研究发表的 5 年之后，其他的科学家对它进行了改进和拓展。他们不光遵照最初的实验设计，沿用了所有的主调节因子，还在转化成熟的体细胞时添加了新的条件：他们让细胞过量表达了一群小 RNA 分子，因为有研究显示，正常的胚胎干细胞会极其活跃地表达这些分子。研究人员发现，在用原先那些主调节因子处理的同时，再让细胞过量表达上面所说的小 RNA，有的体细胞就能变回多能干细胞。这倒是在意料之中，但不同之处是，细胞转化的成功率比最初的实验高出 100 多倍，而且转化的速度快了很多。反过来，如果研究人员用主调节因子处理细胞，但与此同时敲减体细胞自己合成的这些小RNA的表达强度，重编程的效率又会急剧下降。这样的正反实验表明，作为研究变量的小RNA确实扮演了关键的角色，它们的功能是调节那张与细胞分化相关的信号网络。[10, 11]

成熟的组织同样含有干细胞。组织干细胞生成的细胞只能为自己所在的组织所用，并不能随心所欲地变成其他类型的细胞。组织干细胞在个体生长发育的过程中扮演了重要角色，它还是机体自我修复的基础。有的组织非常活跃，即使个体到了晚年，也依然保留着相当多的干细胞。最经典的例子莫过于骨髓，它在持续不断地产生免疫细胞，帮助人体抵御感染以及搜寻癌细胞的踪迹。年纪很大的人特别容易被感染或是得癌症，造成这种现象的原因之一正是骨髓干细胞在漫长的岁月里终究走到了山穷水尽的地步，抗感染的细胞生成不足，只给年事已高的身体留下一道千疮百孔的免疫屏障。

从实验数据看，人类组织中的干细胞和体细胞在以不同的方式表达小RNA。不过，由于经典的因果逻辑谬论，基因的表达数据总是很难解读：究竟是小RNA的表达方式驱使细胞产生了行为和功能的分化，还是细胞的分化影响了小RNA的表达，也就是所谓的旁观者效应？已知的事实是，小RNA与至少一半信使RNA的非翻译区序列之间存在可以预测的配对关系，这种关联能在漫长的演化中被保留至今，足以说明它很可能不是巧合。[12] 为了能够正面回答如何解读这些数据的问题，科学家一直在频频向我们的哺乳动物表亲小鼠求助。

研究者找到了一些只针对成体组织的基因敲除技术，类似的实验手段对相关的研究而言无疑是巨大的助力。它们最大的优点是不会干扰小鼠的正常发育，因此我们不需要考虑实验中观察到的现象是否与胚胎发育时期的分子通路或者信号网络有关系。这样的技术在实践中已经有所斩获：科学家在成熟的体细胞中敲除了一种合成小RNA分子所必需的酶（图18.1中的剪刀）的基因，并观察了由此导致的后果。失去这种酶将干扰所有小RNA的合成，可以让我们清楚地看到它们在细胞内扮演了怎样的重要角色。不过，这只能反映它们的总体效应，我们并不知道单个小RNA发挥了哪些具体的作用。

在科学家把扮演剪刀的酶对应的基因从成年小鼠全身的组织中敲除之后，他们发现出问题的不仅是骨髓，还有小鼠的脾脏和胸腺。这三处部位产生的细胞都与抗感染有关，所以它们含有大量的干细胞也在情理之中。这个发现印证了小RNA能参与干细胞的功能调控的猜想。所有接受基因敲除的实验小鼠最后都死亡了，但死因并不是感染，而是肠道功能的严重萎缩。这其实也和干细胞有关。因为我们的消化系统每时每刻都在工作，持续不断的蠕动意味着肠壁细胞的死亡和脱落是一种常态。我们每天都要产生足够多的新细胞来取代这些损耗的细胞，可想而知，肠道的组织也应该有大量活跃的干细胞。[13]可惜，我们仍然不清楚肠道的严重病变与“剪刀”酶的缺失究竟有什么关系，不过有人猜测，这或许与小鼠无法正常消化食物中的脂肪有关。

严重归严重，我们不能因为这些明显的症状就说小RNA只在上面提到的那几个组织里发挥着重要的功能：或许只是因为小鼠死亡的速度太快了，其他组织的症状还来不及表现出来。为了验证这种可能性，研究人员采取了另一种更有针对性的成体基因敲除技术。利用改良后的实验手段，他们得以在成年小鼠身上定向敲除一部分组织的“剪刀”酶基因。

许多实验结果都可以用干细胞进行完美的解释。比如，当实验对象是成年小鼠的毛囊细胞时，基因敲除会导致小鼠在脱毛后毛发无法正常生长的现象。[14]

这些结果很难不让人对小RNA的功能产生联想，显而易见的是，如果没有它们，干细胞就不能持续分裂和分化、补充组织细胞的损耗。但是这样的概括不免有些过于简单和单薄。正如每个人都会好好安排自己的开销，以便撑到下一个发薪日，我们的身体做着类似的规划，确保干细胞不会过快耗尽。干细胞是宝贵的，因为它的分裂能力有上限，用一个就少一个。知道了这一点，你应该能够明白为什么身体也需要另一类功能完全相反的小RNA了，它们的作用是阻止干细胞不可逆地分化为成熟的组织细胞：如图18.2所示，干细胞的开发和利用需要建立在某种平衡之上。

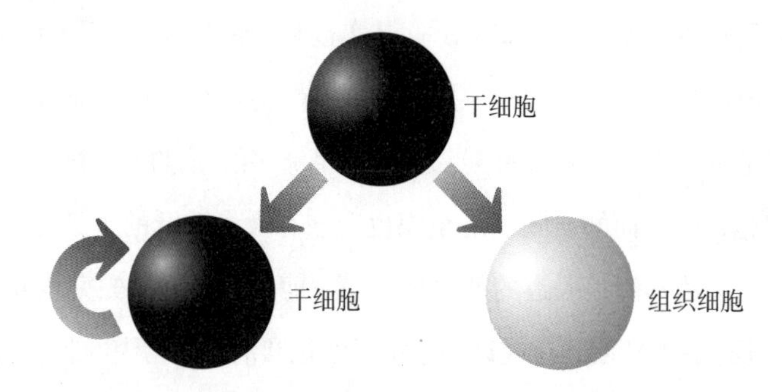

图 18.2　干细胞的分裂可以有两种结果，要么得到一个新的干细胞，然后继续保持分裂的能力；要么得到一个分化的组织细胞，之后不再分裂

骨骼肌里也有干细胞①，但为了节约，它们大部分时候都处于静止状态。干细胞池的枯竭有时是造成肌肉萎缩的原因之一，类似的情况出现在我们前文介绍过的一些疾病中，例如进行性假肥大性肌营养不良。肌肉干细胞内有一些特殊的蛋白质，正常情况下，它们能阻止

① 骨骼肌的干细胞被称为卫星细胞。

干细胞分化为成熟的肌肉细胞。但是，如果一个正常人的肌肉受到了急性损伤，或者一个肌肉萎缩症患者的病情发生了恶化，干细胞就会下调这些蛋白质的表达水平。实现这种下调的途径或许有很多，其中一种便是启动某些小RNA分子的表达，让它们与编码上述蛋白质的信使RNA相结合，从而减少这些蛋白质的合成数量。一旦干细胞的分子刹车被解除，它们就能分化成肌肉细胞。[15，16]

类似的情况也可见于心脏。虽然数量稀少，而且很难分化为成熟的心脏组织，但心脏的肌肉细胞里确实藏着一些干细胞。这也是为什么心脏病对人的伤害很大：心脏病发作导致心肌细胞死亡，可身体要修复损伤的组织非常困难，所以只好退而求其次，以瘢痕组织替代肌肉组织，这最终将导致心脏功能的异常。许多大难不死的心脏病患者都有迁延不愈的后遗症，有些人再也无法完全恢复健康，原因就在于此。

如果我们能激活心脏干细胞，让它们修复心脏，岂不就可以解决这个问题了？理想很美好，现实却不然，从小鼠实验的结果来看，事情并没有这么简单和想当然。从表面上看，小RNA分子的确起到了阻止心脏干细胞分化为心肌细胞的作用，因为在敲除合成小RNA所需的“剪刀”酶后，成熟的心脏组织会重新开始生长。遗憾的是，这种生长对心脏可能是有害的，它会造成一种名叫心脏肥大的病症。精英运动员都有一颗强健的心脏，而不是肥大的心脏，二者天差地别。相比之下，基因敲除后的生长方式更类似于心脏对高血压的代偿反应：心脏没有变得更强力，只是异常地增厚而已。要是没有了“剪刀”酶，干细胞似乎就不能完全变成成熟的组织细胞，基因的表达模式更接近发育中的胚胎组织，而不是成熟的心肌细胞。[17]

重新激活心脏干细胞居然不一定对心脏的修复有益？这种怪事很

可能是生物体权衡利弊的结果。从演化的角度看，活得尽可能久并把自己的遗传物质传递下去才是动物优先考虑的头等大事。只要能达到这个目的，与其花费力气完善精巧复杂的心肌发育机制，不如简单粗暴地修修补补。演化并不在乎我们老了之后是否有能力修复自己的心脏，我们之所以觉得这是一个大问题，是因为人类并不是一种只要过了生育年龄就觉得活着失去意义的生物，我们想活得很长，可惜演化并不这么想。

小RNA与大脑

虽然我们通常认为，成年人的大脑已经彻底发育完全，但近年来的研究数据显示，即便是大脑这样成熟的器官也依然会保留一些干细胞。对某些高度依赖嗅觉的动物来说，新的气味可以激活这些干细胞，使其形成能对新气味做出反应的神经元。这让动物可以根据气味的重要性调整神经反应的强弱，区分气味刺激的主次。干细胞分化成特定的反应性神经元，这个过程由干细胞内的一种蛋白质驱使，而这种蛋白质的表达通常受到一种小RNA的抑制。当研究人员在小鼠体内阻断这种小RNA分子的表达时，细胞上调了上述蛋白质的数量，神经干细胞随即分化成一种与嗅觉有关的神经元。[18] 我们可以合理猜测，在自然条件下，新的气味可以使神经干细胞内的这种小RNA的表达自然下调，不过，我们还不清楚这种下调效应到底是通过哪种信号通路实现的。

小RNA与细胞的日常活动相关，精细的调节使细胞能在复杂多变的环境中应对自如。想要阐明这种精细调节的运作机制并非易事，因为相对而言，其实每种小RNA的作用都不大，只是因为它们聚少成多，形成巨大而精巧的关系网络，这才表现出显著的功能和特性。虽说如此，但不少有趣的实验数据着实让人浮想联翩，我们甚至可以说，这些无名小卒的威力不容小觑。

大脑对小RNA的变化似乎尤为敏感，小RNA含量的波动所产生的效应不仅与这种变化发生在大脑的哪个区域有关，还会因为发生的时机不同而不同。这或许从侧面反映了小RNA与信使RNA以及蛋白质之间的相互作用对大脑的生理功能来说十分关键，毕竟信使RNA和蛋白质也同样具有鲜明的位置性和时序性。

我们来看一个非常惊人的试验，科学家曾在敲除成年小鼠前脑中的“剪刀”酶后有了特殊的发现。[19] 起初，没有小RNA对实验动物来说似乎是一件好事。在实验刚开始后的3个月中，试验组小鼠的智力变得鹤立鸡群。无论是奖励性还是惩罚性的测试，试验组小鼠的表现都胜过普通的小鼠。总而言之，它们的记忆能力大幅提升。先别激动，对那些已经跃跃欲试、想着或许以后足不出户就能变得更聪明的人（诚然，唯分数论依旧是当今社会的主流，有这种愿望也无可厚非），后面发生的事无异于一盆凉水。这些智力不俗的明星小鼠确实很风光，但它们没能风光太久。在“剪刀”酶被敲除的大约12周后，毛茸茸的小天才就出现了大脑功能的退化。

类似的延迟效应也出现在另一个试验里，这或许可以说明脑细胞内的小RNA相当地稳定，需要不少时间才能完全耗尽，从中可见小RNA对大脑的重要性。在2周大的小鼠负责运动的脑区内，研究人员敲除了脑细胞的“剪刀”酶。正如他们所料，这让小RNA的表达量急剧下降。起初，小鼠没有表现出任何异常，但在11周之后，它们的运动能力开始出现问题。对它们大脑的分析显示，无法合成小

RNA的神经元已经死亡殆尽。[20]

有很多我们意想不到的情况都能上调小RNA的表达水平。酒精在大脑中有多个作用靶点，其中之一是一种传递跨膜信号的细胞膜蛋白①。这种膜蛋白的信使RNA有许多版本，具体是哪一种取决于细胞把哪些编码氨基酸的外显子剪接到了一起。酒精能诱导一种特殊的小RNA的表达，它可以选择性地与这种跨膜蛋白部分信使RNA末端的非翻译区结合，在促进这些信使RNA分子选择性降解的同时，又丝毫不会影响其他版本的信使RNA。这些跨膜蛋白的种类以及各个种类的比例构成不仅能决定神经元对酒精做出何种反应，还会影响它们对酒精的耐受性（俗称的“酒量”），后者在酒精成瘾中扮演了重要的角色。[21] 相关的机制如图 18.3 所示。除了酒精，小RNA也可能与其他物质的成瘾有关，比如可卡因。[22]

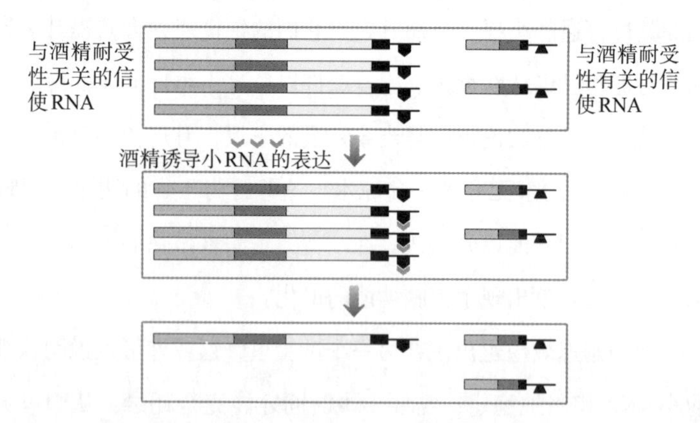

图 18.3　酒精诱导的小RNA能选择性地结合信使RNA，它只针对那些与酒精耐受性无关的信使RNA，而不会影响那些促进酒精耐受性的。信使RNA相对数量的倾斜将直接改变不同版本的跨膜蛋白的比例，在这个例子里，这会导致细胞对酒精的耐受性提升

① 这种蛋白质的名字叫BK，它是一种钾离子通道。

小RNA与癌症

小RNA的错误表达与一些严重影响全人类健康的疾病有关，其中包括心血管疾病[23]和癌症[24]。后者应该在很多人的意料之中，毕竟癌症的本质是细胞的一种发育异常，而小RNA在细胞的发育中发挥了重要的作用。能够清楚说明这一点的例子是一种肿瘤，它是儿童脑肿瘤的一个亚型，特点是肿瘤细胞持续表达与细胞发育而非细胞成熟有关的基因，症状出现的时间通常在两岁以前。很不幸，这是一种非常恶性的肿瘤①，即使用了最有效的治疗方式，它的预后也很差。造成这种肿瘤的原因是脑细胞的遗传物质发生了不恰当的重排：一个在正常情况下能够强力促进基因表达的启动子，出现在了某个编码小RNA的基因簇之前。不仅如此，这段混搭的序列还被复制了，所以基因组里有不止一个这样的重排序列。结果，错位的启动子过分强烈地激活了紧跟其后的小RNA的表达，导致它们在细胞内的数量达到了正常水平的150~1 000倍。

这个基因簇一共编码了超过40种小RNA，事实上，这是灵长类动物中最大的一个小RNA基因簇。正常情况下，它只在人类发育的早期（不到8周的胎儿体内）才表达。如果是在出生后的婴儿脑内，这些小RNA会给基因的表达带来灾难性的后果。比如，它们可以促进一种表观遗传蛋白（对DNA进行修饰）的表达，这会造成脑细胞DNA甲基化修饰的全面洗牌，导致基因组内大范围的基因表达异常，许多基因原本只应该在大脑还未发育成熟、脑细胞还能分裂的时候表

① 这类肿瘤被称为幕上神经外胚层肿瘤。

达，可它们在婴儿时期被激活，这成了脑细胞癌变的祸根。[25]

小RNA与表观遗传机制之间的协作并不一定会直接导致癌变，也可能只是让细胞更具癌变的倾向。表观遗传放大了小RNA异常表达的效应，因为表观遗传修饰可以传给子细胞，这让细胞有了把小RNA造成的效应传递下去的机会，从硬件上延续了一种具有潜在危险的表达模式。

小RNA与表观遗传之间的协作机制并没有被完全阐明，但新的线索正不断涌现。比如，有一类特殊的小RNA能够提高乳腺癌的恶性程度，原因是它们针对的信使RNA编码了某些负责移除关键性表观遗传修饰的酶。这改变了癌细胞基因组的表观遗传修饰，进一步扰乱了基因的表达。[26]

许多癌症的探查都出奇困难，原因可能是它们生长的位置刁钻，癌变组织的样本很难获取。这可叫医生犯了难，他们需要明确癌变组织的情况，还要在治疗阶段通过及时跟进癌细胞的变化来评估治疗的效果。因此，他们不得不借助间接手段，比如扫描和成像技术。于是有研究者提出，或许我们可以利用小RNA分子来追踪肿瘤的自然史。在癌细胞死亡后，小RNA常常因为癌细胞的破裂而被释放到细胞外。这些短小的“无用”分子往往依附在细胞的蛋白质上，或是被包裹在细胞膜的碎片中，因此可以稳定地存在于体液中，这让分离和分析这些分子成为可能。由于它们的含量很低，研究人员需要非常灵敏的分析技术——考虑到核酸测序技术日新月异的升级速度，这也不是不可能实现的。[27] 支持这种构想的实验数据已经有了，它们证实了该技术在乳腺癌[28]和卵巢癌[29]等癌症中的可行性。另外对于肺癌，数据表明外周血中的小RNA水平可用于区分患者肺内的单个结节究竟是良性的（不需要治疗）还是癌变了（需要治疗）。[30]

死马和被沉默的基因

小 RNA 的上调还发生在很多意想不到的地方。北美地区流行的东方马脑炎病毒十分可怕，借由蚊虫的叮咬传播。感染这种病毒的马难逃一死，人也好不到哪里去，患者的死亡率在 30%~70%。致死的原因是病毒侵入了人的中枢神经系统，并在包裹大脑的脑膜中引发了严重的炎症。[31] 这种病毒的基因组是由 RNA 而非 DNA 构成的。

在东方马脑炎病毒随蚊虫叮咬进入人体的血流后，起初，它们会遭到白细胞的围攻和吞噬，这是免疫系统对抗入侵者的先头部队。但是，蹊跷的事情在这时候发生了：白细胞产生的一种小 RNA 会结合到病毒 RNA 基因组的尾部，这阻止了病毒蛋白质的合成。

这看起来像件好事，但事实上正好相反。我们的白细胞通常能够及时发现病毒的入侵，它们启动一系列反应，包括升高体温，还有合成各种各样的抗病毒成分。各种措施齐上阵，让小小的病毒入侵者难以招架。

可是，当白细胞合成的小 RNA 与东方马脑炎病毒的基因组结合之后，病毒就变得无声无息了。结果，免疫系统没有觉察到病毒对人体的渗透。这让幸存的病毒颗粒有了可趁之机，大摇大摆地在人体内游荡。如果其中一些闯进了中枢神经系统，它们就会换上另一副凶恶的面容，在脑组织里引发致命的炎症反应。[32]

研究人员把这种现象形容为“病毒劫持小 RNA 系统攻陷人体”，

而且能够做到这一点的似乎不止东方马脑炎病毒一种。丙型肝炎病毒同样是一种RNA病毒，在感染肝细胞时，它的RNA基因组能与肝细胞天然表达的一种小RNA相结合。这一次，小RNA稳定了病毒的基因组，使其难以被降解，由此造成的后果是病毒蛋白的合成量增加，病毒感染的破坏性更强、势头更猛。[33]

可以相当肯定地说，从感染到癌症，从发育异常到神经功能退化，小RNA与人体许多的病变过程都有关系。这自然引发了一个有趣的问题：如果“无用”DNA可以导致或者加剧疾病，那么我们能否用这些“无用”分子来对抗常见的人类病症呢？

药物（有时）确实也有用

为了治疗各种人类疾病，各大制药公司每年都要为新药的研发投入数十亿美元。它们希望尽力填补医药需求上的空白，在全球人口老龄化日趋严重的今天，这方面的需求变得空前迫切。恰在此时，有关“无用”DNA的研究取得了突破，这种分子在基因表达和疾病进展中所扮演的角色使它立刻成为制药界的新宠，众多初创公司蜂拥而上，想在这个新领域拔得头筹。确切地说，制药公司不是对“无用”DNA本身感兴趣，绝大多数研究都在设法将非编码RNA分子药品化。这些努力都建立在一个基本的假设上：用“无用”RNA（包括长链非编码RNA、小RNA，以及另一种名叫反义RNA的分子）影响患者的基因表达，以达到控制病情或者治疗疾病的目的。

这种设想与我们当前治疗疾病的主流思路大相径庭。迄今为止，绝大多数药物的有效成分都是某一类化学性质已知的小分子，它们的结构相对简单，用化工手段就能合成。图 19.1 展示了部分常见的小分子药物的化学结构。

相对而言，我们才刚刚学会用蛋白质药物治疗疾病。最著名的例子要数胰岛素，它是能够帮助糖尿病人控制血糖水平的激素类药物。另一类非常成功的蛋白质药物是抗体，经过生物工程技术改造的抗体被用于治疗感染。制药公司找到了优化抗体特性的方法，让它们能与过量表达的目标蛋白质结合，中和后者的功能，使其无害化。目前销路最好的是能够有效治疗类风湿关节炎的抗体药物。不过抗体也能治疗很多其他种类的疾病，比如乳腺癌和目盲。[1]

小分子药物和抗体药物都有各自的优缺点。小分子药物的生产成本相对较低，给药方式简单易行，往往只要按时按量吞服即可。它们的缺点是不能在体内长时间起效，所以患者需要频繁地补充剂量。相比之下，抗体的药效能持续数周甚至数月之久，但它们必须由专业的医务人员注射，不仅如此，抗体药物的生产成本也极高。

问题还不止这些。抗体只能针对位于细胞表面或者体液中的分子，比如血液，这类药物无法在细胞内部发挥作用。而多亏有了轻巧

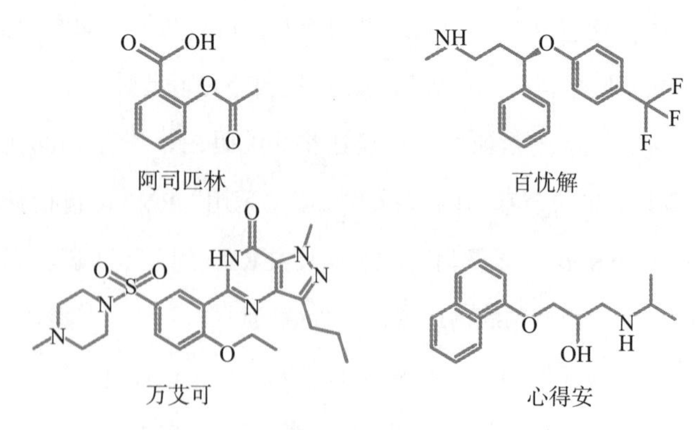

图 19.1 部分常见小分子药物的化学结构

简单的结构，小分子药物可以在必要的时候进入细胞，可它们的功能有限，未必对付得了我们想要操控的目标蛋白质。

小分子药物的作用机制犹如传统的钥匙和锁。如果你在自己家中，要阻止外人闯进来最简单的办法是锁上门，把钥匙留在屋里。要是你想一劳永逸，从此不允许任何人进入这间房子，你可以用一把跟门锁不匹配的钥匙乱捅一气，故意让钥匙断在里面，彻底把锁眼堵死。

这种办法之所以能奏效，是因为钥匙和门锁那严丝合缝的对应关系。但钥匙并不是万能的，比如它对老式的门闩式锁就无可奈何。如果连锁眼都没有，要钥匙有什么用呢？对细胞来说也是同样的道理。细胞里有很多我们想要调控的蛋白质，却找不到能够针对它们的小分子。这些蛋白质的表面过于平整光滑，没有明显的沟槽或囊窝结构，缺少可供小分子物质插入的“锁眼”，因此难以与药物相结合。

当然，我们可以把药物分子做得更大一些，让它们能覆盖蛋白质的整个表面。但大分子有大分子的问题：一旦分子的尺寸达到某个限度，它们不仅无法顺畅地在人体内循环，还无法进入细胞执行应有的功能。

除此之外，还有一个难题。要研制一种能够顺利进入细胞、与某种特定的蛋白质准确结合且有效阻止其功能的药物已然不容易，而想研制一种能够顺利进入细胞、准确与某种特定的蛋白质结合并且有效增强、加快乃至优化其功能的药物，可谓难如登天。更不要说我们通常只想促进某一种蛋白质的合成，或是只需要启动某一个基因的表达，就传统药物而言，这种精准调控单个目标的效果在实操中几乎是不可能实现的。

“无用”DNA能拯救我们吗?

现在，你应该知道为什么有这么多人对寻找全新的药物和疗法感兴趣了，还有为什么与“无用”DNA相关的新发现会显得如此重要。理论上，有了长链非编码RNA或者小RNA，我们就有了弥补抗体和传统小分子药物短板的可能。目标分子在细胞内也好，表面平整光滑也罢，无论我们是想促进还是抑制目标分子的功能或表达，不管针对的是基因还是蛋白质，“无用”RNA的作用机制决定了上述这些因素都不重要，这种新思路几乎可以涵盖任何情况。

但这只是理论上。

千万不要忽略“理论上”这三个字。创新的想法向来层出不穷，但成功的实践从来都屈指可数。因此，别急着把退休金押注到那些初创的生物技术公司身上，我们应该先看看这个最前沿的领域现在究竟进展到了哪一步。要说整个行业的新闻还真不少，所以高屋建瓴地分析其中几个最具代表性的例子，或许是明智之举。[2]

人体的肝脏能够合成一种负责转运其他分子的蛋白质。全世界大约有 5 万人因为编码该蛋白质①的基因发生变异而无法合成这种功能分子。虽然变异的形式五花八门，但造成的效果似乎大同小异，都表现为蛋白质的功能出现异常，开始转运错误的分子。[3]

这种情况将导致蛋白质（包括正常的和变异的）在组织内异常堆积。患者的症状复杂多变，取决于蛋白质堆积的具体部位。在大约80%的确诊病例中，心脏是最主要的受累器官，患者时刻处在心力衰

---

① 这种蛋白质名叫甲状腺素转运蛋白（简称TTR）。

竭的致命威胁中。剩余 20%的病例中，很多患者的蛋白沉积物集中在神经和脊髓。这会广泛影响各个器官，造成消耗性病症，消磨个人的意志和精力，比如有些患者的感觉出现了异常，轻微的碰触就能引起剧烈的疼痛。

一家名叫Alnylam的公司合成了一种小RNA，它能够以糖分子为载体，而糖分子可用作治疗病人的注射药剂。这种小RNA会与引起上述疾病的信使RNA结合，结合的位点在末端的非翻译区，通过这种方式促进信使RNA分子降解，抑制变异蛋白质的合成。

2013 年，这家公司公布了Ⅱ期临床试验的结果。研究人员发现，给患者注射该药物后，外周血中变异和正常蛋白质的水平双双出现了快速且持久的下降。[4] 虽然试验结果非常鼓舞人心，但治愈这种疾病依然遥遥无期。通过控制外周血中异常蛋白质的含量，降低它们在组织内的积累速度，至少可以达到减缓病情进展的目的。但这只是目前一种未经实践检验的假设而已，我们并不知道它是否真的可行，除非开展规模更大的临床试验，对症状和疾病的进展进行更直接、更全面的观察。只有对病情的转归产生积极的影响，我们才能说这种药物是有效的。

另一家名叫Mirna Therapeutics的公司发明了一种治疗性的小RNA分子，它的结构与一种在癌症中发挥关键作用的小RNA极其相似。内源（天然版）小RNA是一种肿瘤抑制分子，功能是下调至少20 种促进细胞分裂的基因的表达水平，总而言之，它的整体效应是阻止细胞的分裂。癌症患者体内的这种分子经常缺失或不足，所以细胞的分裂才没有了节制。Mirna Therapeutics公司的意图是让癌细胞重新获得人工仿制的这种小RNA，恢复正常的基因表达，使细胞的分裂速度不至于过快。

Mirna Therapeutics公司已经在肝癌患者身上测试了这种药物。到目前为止，试验的目的仍是确定患者对这种药物的耐受剂量。不过，我们应该很快就能知道这种治疗方法是否具有临床价值了。[5]

普通人可能一下子看不出来，但Alnylam和Mirna设计产品的角度确实十分精妙。过去，制药公司在研发核酸类药物时所面临的最大问题是人体自身的解毒能力。其实不只是新型药物，传统药物的研发亦然。简单地说，任何进入人体的化学物质都有极高的概率被肝脏截获。这个堪称人体劳模的器官最主要的功能就是解毒，它不会放过任何看上去可疑的外来分子。从人类演化出来至今，肝脏一直兢兢业业地保护着我们，不给食物里的毒素可乘之机。只可惜，肝脏并不知道应该如何区分我们无意间摄入的毒素和有意服用的药物。它对两者一视同仁：非我族类，其心必异。所以，无论是毒素还是药物，最后都会被肝脏分解。

如果用一个成语来形容，Alnylam和Mirna解决这个问题的思路就是“顺水推舟”：Alnylam的药物针对的是一种由肝细胞表达的蛋白质；而Mirna试图治疗肝癌。患者服用的药物分子会被肝细胞吸收？这岂不是正中下怀。这两家公司调整了药物本身的结构，或是优化了包被药物的分子，以便有效成分能在进入肝细胞之后有足够的时间发挥功效。也有人提出要用小RNA治疗其他的疾病，而且初步的细胞和动物实验往往成果喜人。不过，对于像肌萎缩侧索硬化这样的疾病，核酸分子只有设法逃过肝细胞的破坏，才有机会被大脑吸收。[6]我们目前还不清楚，制药界能否成功将基础实验的优秀成果转化为临床治疗的有效手段。

我们曾在第 17 章介绍过，一种原本非常有希望治疗进行性假肥大性肌营养不良的手段在临床试验的最后阶段遭遇了意想不到的滑铁卢。这种有可能功亏一篑的技术利用了另一类特殊的“无用”DNA——反义 DNA。

反义RNA很可能在人类的基因组中发挥着广泛的作用，这都归功于DNA那标志性的双链结构。其实我们早在第 7 章就见识过这种情况，当时举的例子是*XIST*和它的反义序列*TSIX*。我们还用单词“DEER”（鹿）打了个比方，反着读是“REED”（芦苇）。既然正反都能读通，DNA序列的含义自然就和读哪一条链有密切的关系了：转录酶可以在一条链上从左往右读，也可以在它的互补链上从右往左读。

但是，绝大多数单词并不能倒过来读。比如“BIOLOGY”（生物学），反过来读就成了“YGOLOIB”，这是一个没有意义的单词。同样的道理，如果顺着基因组上的某段序列转录可以得到一条编码蛋白质的信使RNA，反过来沿着与它互补的反义序列，大概率就只能得到一条没有任何含义、无法被翻译成蛋白质的“无用”RNA了。有时，“无用”RNA能与互补的信使RNA相结合，限制特定基因的表达，这构成了细胞的自我调节环路。图 19.2 展示的正是这样的例子。

研究人员称，大约 1/3 的基因既能靠有义链指导蛋白质的合成，又能利用反义链编码“无用”RNA。不过，细胞中反义链的实际表达率往往比这低得多，通常不到 10%。[7] 细胞也不总是完整地转录编码序列的反义序列，有的反义序列只相当于编码序列内的一小段。还有些时候，编码序列和反义序列表达的起止点并不相同，导致两者兼有能够互补和不能够互补的部分。另外，顺着编码链（有义链）转录信使RNA的复合体甚至有可能与顺着反义链转录“无用”RNA的复合体迎面相撞，当这种情况发生时，两个转录复合体会双双脱离DNA，它们转录的RNA分子都将作废。除了编码蛋白质的基因，就连某些长链非编码RNA也存在有义链和反义链的现象。

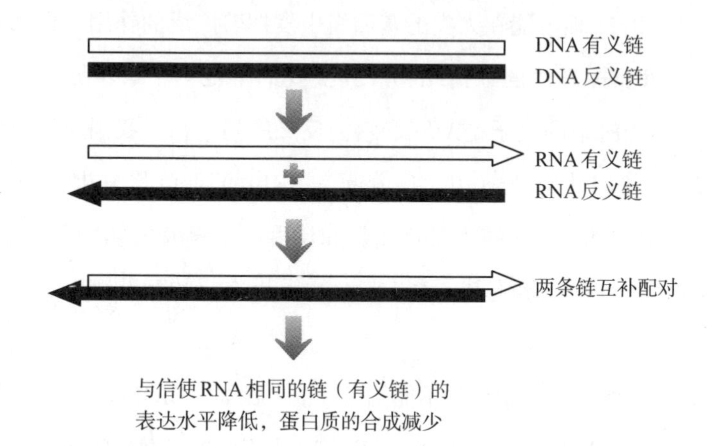

图 19.2　在基因组内，有一些双链皆可被转录的区域，这就是所谓的有义链（它的序列与信使RNA的序列相同）和反义链（它的序列与信使RNA的序列互补）。反义RNA能与有义RNA结合，影响后者的活动。以图中的情况为例，两者的互补配对导致与有义链序列相同的RNA（信使RNA）无法作为翻译蛋白质的模板使用

反义RNA与有义RNA的结合可能产生多种不同的效应。图 19.2 只展示了基因表达受到抑制的情况：反义RNA与信使RNA互补配对，结果阻碍了蛋白质的翻译。但事情也可能相反，有的反义RNA能通过结合，使信使RNA的性质变得更稳定，最终提高蛋白质的产量。[8]

针对进行性假肥大性肌营养不良的临床试验当初正是建立在这样的构想之上，研究人员给患者注射的反义RNA分子可以识别抗肌萎缩蛋白的信使RNA并与其结合。反义RNA经过化学修饰，在人体内不会被迅速地降解。它与编码抗肌萎缩蛋白的信使RNA结合后，剪接复合体就无法以正常的方式与信使RNA结合了。这将改变信使RNA的剪接方式，让细胞得以跳过并舍弃造成严重后果的变异区段，把损失降到最小。

有失败，也有过成功

针对进行性假肥大性肌营养不良的临床试验最终还是以失败告终，但这并不代表整个研究领域没有未来。恰恰相反，其实它早就取得过成功。免疫缺陷患者容易因为视网膜受到一种病毒①感染而失明。1998 年，一种专门应对此类情况的反义分子药物被批准上市，它通过与病毒的基因结合，抑制病毒的增殖。[9] 这种药物非常有效，所以我们要问两个问题：首先，它为什么这么有效？其次，既然它这么有效，为什么制造商在 2004 年终止了这款药品的销售？

两个问题的答案都不复杂。这款药之所以非常有效，是因为它被直接注射进了患者的眼睛里。不用经过肝脏，也就不需要担心肝脏使药效打折扣的问题。另外，这是一款针对病毒基因组的药物，而且只在患者的眼睛里发挥作用，它不太可能对患者的基因造成广泛的严重干扰。

怎么看这都是一款出色的药品，为什么制造商却在 2004 年做出了停售的决定呢？这款药是为免疫功能有严重缺陷的人研发的，这样的病人绝大多数身患艾滋病。2004 年，市面上出现了能够有效抑制

---

① 这种病毒叫巨细胞病毒（简称CMV）。

艾滋病毒（造成艾滋病的罪魁祸首）的药物。有了明显改善的免疫力，艾滋病人的视网膜自然就不容易再被病毒感染了。

从最近几年的研究进展可以看出，反义DNA仍是一种颇具潜力的治疗工具。家族性高胆固醇血症是一种严重的疾病。据估计，英国大约有12万名该病的患者，其中许多并未得到明确的诊断。由于基因突变，这些人的细胞无法正常摄入和利用坏胆固醇①。结果，大约1/3~1/2的患者约在55岁患上严重的冠心病。[10]

目前，最主流的降脂药是他汀类药物，它们能十分有效地降低某些家族性高胆固醇血症患者罹患心血管病的风险。这些人通常只携带一个变异的基因，另一个基因则是正常的。也有一些症状非常严重的病例，尤其是携带两个致病基因的患者，他汀类药物对他们几乎没有作用。这类病人不得不每周接受一两次血浆置换，治疗的原理是让他们的血液导到体外、流经一台机器，最后再导回他们的体内，借此除去有害的胆固醇。

如果不想看到浴缸里的水漫出来，你有两种选择：要么不停地放水；要么关掉水龙头，阻止更多的水流进浴缸里。

生物技术公司Isis开发了一种反义RNA分子，以低密度脂蛋白的主要蛋白组分为目标。②这种治疗家族性高胆固醇血症的手段正如同关掉了水龙头。反义药物可以与编码上述脂蛋白组分的信使RNA结合，抑制它的翻译，借此下调致病基因的表达和坏胆固醇的水平。后来，Isis把自家的药物授权给了体量更大的健赞公司，这笔买卖的成交价高达数亿美元。

---

① 坏胆固醇指低密度脂蛋白（简称LDL）。——编者注

② 在这里作为目标的蛋白质组分被称为载脂蛋白B100。

2013 年 1 月，美国食品药品监督管理局批准了这种反义分子药物①的临床使用，但它只能被用在病情最严重的家族性高胆固醇血症患者身上。这款药物的成功上市离不开它绝佳的疗效（同样让人几欲落泪的是它的价格，每名患者每年至少需要花费 17 万美元[11]），因为它针对的目标基因恰好在一个非常理想的部位，你可能猜到了，没错儿，正是肝脏。不过，这也有不利的一面，该药物在使用中已经表现出了肝毒性的副作用。为此，美国食品药品监督管理局责令赛诺菲公司（它收购了健赞），必须对所有使用该药物的患者的肝功能进行监测。[12] 出于安全方面的考虑，欧洲药品管理局一直拒绝给这种药物颁发许可。[13]

健赞公司豪掷数亿美元，才从 Isis 手里买到了这种反义分子药物。数亿美元的确是一大笔钱，但实际情况是：从基础研究到成熟的产品，这款药的研发经历了 20 多年，整个过程的耗资超过 30 亿美元。[14] 同天文数字般的投入相比，这笔授权费用只能算九牛一毛。

当然，研发开创性的先锋药物（尤其是那些几乎没有人尝试过的类型）会比研制普通的药物更花时间、更费资金，这也是情有可原的。先锋药物的研究大多不是为了赢利，而是为了让以后的开发工作更快、更顺利。事实上也确实如此，利用“无用”DNA 治疗疾病的临床试验正与日俱增。例如，人类有一种能被病毒“策反”的小 RNA，它会协助病毒感染细胞。针对这种小 RNA 的反义分子药物已经进入了Ⅱ期临床阶段，好一个用“无用”序列对抗“无用”序列的绝佳例子。[15]

---

① 该药的商品名为米泊美生（Mipomersen，或者 Kynamro）。

可是细想之下，有些事很奇怪。2006年，制药业巨头默克基团以超过10亿美元的价格收购了一家研发小RNA药物的公司，后来又在2014年以低于买入价的价格将其脱手。[16]而另一巨头罗氏公司也在2010年叫停了同一领域的研发项目。

近些年，研发小RNA药物的公司一直是人们眼中的香饽饽，市场对它们的投资热情一浪高过一浪。RaNA Therapeutics是一家研究RNA药物的公司，据称，它想要研发的产品能够干扰长链非编码RNA与表观遗传机制之间的相互作用，这家公司在2012年募集到了超过2 000万美元的资金。[17]Dicerna这家试图用小RNA针对某些罕见病和肿瘤标志物的公司，在2014年筹到了9 000万美元的投资。[18]这是Dicerna的第三笔成功融资，拿到这些钱时，它甚至还没有一个正式进入临床试验的研究项目。[19]

究竟哪里奇怪呢？我写这一章的时间是2014年的春天，突然有一天，我的邮箱收到了一则小道消息：诺华公司已经决定大幅削减公司对该领域的研究投入。[20]这家制药界的巨头给出的理由是，相关的研究一直不能解决小RNA的给药问题，无法有效地将药物送到正确的组织内。从过去到现在，这一直是所有研发反义分子药物的公司都需要面对又无法解决的最大难题。虽然很多研究“无用”RNA的公司的创立者都是杰出的科学家，但这并不意味着反义分子药物的给药问题能在一夜之间就不复存在。并不是所有的公司最后都会失败，但其中的很多都将倒闭，这几乎可以说是定局。到目前为止，我们在这个问题上没有取得任何值得关注的突破，至于投资者为什么愿意出重金下注这些初创的生物技术公司，其中缘由无法说清。

总有一天，科学家将破译基因组中所有表观遗传修饰的含义，进而可以精确地预测它们会对基因表达造成什么样的影响。我们会研究出固碳技术，会在火星上建立殖民地。到那时，结核病将成为人类遥远的记忆，希格斯玻色子也不再神秘。什么？你想弄清楚为什么投资界对这些八字还没一撇的药物寄予了如此高的期望？现实点儿，我们还是聊聊火星移民吧。

黑暗中的微光

这本书旨在展现人类基因组相对不为人知的一面，至此，我们的旅程已接近尾声。有些细心的读者可能会记得，我们曾在本书的开头介绍过一种神秘的人类疾病，但一直没来得及展开细说。这种病有个拗口的名字——面肩肱型肌营养不良，为了方便，我们通常称它为FSHD。面部、肩部和上臂的肌肉发生萎缩是FSHD的典型症状。

引起这种疾病的变异位于4号染色体上，与正常人相比，患者的某段重复序列更短。FSHD是一种显性遗传病，患者通常只携带一个致病的变异。虽然FSHD的变异位点早已得到了阐明，但是因为周围似乎没有任何编码蛋白质的基因，所以在很长的一段时间里，FSHD的发病机制一直都是个谜。

“无用”重复序列的缩短为什么会导致FSHD的症状？如今，我们对此总算是有了一些头绪，而且事实的真相可谓相当精彩。解释这个问题需要涉及“无用”DNA、表观遗传、基因组里的化石序列和异常的RNA剪接，全都是我们已经介绍过的内容。这些机制和现象通力合作，联袂献上了这出非同寻常的生死闹剧。[1]

我们稍微回忆一下。在正常的4号染色体上有一个长度将将超过3 000个碱基对的区域，正常情况下，这个区域将重复11~100次，形成一个很长的区段。而在FSHD患者体内，该区域的重复次数却少得多——大约只有1~10次，这通常只发生在两条4号染色体中的一条上。

说到这里，第一个令人迷惑的现象就出现了。有这样一些人，他们的该区域重复次数明明不到10次，却没有得FSHD。他们的肌肉强健有力，没有任何问题。原因在于，重复序列的长度不够只是一个必要不充分条件，除此之外，4号染色体还必须具备另一个特征才会导致FSHD。

为了理解另一个特征的重要性，我们得仔细看看这些重复序列到底是什么样的序列：它们都含有一个逆基因①。逆基因依然属于“无用”DNA，它是正常转录的信使RNA被反转录成DNA后，又被重新插入基因组而形成的。这个过程和我们在图4.1（见第37页）中看到的非常类似，逆基因的形成发生在人类演化的早期。

逆基因是以信使RNA为模板反转录而得到的，所以它们不包含正常基因都有的调控序列。因为没有剪接信号（信使RNA是已经完成剪接加工的分子，以它为模板反转录的DNA自然没有指导剪接的序列），逆基因既没有启动子，也没有增强子，这些都是基因执行

① 这个逆基因是*DUX4*。

正常功能所必需的成分。但有的逆基因还是能被转录成信使RNA，FSHD的逆基因就是其中之一，不过正常情况下这也没有关系，因为这些RNA无法在细胞内发挥正常的功能：它缺乏添加多聚腺苷酸尾部所需的信号序列，这个过程可以参考图16.5（见第238页）。正因为如此，这种信使RNA的性质不够稳定，所以无法作为翻译蛋白质的模板。

可是，当一个人的这段重复序列很短，而且变异所在的4号染色体上恰好有其他特定的序列时，FSHD的逆基因最终会与另一段序列拼接在一起。信使RNA的末尾因而多了一段原本没有的信号序列，导致细胞可以给它加上一条多聚腺苷酸的尾巴。变得足够稳定之后，逆基因的信使RNA得以被转运到核糖体，成了翻译的模板——它的产物是一种在成熟的肌肉细胞中永远不应该出现的蛋白质。

我们姑且称这种蛋白质为FSHD蛋白，它能与特定的DNA序列结合，起到调节基因表达的作用。FSHD蛋白通常只在生殖细胞系中才表达，卵子和精子就属于这类细胞。至于FSHD蛋白为什么会导致肌肉萎缩，目前还没有确切的解释，这或许是多种机制共同作用的结果。比如，FSHD蛋白可能触发了肌肉细胞的凋亡，也可能激活了其他本应保持沉默的逆基因和入侵序列，进而导致肌肉干细胞的流失。还有一种非常有趣的可能性：表达FSHD蛋白的肌肉细胞被患者自身的免疫系统消灭了。

生殖细胞系所在的组织拥有免疫上的豁免权，这是因为在正常情况下，人体的免疫细胞没有机会与生殖细胞系发生接触。也就是说，我们的免疫系统并不知道这些不受免疫监管的组织其实是人体正常的组成部分。倘若生殖细胞系特有的蛋白质出现在成熟的肌肉细胞里，免疫系统就有可能像攻击外来生物一样对表达这些不明分子的细胞发动进攻。

FSHD是一个能够充分说明“无用”DNA在人类疾病的发生中扮演重要角色的例子。首先是遗传上的缺陷导致“无用”DNA的总量减少，缩短的“无用”DNA又在表达后受到另一段“无用”序列的修饰。不止如此，FSHD的逆基因只有在一种特殊的表观遗传修饰的保驾护航下，才能持续稳定地表达。

在正常的细胞里，FSHD重复序列通常只在具有多能性的细胞内表达，比如胚胎干细胞。这种状态下的FSHD重复序列被激活性的表观遗传修饰覆盖。但随着细胞分化进行，激活性的修饰逐渐被抑制性的修饰所取代，重复序列随即陷入沉默。然而，如果是FSHD患者体内的多能干细胞，激活性的修饰就不会在细胞分化的过程中被取代，重复序列会一直处于开启的状态。

另一方面，FSHD重复所在的区段还受到整体性的调控。它与4号染色体的其他区域之间存在一段间隔序列。11–FINGERS（见第13章，181页）能与这段间隔序列结合，保证不同的表观遗传修饰只局限在与FSHD相关的区域内，而不会外溢和波及附近的染色体区段。

除了上面所有的因素之外，4号染色体相关区段的三维结构也对FSHD逆基因的表达有影响。几乎可以肯定，FSHD患者独特的症状（只有特定部位的肌肉受累）是这些因素综合作用的结果，只有同时具备这些条件（或者说同时不具备相应的正常条件），病症才会出现。

FSHD是一个非常惊人的典型实例，它的发病机制充分体现了基因组各个部分之间错综复杂且井然有序的工作方式。它还表明我们不能用简单的线性思维看待细胞，任何发生在细胞内的现象都是多条通路环环相扣的结果。有关这一点可以参考图20.1，它可以解释为什么争论“哪种因素对基因组来说最重要”注定是白费力气。干扰其中任何一项都会产生后果，只不过有的更严重，有的相对不那么严重，但都是牵一发而动全身。

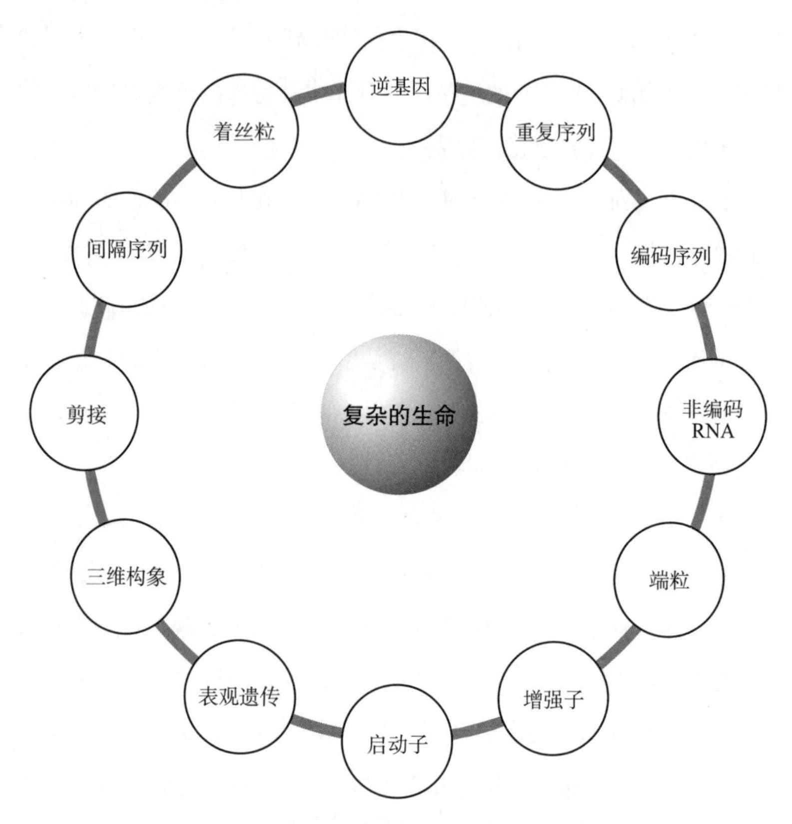

图 20.1 这里只罗列了部分能够相互作用的因素，它们协调合作，才造就了像你这样的生命体

当然，这并不代表我们身上的30亿对碱基每一对都有功能。其中一些可能是真正意义上的无用废物，没有任何用处，而另一些虽然也叫“无用”DNA，却得到了细胞的重新利用。[2]

我们不知道的东西还有很多，其中包括一些乍看之下似乎非常简单的问题。比如，我们到现在都不清楚细胞内有多少功能性的“无用”DNA序列。如果你觉得这个问题不难，那请看一看图 20.2，然后回答下面这个问题：这块棋盘上有多少个正方形？

图 20.2　快问快答，这块棋盘上有多少个正方形？

总有人会不假思索地回答“64”。但正确的答案应该是 204，因为在最小的黑白正方形之上，我们还能圈出面积更大的正方形。基因组也是如此。一段DNA序列可以同时包含一个编码蛋白质的基因、若干长链非编码RNA、小RNA、反义RNA、剪接信号、非翻译区、启动子和增强子；在这些基本的结构之上，还有DNA序列的个体差异、固定或随机的表观遗传修饰、可变的三维构象，以及RNA和蛋白质分子与基因组结合产生的效应；最后，我们还要考虑瞬息万变的环境因素。

只要你认真想想基因组有多复杂，就不会奇怪我们为什么还没有对它知根知底。反倒是任何一丝关于它的新知，都堪称科学取得的胜利。在人迹未至的黑暗中，总有新的事物等待着我们去学习。

致谢

这是我写的第二本书，何其幸运，能再次得到经纪人安德鲁·劳尼和一众亲切的出版社员工的鼎力相助。我要特别感谢Icon Books的邓肯·希思、安德鲁·弗洛和罗伯特·沙曼，当然，我也不会忘记他们已经离职的同事西蒙·弗林和亨利·洛德。我十分感激剑桥大学出版社的帕特里克·菲茨杰拉德、布丽奇特·弗兰纳里–麦科伊和德里克·沃尔科。

如从前一样，创作中的快乐和灵感经常来源于一些意想不到的人。康纳·凯里、芬恩·凯里和加布里埃尔·凯里都为本书的写作做出了贡献。除了自家人，我同样要感谢艾奥娜·托马斯–赖特。我的婆婆莉萨·多兰十分耐心和亲切，总是给我耗不完的耐心和吃不完的饼干。

自从第一本书出版后，我举办了许多场面向非专业人士的科普讲座，忙碌而充实。邀请我演讲的组织实在太多了，我无法在此一一列举它们的名字，只希望看到这段文字的组织能知道，你们给予的殊荣让我受宠若惊。这些经历非常有启发性。我感谢你们所有人。

最后，我要感谢阿比。虽然我曾信誓旦旦地说要去参加交际舞的课程，却没能言出必行。谢谢你宽容大度，没有在这件事上跟我计较。

第1章

1. For information on the disorder and its genetics see www.omim.org record #160900
2. For more information see http://ghr.nlm.nih.gov/condition/myotonic-dystrophy
3. For more information see http://www.ninds.nih.gov/disorders/friedreichs_ataxia/detail_friedreichs_ataxia.htm
4. For more information see http://ghr.nlm.nih.gov/condition/facioscapulohumeral-muscular-dystrophy

第2章

1. http://www.escapistmagazine.com/news/view/113307-Virtual-Typewriter-Monkeys-Pen-Complete-Works-of-Shakespeare-Almost
2. Campuzano V, Montermini L, Moltò MD, Pianese L, Cossée M, Cavalcanti F, Monros E, Rodius F, Duclos F, Monticelli A, Zara F, Cañizares J, Koutnikova H, Bidichandani SI, Gellera C, Brice A, Trouillas P, De Michele G, Filla A, De Frutos R, Palau F, Patel PI, Di Donato S, Mandel JL, Cocozza S, Koenig M, Pandolfo M. Friedreich's ataxia: autosomal recessive disease caused by an intronic GAA triplet repeat expansion. *Science*. 1996 Mar 8;271(5254):1423–7
3. Bidichandani SI, Ashizawa T, Patel PI. The GAA triplet-repeat expansion in Friedreich ataxia interferes with transcription and may be associated with an unusual DNA structure. *Am J Hum Genet*. 1998 Jan;62(1):111–21
4. Babcock M, de Silva D, Oaks R, Davis-Kaplan S, Jiralerspong S, Montermini L, Pandolfo M, Kaplan J. Regulation of mitochondrial iron accumulation by Yfh1p, a putative homolog of frataxin. *Science*. 1997 Jun 13;276(5319):1709–12

5. Kremer EJ, Pritchard M, Lynch M, Yu S, Holman K, Baker E, Warren ST, Schlessinger D, Sutherland GR, Richards RI. Mapping of DNA instability at the fragile X to a trinucleotide repeat sequence p(CCG)n. *Science*. 1991 Jun 21;252(5013):1711–4
6. Verkerk AJ, Pieretti M, Sutcliffe JS, Fu YH, Kuhl DP, Pizzuti A, Reiner O, Richards S, Victoria MF, Zhang FP, et al. Identification of a gene (FMR-1) containing a CGG repeat coincident with a breakpoint cluster region exhibiting length variation in fragile X syndrome. *Cell*. 1991 May 31;65(5):905–14
7. Pieretti M, Zhang FP, Fu YH, Warren ST, Oostra BA, Caskey CT, Nelson DL. Absence of expression of the FMR-1 gene in fragile X syndrome. *Cell*. 1991 Aug 23;66(4):817–22
8. Qin M, Kang J, Burlin TV, Jiang C, Smith CB. Postadolescent changes in regional cerebral protein synthesis: an in vivo study in the FMR1 null mouse. *J Neurosci*. 2005 May 18;25(20):5087–95
9. Reviewed in Echeverria GV, Cooper TA. RNA-binding proteins in microsatellite expansion disorders: mediators of RNA toxicity. *Brain Res*. 2012 Jun 26;1462:100–11

第3章

1. http://www.genome.gov/11006943
2. Unless otherwise stated, the majority of the information in this chapter is from the edition of *Nature* published on 15th February 2001 which contained the data and analyses from the publicly funded consortium. The major reference *is Initial sequencing and analysis of the human genome*, authored by the International Human Genome Sequencing Consortium. Readers may also find the accompanying commentaries in the same issue of interest.
3. http://partners.nytimes.com/library/national/science/062700sci-genome-text.html
4. http://news.bbc.co.uk/1/hi/sci/tech/807126.stm
5. http://news.bbc.co.uk/1/hi/sci/tech/807126.stm
6. http://www.genome.gov/sequencingcosts/
7. http://www.wired.co.uk/news/archive/2014-01/15/1000-dollar-genome
8. For a fascinating case history, see Gura, *Nature*, 2012, Volume 483, pp20–22

9. http://www.cancerresearchuk.org/cancer-help/about-cancer/treatment/cancer-drugs/Crizotinib/crizotinib
10. https://genographic.nationalgeographic.com/human-journey/
11. http://publications.nigms.nih.gov/insidelifescience/genetics-numbers.html
12. Aparicio et al. Whole-genome shotgun assembly and analysis of the genome of Fugu rubripes. *Science*. 2002 Aug 23;297(5585):1301–10
13. Baltimore D. Our genome unveiled. *Nature*. 2001 Feb 15;409(6822):814–6.
14. Data from the American Cancer Society http://www.cancer.org/cancer/skincancer-melanoma/detailedguide/melanoma-skin-cancer-key-statistics

第4章

1. Unless otherwise stated, the majority of the information in this chapter is from the edition of *Nature* published on 15th February 2001 which contained the data and analyses from the publicly funded consortium. The major reference *is Initial sequencing and analysis of the human genome*, authored by the International Human Genome Sequencing Consortium. The accompanying commentaries by David Baltimore and by Li et al in the same issue are also of interest, and rather more accessible in style and content.
2. Vlangos CN, Siuniak AN, Robinson D, Chinnaiyan AM, Lyons RH Jr, Cavalcoli JD, Keegan CE. Next-generation sequencing identifies the Danforth's short tail mouse mutation as a retrotransposon insertion affecting Ptf1a expression. *PLoS Genet*. 2013;9(2):e1003205
3. Bogdanik LP, Chapman HD, Miers KE, Serreze DV, Burgess RW. A MusD retrotransposon insertion in the mouse Slc6a5 gene causes alterations in neuromuscular junction maturation and behavioral phenotypes. *PLoS One*. 2012;7(1):e30217
4. Schneuwly S, Klemenz R, Gehring WJ. Redesigning the body plan of Drosophila by ectopic expression of the homoeotic gene Antennapedia. *Nature*. 1987 Feb 26–Mar 4;325(6107):816–8
5. Mortlock DP, Post LC, Innis JW. The molecular basis of hypodactyly (Hd): a deletion in Hoxa 13 leads to arrest of digital arch formation. *Nat Genet*. 1996 Jul;13(3):284–9

6. Rowe HM, Jakobsson J, Mesnard D, Rougemont J, Reynard S, Aktas T, Maillard PV, Layard-Liesching H, Verp S, Marquis J, Spitz F, Constam DB, Trono D. KAP1 controls endogenous retroviruses in embryonic stem cells. *Nature*. 2010 Jan 14;463 (7278):237–40
7. Young GR, Eksmond U, Salcedo R, Alexopoulou L, Stoye JP, Kassiotis G. Resurrection of endogenous retroviruses in antibody-deficient mice. *Nature*. 2012 Nov 29;491(7426):774–8
8. http://www.emedicinehealth.com/heart_and_lung_transplant/article_em.htm
9. For an interesting recent review of the field of xenotransplanation, see Cooper DK. A brief history of cross-species organ transplantation. *Proc (Bayl Univ Med Cent)*. 2012 Jan;25(1):49–57
10. Patience C, Takeuchi Y, Weiss RA. Infection of human cells by an endogenous retrovirus of pigs. *Nat Med*. 1997 Mar;3(3):282–6
11. Di Nicuolo G, D'Alessandro A, Andria B, Scuderi V, Scognamiglio M, Tammaro A, Mancini A, Cozzolino S, Di Florio E, Bracco A, Calise F, Chamuleau RA. Long-term absence of porcine endogenous retrovirus infection in chronically immunosuppressed patients after treatment with the porcine cell-based Academic Medical Center bioartificial liver. *Xenotransplantation*. 2010 Nov–Dec;17(6):431–9
12. For a useful recent review of the effects of segmental duplication, including abnormal crossing-over, see Rudd MK, Keene J, Bunke B, Kaminsky EB, Adam MP, Mulle JG, Ledbetter DH, Martin CL. Segmental duplications mediate novel, clinically relevant chromosome rearrangements. *Hum Mol Genet*. 2009 Aug 15;18(16):2957–62
13. For more information on this condition and its causes, see http://www.ninds.nih.gov/disorders/charcot_marie_tooth/detail_charcot_marie_tooth.htm
14. For more information on this condition and its causes, see http://www.nlm.nih.gov/medlineplus/ency/article/001116.htm
15. Mombaerts P. The human repertoire of odorant receptor genes and pseudogenes. *Annu Rev Genomics Hum Genet*. 2001;2:493–510
16. http://www.innocenceproject.org/know/ retrieved 1 January 2014

第5章

1. Gross takings as cited by http://www.imdb.com

2. Reviewed in Boxer LM, Dang CV. Translocations involving c-myc and c-myc function. *Oncogene*. 2001 Sep 20(40):5595–610
3. Moyzis RK, Buckingham JM, Cram LS, Dani M, Deaven LL, Jones MD, Meyne J, Ratliff RL, Wu JR. A highly conserved repetitive DNA sequence, (TTAGGG)n, present at the telomeres of human chromosomes. *Proc Natl Acad Sci U S A*. 1988 Sep;85(18):6622–6
4. Vaziri H, Schächter F, Uchida I, Wei L, Zhu X, Effros R, Cohen D, Harley CB. Loss of telomeric DNA during aging of normal and trisomy 21 human lymphocytes. *Am J Hum Genet*. 1993 Apr;52(4):661–7
5. Hayflick L, Moorhead PS. The serial cultivation of human diploid cell strains. *Exp Cell Res*. 1961 Dec;25:585–621
6. Harley CB, Futcher AB, Greider CW. Telomeres shorten during ageing of human fibroblasts. *Nature*. 1990 May 31;345(6274):458–60
7. Bodnar AG, Ouellette M, Frolkis M, Holt SE, Chiu CP, Morin GB, Harley CB, Shay JW, Lichtsteiner S, Wright WE. Extension of life-span by introduction of telomerase into normal human cells. *Science*. 1998 Jan 16;279(5349):349–52
8. There is a useful discussion of this problem in Armanios M, Blackburn EH. The telomere syndromes. *Nat Rev Genet*. 2012 Oct;13(10):693–704
9. Armanios M, Blackburn EH. The telomere syndromes. *Nat Rev Genet*. 2012 Oct;13(10):693–704 provides a useful overview.
10. Wright WE, Piatyszek MA, Rainey WE, Byrd W, Shay JW. Telomerase activity in human germline and embryonic tissues and cells. *Dev Genet*. 1996;18(2):173–9
11. Kim NW, Piatyszek MA, Prowse KR, Harley CB, West MD, Ho PL, Coviello GM, Wright WE, Weinrich SL, Shay JW. Specific association of human telomerase activity with immortal cells and cancer. *Science*. 1994 Dec 23;266(5193):2011–5
12. http://www.nlm.nih.gov/medlineplus/ency/anatomyvideos/000104.htm
13. Chiu CP, Dragowska W, Kim NW, Vaziri H, Yui J, Thomas TE, Harley CB, Lansdorp PM. Differential expression of telomerase activity in hematopoietic progenitors from adult human bone marrow. *Stem Cells*. 1996 Mar;14(2):239–48
14. Vaziri H, Dragowska W, Allsopp RC, Thomas TE, Harley CB, Lansdorp PM. Evidence for a mitotic clock in human hematopoietic

stem cells: loss of telomeric DNA with age. *Proc Natl Acad Sci U S A.* 1994 Oct 11;91(21):9857–60

15. Armanios M, Blackburn EH. The telomere syndromes. *Nat Rev Genet.* 2012 Oct;13(10):693–704
16. Armanios M, Blackburn EH. The telomere syndromes. *Nat Rev Genet.* 2012 Oct;13(10):693–704
17. For an excellent clinical description, and useful pictures, see Calado RT, Young NS. Telomere diseases. *N Engl J Med.* 2009 Dec 10;361(24):2353–65
18. Alder JK, Chen JJ, Lancaster L, Danoff S, Su SC, Cogan JD, Vulto I, Xie M, Qi X, Tuder RM, Phillips JA 3rd, Lansdorp PM, Loyd JE, Armanios MY. Short telomeres are a risk factor for idiopathic pulmonary fibrosis. *Proc Natl Acad Sci U S A.* 2008 Sep 2;105(35):13051–6
19. Armanios MY, Chen JJ, Cogan JD, Alder JK, Ingersoll RG, Markin C, Lawson WE, Xie M, Vulto I, Phillips JA 3rd, Lansdorp PM, Greider CW, Loyd JE. Telomerase mutations in families with idiopathic pulmonary fibrosis. *N Engl J Med.* 2007 Mar 29;356(13):1317–26
20. Tsakiri KD, Cronkhite JT, Kuan PJ, Xing C, Raghu G, Weissler JC, Rosenblatt RL, Shay JW, Garcia CK. Adult-onset pulmonary fibrosis caused by mutations in telomerase. *Proc Natl Acad Sci U S A.* 2007 May 1;104(18):7552–7
21. Cronkhite JT, Xing C, Raghu G, Chin KM, Torres F, Rosenblatt RL, Garcia CK. Telomere shortening in familial and sporadic pulmonary fibrosis. *Am J Respir Crit Care Med.* 2008 Oct 1;178(7):729–37
22. For a useful description see http://www.patient.co.uk/doctor/aplastic-anaemia
23. de la Fuente J, Dokal I. Dyskeratosis congenita: advances in the understanding of the telomerase defect and the role of stem cell transplantation. *Pediatr Transplant.* 2007 Sep;11(6):584–94
24. Armanios M, Chen JL, Chang YP, Brodsky RA, Hawkins A, Griffin CA, Eshleman JR, Cohen AR, Chakravarti A, Hamosh A, Greider CW. Haploinsufficiency of telomerase reverse transcriptase leads to anticipation in autosomal dominant dyskeratosis congenita. *Proc Natl Acad Sci U S A.* 2005 Nov 1;102(44):15960–4
25. http://www.who.int/mediacentre/factsheets/fs339/en/
26. Alder JK, Guo N, Kembou F, Parry EM, Anderson CJ, Gorgy AI,

Walsh MF, Sussan T, Biswal S, Mitzner W, Tuder RM, Armanios M. Telomere length is a determinant of emphysema susceptibility. *Am J Respir Crit Care Med*. 2011 Oct 15;184(8):904–12

27. Cited in Sahin E, Depinho RA. Linking functional decline of telomeres, mitochondria and stem cells during ageing. *Nature*. 2010 Mar 25;464(7288):520–8
28. Statistical factsheet from the American Heart Association on Older Americans & Cardiovascular Diseases, 2013 update
29. http://www.rcpsych.ac.uk/healthadvice/problemsdisorders/depressioninolderadults.aspx
30. Valdes AM, Andrew T, Gardner JP, Kimura M, Oelsner E, Cherkas LF, Aviv A, Spector TD. Obesity, cigarette smoking, and telomere length in women. *Lancet*. 2005 Aug 20–26;366(9486):662–4
31. Cawthon RM, Smith KR, O'Brien E, Sivatchenko A, Kerber RA. Association between telomere length in blood and mortality in people aged 60 years or older. *Lancet*. 2003 Feb 1;361(9355):393–5
32. Fitzpatrick AL, Kronmal RA, Kimura M, Gardner JP, Psaty BM, Jenny NS, Tracy RP, Hardikar S, Aviv A. Leukocyte telomere length and mortality in the Cardiovascular Health Study. *J Gerontol A Biol Sci Med Sci*. 2011 Apr;66(4):421–9
33. Atzmon G, Cho M, Cawthon RM, Budagov T, Katz M, Yang X, Siegel G, Bergman A, Huffman DM, Schechter CB, Wright WE, Shay JW, Barzilai N, Govindaraju DR, Suh Y. Evolution in health and medicine Sackler colloquium: Genetic variation in human telomerase is associated with telomere length in Ashkenazi centenarians. *Proc Natl Acad Sci U S A*. 2010 Jan 26;107 Suppl 1:1710–7
34. Segerstrom SC, Miller GE. Psychological stress and the human immune system: a meta-analytic study of 30 years of inquiry. *Psychol Bull*. 2004 Jul;130(4):601–30
35. Epel ES, Blackburn EH, Lin J, Dhabhar FS, Adler NE, Morrow JD, Cawthon RM. Accelerated telomere shortening in response to life stress. *Proc Natl Acad Sci U S A*. 2004 Dec 7;101(49):17312–5
36. http://www.who.int/mediacentre/factsheets/fs311/en/index.html
37. For a useful introduction to this field, see Tennen RI, Chua KF. Chromatin regulation and genome maintenance by mammalian SIRT6. *Trends Biochem Sci*. 2011 Jan;36(1):39–46

38. Valdes AM, Andrew T, Gardner JP, Kimura M, Oelsner E, Cherkas LF, Aviv A, Spector TD. Obesity, cigarette smoking, and telomere length in women. *Lancet*. 2005 Aug 20–26;366(9486):662–4
39. UNFPA report on Ageing in The Twenty-First Century, 2012
40. Jennings BJ, Ozanne SE, Dorling MW, Hales CN. Early growth determines longevity in male rats and may be related to telomere shortening in the kidney. *FEBS Lett*. 1999 Apr 1;448(1):4–8

第6章

1. From *The King and I*, 1956, screenplay by Ernest Lehman, 20th Century Fox
2. A good overview of the types of centromeres in the different arms of the evolutionary tree can be found in Ogiyama Y, Ishii K. The smooth and stable operation of centromeres. *Genes Genet Syst*. 2012;87(2):63–73
3. For a useful review, see Verdaasdonk JS, Bloom K. Centromeres: unique chromatin structures that drive chromosome segregation. *Nat Rev Mol Cell Biol*. 2011 May;12(5):320–32
4. Palmer DK, O'Day K, Wener MH, Andrews BS, Margolis RL. A 17-kD centromere protein (CENP-A) copurifies with nucleosome core particles and with histones. *J Cell Biol*. 1987 Apr;104(4):805–15
5. Takahashi K, Chen ES, Yanagida M. Requirement of Mis6 centromere connector for localizing a CENP-A-like protein in fission yeast. *Science*. 2000 Jun 23;288(5474):2215–9
6. Blower MD, Karpen GH. The role of Drosophila CID in kinetochore formation, cell-cycle progression and heterochromatin interactions. *Nat Cell Biol*. 2001 Aug;3(8):730–9
7. Hori T, Amano M, Suzuki A, Backer CB, Welburn JP, Dong Y, McEwen BF, Shang WH, Suzuki E, Okawa K, Cheeseman IM, Fukagawa T. CCAN makes multiple contacts with centromeric DNA to provide distinct pathways to the outer kinetochore. *Cell*. 2008 Dec 12;135(6):1039–52
8. Heun P, Erhardt S, Blower MD, Weiss S, Skora AD, Karpen GH. Mislocalization of the Drosophila centromere-specific histone CID promotes formation of functional ectopic kinetochores. *Dev Cell*. 2006 Mar;10(3):303–15.
9. Van Hooser AA, Ouspenski II, Gregson HC, Starr DA, Yen TJ,

Goldberg ML, Yokomori K, Earnshaw WC, Sullivan KF, Brinkley BR. Specification of kinetochore-forming chromatin by the histone H3 variant CENP-A. *J Cell Sci*. 2001 Oct;114(Pt 19):3529–42

10. Zuccolo M, Alves A, Galy V, Bolhy S, Formstecher E, Racine V, Sibarita JB, Fukagawa T, Shiekhattar R, Yen T, Doye V. The human Nup107-160 nuclear pore subcomplex contributes to proper kinetochore functions. *EMBO J*. 2007 Apr 4;26(7):1853–64
11. Palmer DK, O'Day K, Wener MH, Andrews BS, Margolis RL. A 17-kD centromere protein (CENP-A) copurifies with nucleosome core particles and with histones. *J Cell Biol*. 1987 Apr;104(4):805–15
12. Sekulic N, Bassett EA, Rogers DJ, Black BE. The structure of (CENP-A-H4)(2) reveals physical features that mark centromeres. *Nature*. 2010 Sep 16;467(7313):347–51
13. Warburton PE, Cooke CA, Bourassa S, Vafa O, Sullivan BA, Stetten G, Gimelli G, Warburton D, Tyler-Smith C, Sullivan KF, Poirier GG, Earnshaw WC. Immunolocalization of CENP-A suggests a distinct nucleosome structure at the inner kinetochore plate of active centromeres. *Curr Biol*. 1997 Nov 1;7(11):901–4
14. For a very good analysis of this model, see Sekulic N, Black BE. Molecular underpinnings of centromere identity and maintenance. *Trends Biochem Sci*. 2012 Jun;37(6):220–9
15. If you are interested in learning more about the details of this process, and the epigenetic modifications involved, see González-Barrios R, Soto-Reyes E, Herrera LA. Assembling pieces of the centromere epigenetics puzzle. *Epigenetics*. 2012 Jan 1;7(1):3–13
16. From the song 'Something Good' in the movie version of *The Sound of Music*, 1965, 20th Century Fox
17. A particularly important protein in this respect is call HJURP, and more information can be found in Sekulic N, Black BE. Molecular underpinnings of centromere identity and maintenance. *Trends Biochem Sci*. 2012 Jun;37(6):220–9
18. Palmer DK, O'Day K, Margolis RL. The centromere specific histone CENP-A is selectively retained in discrete foci in mammalian sperm nuclei. *Chromosoma*. 1990 Dec;100(1):32–6
19. Schiff PB, Fant J, Horwitz SB. Promotion of microtubule assembly in vitro by taxol. *Nature*. 1979 Feb 22;277(5698):665–7

20. http://www.cancerresearchuk.org/cancer-help/about-cancer/treatment/cancer-drugs/paclitaxel
21. Figure quoted in Rajagopalan H, Lengauer C. Aneuploidy and cancer. *Nature*. 2004 Nov 18;432(7015):338–41
22. For a review of this issue, see Pfau SJ, Amon A. Chromosomal instability and aneuploidy in cancer: from yeast to man. *EMBO Rep*. 2012 Jun 1;13(6):515–27
23. Rehen SK, Yung YC, McCreight MP, Kaushal D, Yang AH, Almeida BS, Kingsbury MA, Cabral KM, McConnell MJ, Anliker B, Fontanoz M, Chun J. Constitutional aneuploidy in the normal human brain. *J Neurosci*. 2005 Mar 2;25(9):2176–80
24. Rehen SK, McConnell MJ, Kaushal D, Kingsbury MA, Yang AH, Chun J. Chromosomal variation in neurons of the developing and adult mammalian nervous system. *Proc Natl Acad Sci U S A*. 2001 Nov 6;98(23):13361–6
25. Kingsbury MA, Friedman B, McConnell MJ, Rehen SK, Yang AH, Kaushal D, Chun J. Aneuploid neurons are functionally active and integrated into brain circuitry. *Proc Natl Acad Sci U S A*. 2005 Apr 26;102(17):6143–7
26. Melchiorri C, Chieco P, Zedda AI, Coni P, Ledda-Columbano GM, Columbano A. Ploidy and nuclearity of rat hepatocytes after compensatory regeneration or mitogen-induced liver growth. *Carcinogenesis*. 1993 Sep;14(9):1825–30
27. For an extraordinary account of the ill-tempered controversy over who exactly identified the cause of Down's Syndrome, which is still raging after 50 years, see http://www.nature.com/news/down-s-syndrome-discovery-dispute-resurfaces-in-france-1.14690
28. For more information on the medical and social aspects of Down's Syndrome there are a large number of patient advocacy groups such as http://www.downs-syndrome.org.uk/
29. http://www.nhs.uk/conditions/edwards-syndrome/Pages/Introduction.aspx
30. http://www.cafamily.org.uk/medical-information/conditions/p/patau-syndrome/
31. Toner JP, Grainger DA, Frazier LM. Clinical outcomes among recipients of donated eggs: an analysis of the U.S. national experience, 1996–1998. *Fertil Steril*. 2002 Nov;78(5):1038–45

第7章

1. Statistical Bulletin from the Office for National Statistics, 8 August 2013 Annual Mid-year Population Estimates, 2011 and 2012
2. The publication that demonstrated the importance of this gene is Berta P, Hawkins JR, Sinclair AH, Taylor A, Griffiths BL, Goodfellow PN, Fellous M. Genetic evidence equating SRY and the testis-determining factor. *Nature*. 1990 Nov 29;348(6300):448–50
3. Yamauchi Y, Riel JM, Stoytcheva Z, Ward MA. Two Y genes can replace the entire Y chromosome for assisted reproduction in the mouse. *Science*. 2014 Jan 3;343(6166):69–72
4. Ross MT et al., The DNA sequence of the human X chromosome. *Nature*. 2005 Mar 17;434(7031):325–37
5. Brown CJ, Lafreniere RG, Powers VE, Sebastio G, Ballabio A, Pettigrew AL, Ledbetter DH, Levy E, Craig IW, Willard HF. Localization of the X inactivation centre on the human X chromosome in Xq13. *Nature*. 1991 Jan 3;349(6304):82–4
6. Brown CJ, Ballabio A, Rupert JL, Lafreniere RG, Grompe M, Tonlorenzi R, Willard HF. A gene from the region of the human X inactivation centre is expressed exclusively from the inactive X chromosome. *Nature*. 1991 Jan 3;349(6304):38–44
7. Brown CJ, Hendrich BD, Rupert JL, Lafrenière RG, Xing Y, Lawrence J, Willard HF. The human XIST gene: analysis of a 17 kb inactive X-specific RNA that contains conserved repeats and is highly localized within the nucleus. *Cell*. 1992 Oct 30;71(3):527–42
8. Brockdorff N, Ashworth A, Kay GF, McCabe VM, Norris DP, Cooper PJ, Swift S, Rastan S. The product of the mouse Xist gene is a 15 kb inactive X-specific transcript containing no conserved ORF and located in the nucleus. *Cell*. 1992 Oct 30;71(3):515–26
9. Lee JT, Strauss WM, Dausman JA, Jaenisch R. A 450 kb transgene displays properties of the mammalian X-inactivation center. *Cell*. 1996 Jul 12;86(1):83–94
10. For a comprehensive review of this process, see Lee JT. The X as model for RNA's niche in epigenomic regulation. *Cold Spring Harb Perspect Biol*. 2010 Sep;2(9):a003749
11. Xu N, Tsai CL, Lee JT. Transient homologous chromosome

pairing marks the onset of X inactivation. *Science*. 2006 Feb 24;311(5764):1149–52

12. For a fascinating précis of the spread of haemophilia through the European royal families, see http://www.hemophilia.org/NHFWeb/MainPgs/MainNHF.aspx?menuid=178&contentid=6
13. For more information on this condition see http://www.nhs.uk/conditions/Rett-syndrome/Pages/Introduction.aspx
14. Amir RE, Van den Veyver IB, Wan M, Tran CQ, Francke U, Zoghbi HY. Rett syndrome is caused by mutations in X-linked MECP2, encoding methyl-CpG-binding protein 2. *Nat Genet*. 1999 Oct;23(2):185–8
15. For more information on this condition, see http://www.nlm.nih.gov/medlineplus/ency/article/000705.htm
16. Hoffman EP, Brown RH Jr, Kunkel LM. Dystrophin: the protein product of the Duchenne muscular dystrophy locus. *Cell*. 1987 Dec 24;51(6):919–28
17. Pena SD, Karpati G, Carpenter S, Fraser FC. The clinical consequences of X-chromosome inactivation: Duchenne muscular dystrophy in one of monozygotic twins. *J Neurol Sci*. 1987 Jul;79(3):337–44
18. Shin T, Kraemer D, Pryor J, Liu L, Rugila J, Howe L, Buck S, Murphy K, Lyons L, Westhusin M. A cat cloned by nuclear transplantation. *Nature*. 2002 Feb 21;415(6874):859

第8章

1. Schmitt AM, Chang HY. Gene regulation: Long RNAs wire up cancer growth. *Nature*. 2013 Aug 29;500(7464):536–7
2. Volders PJ, Helsens K, Wang X, Menten B, Martens L, Gevaert K, Vandesompele J, Mestdagh P. LNCipedia: a database for annotated human long-noncoding RNA transcript sequences and structures. *Nucleic Acids Res*. 2013 Jan;41(Database issue):D246–51
3. ENCODE Project Consortium, Bernstein BE, Birney E, Dunham I, Green ED, Gunter C, Snyder M. An integrated encyclopedia of DNA elements in the human genome. *Nature*. 2012 Sep 6;489(7414):57–74
4. Tay Y, Rinn J, Pandolfi PP. The multilayered complexity of ceRNA crosstalk and competition. *Nature*. 2014 Jan 16;505(7483):344–52

5. Derrien T, Johnson R, Bussotti G, Tanzer A, Djebali S, Tilgner H, Guernec G, Martin D, Merkel A, Knowles DG, Lagarde J, Veeravalli L, Ruan X, Ruan Y, Lassmann T, Carninci P, Brown JB, Lipovich L, Gonzalez JM, Thomas M, Davis CA, Shiekhattar R, Gingeras TR, Hubbard TJ, Notredame C, Harrow J, Guigó R. The GENCODE v7 catalog of human long noncoding RNAs: analysis of their gene structure, evolution, and expression. *Genome Res*. 2012 Sep;22(9):1775–89
6. Ulitsky I, Shkumatava A, Jan CH, Sive H, Bartel DP. Conserved function of lincRNAs in vertebrate embryonic development despite rapid sequence evolution. *Cell*. 2011 Dec 23;147(7):1537–50
7. Cabili MN, Trapnell C, Goff L, Koziol M, Tazon-Vega B, Regev A, Rinn JL. Integrative annotation of human large intergenic noncoding RNAs reveals global properties and specific subclasses. *Genes Dev*. 2011 Sep 15;25(18):1915–27
8. Church DM, Goodstadt L, Hillier LW, Zody MC, Goldstein S, She X, Bult CJ, Agarwala R, Cherry JL, DiCuccio M, Hlavina W, Kapustin Y, Meric P, Maglott D, Birtle Z, Marques AC, Graves T, Zhou S, Teague B, Potamousis K, Churas C, Place M, Herschleb J, Runnheim R, Forrest D, Amos-Landgraf J, Schwartz DC, Cheng Z, Lindblad-Toh K, Eichler EE, Ponting CP; Mouse Genome Sequencing Consortium. Lineage-specific biology revealed by a finished genome assembly of the mouse. *PLoS Biol*. 2009 May 5;7(5):e1000112
9. Necsulea A, Soumillon M, Warnefors M, Liechti A, Daish T, Zeller U, Baker JC, Grützner F, Kaessmann H. The evolution of long-noncoding RNA repertoires and expression patterns in tetrapods. *Nature*. 2014 Jan 30;505(7485):635–40
10. Wahlestedt C. Targeting long non-coding RNA to therapeutically upregulate gene expression. *Nat Rev Drug Discov*. 2013 Jun;12(6):433–46
11. Mercer TR, Dinger ME, Sunkin SM, Mehler MF, Mattick JS. Specific expression of long noncoding RNAs in the mouse brain. *Proc Natl Acad Sci U S A*. 2008 Jan 15;105(2):716–21
12. For a very useful review of this class and how it fits into the wider long non-coding RNA landscape, see Ulitsky I, Bartel DP. lincRNAs: genomics, evolution, and mechanisms. *Cell*. 2013 Jul 3;154(1):26–46

13. Guttman M, Donaghey J, Carey BW, Garber M, Grenier JK, Munson G, Young G, Lucas AB, Ach R, Bruhn L, Yang X, Amit I, Meissner A, Regev A, Rinn JL, Root DE, Lander ES. lincRNAs act in the circuitry controlling pluripotency and differentiation. *Nature*. 2011 Aug 28;477(7364):295–300
14. Wang KC, Yang YW, Liu B, Sanyal A, Corces-Zimmerman R, Chen Y, Lajoie BR, Protacio A, Flynn RA, Gupta RA, Wysocka J, Lei M, Dekker J, Helms JA, Chang HY. A long noncoding RNA maintains active chromatin to coordinate homeotic gene expression. *Nature*. 2011 Apr 7;472(7341):120–4
15. Li L, Liu B, Wapinski OL, Tsai MC, Qu K, Zhang J, Carlson JC, Lin M, Fang F, Gupta RA, Helms JA, Chang HY. Targeted disruption of Hotair leads to homeotic transformation and gene derepression. *Cell Rep*. 2013 Oct 17;5(1):3–12
16. Du Z, Fei T, Verhaak RG, Su Z, Zhang Y, Brown M, Chen Y, Liu XS. Integrative genomic analyses reveal clinically relevant long noncoding RNAs in human cancer. *Nat Struct Mol Biol*. 2013 Jul;20(7):908–13
17. For a useful review of this area, see Cheetham SW, Gruhl F, Mattick JS, Dinger ME. Long noncoding RNAs and the genetics of cancer. *Br J Cancer*. 2013 Jun 25;108(12):2419–25
18. Yap KL, Li S, Muñoz-Cabello AM, Raguz S, Zeng L, Mujtaba S, Gil J, Walsh MJ, Zhou MM. Molecular interplay of the noncoding RNA ANRIL and methylated histone H3 lysine 27 by polycomb CBX7 in transcriptional silencing of INK4a. *Mol Cell*. 2010 Jun 11;38(5):662–74
19. Kotake Y, Nakagawa T, Kitagawa K, Suzuki S, Liu N, Kitagawa M, Xiong Y. Long non-coding RNA ANRIL is required for the PRC2 recruitment to and silencing of p15(INK4B) tumor suppressor gene. *Oncogene*. 2011 Apr 21;30(16):1956–62
20. Yang Z, Zhou L, Wu LM, Lai MC, Xie HY, Zhang F, Zheng SS. Overexpression of long non-coding RNA HOTAIR predicts tumor recurrence in hepatocellular carcinoma patients following liver transplantation. *Ann Surg Oncol*. 2011 May;18(5):1243–50
21. Ishibashi M, Kogo R, Shibata K, Sawada G, Takahashi Y, Kurashige J, Akiyoshi S, Sasaki S, Iwaya T, Sudo T, Sugimachi K, Mimori K, Wakabayashi G, Mori M. Clinical significance of the expression of long

non-coding RNA HOTAIR in primary hepatocellular carcinoma. *Oncol Rep*. 2013 Mar;29(3):946–50

22. Kim K, Jutooru I, Chadalapaka G, Johnson G, Frank J, Burghardt R, Kim S, Safe S. HOTAIR is a negative prognostic factor and exhibits pro-oncogenic activity in pancreatic cancer. *Oncogene*. 2013 Mar 8;32(13):1616–25
23. Gupta RA, Shah N, Wang KC, Kim J, Horlings HM, Wong DJ, Tsai MC, Hung T, Argani P, Rinn JL, Wang Y, Brzoska P, Kong B, Li R, West RB, van de Vijver MJ, Sukumar S, Chang HY. Long non-coding RNA HOTAIR reprograms chromatin state to promote cancer metastasis. *Nature*. 2010 Apr 15;464(7291):1071–6
24. Yang L, Lin C, Jin C, Yang JC, Tanasa B, Li W, Merkurjev D, Ohgi KA, Meng D, Zhang J, Evans CP, Rosenfeld MG. Long-noncoding RNA-dependent mechanisms of androgen-receptor-regulated gene activation programs. *Nature*. 2013 Aug 29;500(7464):598–602
25. Prensner JR, Iyer MK, Sahu A, Asangani IA, Cao Q, Patel L, Vergara IA, Davicioni E, Erho N, Ghadessi M, Jenkins RB, Triche TJ, Malik R, Bedenis R, McGregor N, Ma T, Chen W, Han S, Jing X, Cao X, Wang X, Chandler B, Yan W, Siddiqui J, Kunju LP, Dhanasekaran SM, Pienta KJ, Feng FY, Chinnaiyan AM. The long noncoding RNA SChLAP1 promotes aggressive prostate cancer and antagonizes the SWI/SNF complex. *Nat Genet*. 2013 Nov;45(11):1392–8
26. Necsulea A, Soumillon M, Warnefors M, Liechti A, Daish T, Zeller U, Baker JC, Grützner F, Kaessmann H. The evolution of long-noncoding RNA repertoires and expression patterns in tetrapods. *Nature*. 2014 Jan 30;505(7485):635–40
27. For an interesting critique of this issue, see Fatica A, Bozzoni I. Long non-coding RNAs: new players in cell differentiation and development. *Nat Rev Genet*. 2014 Jan;15(1):7–21
28. Bernard D, Prasanth KV, Tripathi V, Colasse S, Nakamura T, Xuan Z, Zhang MQ, Sedel F, Jourdren L, Coulpier F, Triller A, Spector DL, Bessis A. A long nuclear-retained non-coding RNA regulates synaptogenesis by modulating gene expression. *EMBO J*. 2010 Sep 15;29(18):3082–93
29. Pollard KS, Salama SR, Lambert N, Lambot MA, Coppens S, Pedersen JS, Katzman S, King B, Onodera C, Siepel A, Kern AD, Dehay C, Igel

H, Ares M Jr, Vanderhaeghen P, Haussler D. An RNA gene expressed during cortical development evolved rapidly in humans. *Nature*. 2006 Sep 14;443(7108):167–72

30. http://www.who.int/mental_health/publications/dementia_report_2012/en/
31. Faghihi MA, Modarresi F, Khalil AM, Wood DE, Sahagan BG, Morgan TE, Finch CE, St Laurent G 3rd, Kenny PJ, Wahlestedt C. Expression of a noncoding RNA is elevated in Alzheimer's disease and drives rapid feed-forward regulation of beta-secretase. *Nat Med*. 2008 Jul;14(7):723–30
32. Modarresi F, Faghihi MA, Patel NS, Sahagan BG, Wahlestedt C, Lopez-Toledano MA. Knockdown of BACE1-AS Nonprotein-Coding Transcript Modulates Beta-Amyloid-Related Hippocampal Neurogenesis. *Int J Alzheimers Dis*. 2011;2011:929042
33. Zhao X, Tang Z, Zhang H, Atianjoh FE, Zhao JY, Liang L, Wang W, Guan X, Kao SC, Tiwari V, Gao YJ, Hoffman PN, Cui H, Li M, Dong X, Tao YX. A long noncoding RNA contributes to neuropathic pain by silencing Kcna2 in primary afferent neurons. *Nat Neurosci*. 2013 Aug;16(8):1024–31
34. For a useful review, see for example Wahlestedt C. Targeting long non-coding RNA to therapeutically upregulate gene expression. *Nat Rev Drug Discov*. 2013 Jun;12(6):433–46
35. Bird A. Genome biology: not drowning but waving. *Cell*. 2013 Aug 29;154(5):951–2

第9章

1. If you want to learn more about this topic, have a read of my first book, *The Epigenetics Revolution*.
2. Guttman M, Donaghey J, Carey BW, Garber M, Grenier JK, Munson G, Young G, Lucas AB, Ach R, Bruhn L, Yang X, Amit I, Meissner A, Regev A, Rinn JL, Root DE, Lander ES. lincRNAs act in the circuitry controlling pluripotency and differentiation. *Nature*. 2011 Aug 28;477(7364):295–300
3. Guil S, Soler M, Portela A, Carrère J, Fonalleras E, Gómez A, Villanueva A, Esteller M. Intronic RNAs mediate EZH2 regulation of epigenetic targets. *Nat Struct Mol Biol*. 2012 Jun 3;19(7):664–70

4. Varambally S, Dhanasekaran SM, Zhou M, Barrette TR, Kumar-Sinha C, Sanda MG, Ghosh D, Pienta KJ, Sewalt RG, Otte AP, Rubin MA, Chinnaiyan AM. The polycomb group protein EZH2 is involved in progression of prostate cancer. *Nature*. 2002 Oct 10;419(6907):624–9
5. Kleer CG, Cao Q, Varambally S, Shen R, Ota I, Tomlins SA, Ghosh D, Sewalt RG, Otte AP, Hayes DF, Sabel MS, Livant D, Weiss SJ, Rubin MA, Chinnaiyan AM. EZH2 is a marker of aggressive breast cancer and promotes neoplastic transformation of breast epithelial cells. *Proc Natl Acad Sci U S A*. 2003 Sep 30;100(20):11606–11.
6. Sneeringer CJ, Scott MP, Kuntz KW, Knutson SK, Pollock RM, Richon VM, Copeland RA. Coordinated activities of wild-type plus mutant EZH2 drive tumor-associated hypertrimethylation of lysine 27 on histone H3 (H3K27) in human B-cell lymphomas. *Proc Natl Acad Sci U S A*. 2010 Dec 7;107(49):20980–5
7. http://clinicaltrials.gov/ct2/show/NCT01897571?term=7438&rank=1
8. Kotake Y, Nakagawa T, Kitagawa K, Suzuki S, Liu N, Kitagawa M, Xiong Y. Long non-coding RNA ANRIL is required for the PRC2 recruitment to and silencing of p15(INK4B) tumor suppressor gene. *Oncogene*. 2011 Apr 21;30(16):1956–62
9. Tsai MC, Manor O, Wan Y, Mosammaparast N, Wang JK, Lan F, Shi Y, Segal E, Chang HY. Long noncoding RNA as modular scaffold of histone modification complexes. *Science*. 2010 Aug 6;329(5992):689–93
10. For a recent major paper on this see Davidovich C, Zheng L, Goodrich KJ, Cech TR. Promiscuous RNA binding by Polycomb repressive complex 2. *Nat Struct Mol Biol*. 2013 Nov;20(11):1250–7
11. For a slightly more accessible summary of the above paper, see Goff LA, Rinn JL. Poly-combing the genome for RNA. *Nat Struct Mol Biol*. 2013 Dec;20(12):1344–6
12. Di Ruscio A, Ebralidze AK, Benoukraf T, Amabile G, Goff LA, Terragni J, Figueroa ME, De Figueiredo Pontes LL, Alberich-Jorda M, Zhang P, Wu M, D'Alò F, Melnick A, Leone G, Ebralidze KK, Pradhan S, Rinn JL, Tenen DG. DNMT1-interacting RNAs block gene-specific DNA methylation. *Nature*. 2013 Nov 21;503(7476):371–6
13. For an overview of all the complex stages in this process see Froberg JE, Yang L, Lee JT. Guided by RNAs: X-inactivation as a model for long non-coding RNA function. *J Mol Biol*. 2013 Oct 9;425(19):3698–706

14. Froberg JE, Yang L, Lee JT. Guided by RNAs: X-inactivation as a model for long non-coding RNA function. *J Mol Biol*. 2013 Oct 9;425(19):3698–706
15. Michaud EJ, van Vugt MJ, Bultman SJ, Sweet HO, Davisson MT, Woychik RP. Differential expression of a new dominant agouti allele (Aiapy) is correlated with methylation state and is influenced by parental lineage. *Genes Dev*. 1994 Jun 15;8(12):1463–72

第10章

1. For a contemporaneous review of the work see Surani MA, Barton SC, Norris ML. Experimental reconstruction of mouse eggs and embryos: an analysis of mammalian development. *Biol Reprod*. 1987 Feb;36(1):1–16
2. An online depository of imprinted mouse sequences can be found at http://www.mousebook.org/catalog.php?catalog=imprinting
3. For a useful review see Guenzl PM, Barlow DP. Macro long non-coding RNAs: a new layer of cis-regulatory information in the mammalian genome. *RNA Biol*. 2012 Jun;9(6):731–41
4. For a recent review of imprinting in marsupials see Graves JA, Renfree MB. Marsupials in the age of genomics. *Annu Rev Genomics Hum Genet*. 2013;14:393–420
5. Landers M, Bancescu DL, Le Meur E, Rougeulle C, Glatt-Deeley H, Brannan C, Muscatelli F, Lalande M. Regulation of the large (approximately 1000 kb) imprinted murine Ube3a antisense transcript by alternative exons upstream of Snurf/Snrpn. *Nucleic Acids Res*. 2004 Jun 29;32(11):3480–92
6. Terranova R, Yokobayashi S, Stadler MB, Otte AP, van Lohuizen M, Orkin SH, Peters AH. Polycomb group proteins Ezh2 and Rnf2 direct genomic contraction and imprinted repression in early mouse embryos. *Dev Cell*. 2008 Nov;15(5):668–79
7. Wagschal A, Sutherland HG, Woodfine K, Henckel A, Chebli K, Schulz R, Oakey RJ, Bickmore WA, Feil R. G9a histone methyltransferase contributes to imprinting in the mouse placenta. *Mol Cell Biol*. 2008 Feb;28(3):1104–13
8. Nagano T, Mitchell JA, Sanz LA, Pauler FM, Ferguson-Smith AC, Feil R, Fraser P. The Air noncoding RNA epigenetically silences

transcription by targeting G9a to chromatin. *Science*. 2008 Dec 12;322(5908):1717–20

9. Reviewed in Koerner MV, Pauler FM, Huang R, Barlow DP. The function of non-coding RNAs in genomic imprinting. *Development*. 2009 Jun;136(11):1771–83
10. Barlow DP. Methylation and imprinting: from host defense to gene regulation? *Science*. 1993 Apr 16;260(5106):309–10
11. Reviewed in Skaar DA, Li Y, Bernal AJ, Hoyo C, Murphy SK, Jirtle RL. The human imprintome: regulatory mechanisms, methods of ascertainment, and roles in disease susceptibility. *ILAR J*. 2012 Dec;53(3–4):341–58
12. A description of the actions of these proteins in the methylation of the maternal ICE can be found in Bourc'his D, Proudhon C. Sexual dimorphism in parental imprint ontogeny and contribution to embryonic development. *Mol Cell Endocrinol*. 2008 Jan 30;282(1–2):87–94
13. The paper that demonstrated the importance of this protein for maintaining the maternal imprint is Hirasawa R, Chiba H, Kaneda M, Tajima S, Li E, Jaenisch R, Sasaki H. Maternal and zygotic Dnmt1 are necessary and sufficient for the maintenance of DNA methylation imprints during preimplantation development. *Genes Dev*. 2008 Jun 15;22(12):1607–16
14. Reinhart B, Paoloni-Giacobino A, Chaillet JR. Specific differentially methylated domain sequences direct the maintenance of methylation at imprinted genes. *Mol Cell Biol*. 2006 Nov;26(22):8347–56
15. Skaar DA, Li Y, Bernal AJ, Hoyo C, Murphy SK, Jirtle RL. The human imprintome: regulatory mechanisms, methods of ascertainment, and roles in disease susceptibility. *ILAR J*. 2012 Dec;53(3–4):341–58
16. Kawahara M, Wu Q, Takahashi N, Morita S, Yamada K, Ito M, Ferguson-Smith AC, Kono T. High-frequency generation of viable mice from engineered bi-maternal embryos. *Nat Biotechnol*. 2007 Sep;25(9):1045–50
17. Reviewed in Fatica A, Bozzoni I. Long non-coding RNAs: new players in cell differentiation and development. *Nat Rev Genet*. 2014 Jan;15(1):7–21
18. For a review of this aspect, see Frost JM, Moore GE. The importance

of imprinting in the human placenta. *PLoS Genet.* 2010 Jul 1;6(7):e1001015

19. For a full description see http://omim.org/entry/176270
20. For a full description see http://omim.org/entry/105830
21. de Smith AJ, Purmann C, Walters RG, Ellis RJ, Holder SE, Van Haelst MM, Brady AF, Fairbrother UL, Dattani M, Keogh JM, Henning E, Yeo GS, O'Rahilly S, Froguel P, Farooqi IS, Blakemore AI. A deletion of the HBII-85 class of small nucleolar RNAs (snoRNAs) is associated with hyperphagia, obesity and hypogonadism. *Hum Mol Genet.* 2009 Sep 1;18(17):3257–65
22. Duker AL, Ballif BC, Bawle EV, Person RE, Mahadevan S, Alliman S, Thompson R, Traylor R, Bejjani BA, Shaffer LG, Rosenfeld JA, Lamb AN, Sahoo T. Paternally inherited microdeletion at 15q11.2 confirms a significant role for the SNORD116 C/D box snoRNA cluster in Prader-Willi syndrome. *Eur J Hum Genet.* 2010 Nov;18(11):1196–201
23. Sahoo T, del Gaudio D, German JR, Shinawi M, Peters SU, Person RE, Garnica A, Cheung SW, Beaudet AL. Prader-Willi phenotype caused by paternal deficiency for the HBII-85 C/D box small nucleolar RNA cluster. *Nat Genet.* 2008 Jun;40(6):719–21
24. For a full description see http://omim.org/entry/180860
25. For a full description see http://omim.org/entry/130650
26. Data collated in Kotzot D. Maternal uniparental disomy 14 dissection of the phenotype with respect to rare autosomal recessively inherited traits, trisomy mosaicism, and genomic imprinting. *Ann Genet.* 2004 Jul-Sep;47(3):251–60
27. Kagami M, Sekita Y, Nishimura G, Irie M, Kato F, Okada M, Yamamori S, Kishimoto H, Nakayama M, Tanaka Y, Matsuoka K, Takahashi T, Noguchi M, Tanaka Y, Masumoto K, Utsunomiya T, Kouzan H, Komatsu Y, Ohashi H, Kurosawa K, Kosaki K, Ferguson-Smith AC, Ishino F, Ogata T. Deletions and epimutations affecting the human 14q32.2 imprinted region in individuals with paternal and maternal upd(14)-like phenotypes. *Nat Genet.* 2008 Feb;40(2):237–42
28. For a detailed review of the inheritance and clinical characteristics of various human imprinting disorders, see the review by Ishida M, Moore GE. The role of imprinted genes in humans. *Mol Aspects Med.* 2013 Jul-Aug;34(4):826–40

29. Press release on 14 October 2013 from American Society for Reproductive Medicine http://www.asrm.org/Five_Million_Babies_Born_with_Help_of_Assisted_Reproductive_Technologies/
30. This is discussed in some detail in Ishida M, Moore GE. The role of imprinted genes in humans. *Mol Aspects Med.* 2013 Jul–Aug;34(4):826–40

第11章

1. Reviewed in Moss T, Langlois F, Gagnon-Kugler T, Stefanovsky V. A housekeeper with power of attorney: the rRNA genes in ribosome biogenesis. *Cell Mol Life Sci.* 2007 Jan;64(1):29–49
2. For more information on ribosomes and rRNAs it is easiest to refer to a good molecular biology textbook such as *Molecular Biology of the Cell, 5th Edition* by Alberts, Johnson, Lewis, Raff, Roberts and Walter, 2012.
3. http://www.nobelprize.org/educational/medicine/dna/a/translation/trna.html
4. http://www.bscb.org/?url=softcell/ribo
5. Reviewed in Zentner GE, Saiakhova A, Manaenkov P, Adams MD, Scacheri PC. Integrative genomic analysis of human ribosomal DNA. *Nucleic Acids Res.* 2011 Jul;39(12):4949–60
6. This whole area of diseases caused by defects in ribosomal proteins is interestingly, if occasionally rather provocatively reviewed in Narla A, Ebert BL. Ribosomopathies: human disorders of ribosome dysfunction. *Blood.* 2010 Apr 22;115(16):3196–205
7. International Human Genome Sequencing Consortium. Initial sequencing and analysis of the human genome. *Nature.* 2001 Feb 15;409(6822):860–921
8. See for example Hedges SB, Blair JE, Venturi ML, Shoe JL. A molecular timescale of eukaryote evolution and the rise of complex multicellular life. *BMC Evol Biol.* 2004 Jan 28;4:2
9. Reviewed in Wilson DN. Ribosome-targeting antibiotics and mechanisms of bacterial resistance. *Nat Rev Microbiol.* 2014 Jan;12(1):35–48
10. http://www.genenames.org/rna/TRNA#MTTRNA
11. Once again I would recommend a good molecular biology textbook if you would like to learn more, such as *Molecular Biology of the Cell, 5th Edition* by Alberts, Johnson, Lewis, Raff, Roberts and Walter, 2012

12. McFarland R, Schaefer AM, Gardner JL, Lynn S, Hayes CM, Barron MJ, Walker M, Chinnery PF, Taylor RW, Turnbull DM. Familial myopathy: new insights into the T14709C mitochondrial tRNA mutation. *Ann Neurol*. 2004 Apr;55(4):478–84
13. Zheng J, Ji Y, Guan MX. Mitochondrial tRNA mutations associated with deafness. *Mitochondrion*. 2012 May;12(3):406–13
14. Qiu Q, Li R, Jiang P, Xue L, Lu Y, Song Y, Han J, Lu Z, Zhi S, Mo JQ, Guan MX. Mitochondrial tRNA mutations are associated with maternally inherited hypertension in two Han Chinese pedigrees. *Hum Mutat*. 2012 Aug;33(8):1285–93
15. Giordano C, Perli E, Orlandi M, Pisano A, Tuppen HA, He L, Ierinò R, Petruzziello L, Terzi A, Autore C, Petrozza V, Gallo P, Taylor RW, d'Amati G. Cardiomyopathies due to homoplasmic mitochondrial tRNA mutations: morphologic and molecular features. *Hum Pathol*. 2013 Jul;44(7):1262–70
16. Lincoln TA, Joyce GF. Self-sustained replication of an RNA enzyme. *Science*. 2009 Feb 27;323(5918):1229–32
17. Sczepanski JT, Joyce GF. A cross-chiral RNA polymerase ribozyme. *Nature*. Published online 29 October 2014

第12章

1. An overview of MYC's role, and the importance of chromosomal rearrangements can be found in Ott G, Rosenwald A, Campo E. Understanding MYC-driven aggressive B-cell lymphomas: pathogenesis and classification. *Blood*. 2013 Dec 5;122(24):3884–91
2. http://www.nlm.nih.gov/medlineplus/ency/article/001308.htm
3. Whyte WA, Orlando DA, Hnisz D, Abraham BJ, Lin CY, Kagey MH, Rahl PB, Lee TI, Young RA. Master transcription factors and mediator establish super-enhancers at key cell identity genes. *Cell*. 2013 Apr 11;153(2):307–19
4. Ostuni R, Piccolo V, Barozzi I, Polletti S, Termanini A, Bonifacio S, Curina A, Prosperini E, Ghisletti S, Natoli G. Latent enhancers activated by stimulation in differentiated cells. *Cell*. 2013 Jan 17;152(1–2):157–71
5. Akhtar-Zaidi B, Cowper-Sal-lari R, Corradin O, Saiakhova A, Bartels CF, Balasubramanian D, Myeroff L, Lutterbaugh J, Jarrar A, Kalady

MF, Willis J, Moore JH, Tesar PJ, Laframboise T, Markowitz S, Lupien M, Scacheri PC. Epigenomic enhancer profiling defines a signature of colon cancer. *Science*. 2012 May 11;336(6082):736–9

6. ENCODE Project Consortium, Bernstein BE, Birney E, Dunham I, Green ED, Gunter C, Snyder M. An integrated encyclopedia of DNA elements in the human genome. *Nature*. 2012 Sep 6;489(7414):57–74
7. For a description of these types of long non-coding RNAs see Ørom UA, Shiekhattar R. Long noncoding RNAs usher in a new era in the biology of enhancers. *Cell*. 2013 Sep 12;154(6):1190–3
8. Ørom UA, Derrien T, Beringer M, Gumireddy K, Gardini A, Bussotti G, Lai F, Zytnicki M, Notredame C, Huang Q, Guigo R, Shiekhattar R. Long noncoding RNAs with enhancer-like function in human cells. *Cell*. 2010 Oct 1;143(1):46–58
9. De Santa F, Barozzi I, Mietton F, Ghisletti S, Polletti S, Tusi BK, Muller H, Ragoussis J, Wei CL, Natoli G. A large fraction of extragenic RNA pol II transcription sites overlap enhancers. *PLoS Biol*. 2010 May 11;8(5):e1000384
10. Hah N, Murakami S, Nagari A, Danko CG, Kraus WL. Enhancer transcripts mark active estrogen receptor binding sites. *Genome Res*. 2013 Aug;23(8):1210–23
11. Lai F, Ørom UA, Cesaroni M, Beringer M, Taatjes DJ, Blobel GA, Shiekhattar R. Activating RNAs associate with Mediator to enhance chromatin architecture and transcription. *Nature*. 2013 Feb 28;494(7438):497–501
12. Risheg H, Graham JM Jr, Clark RD, Rogers RC, Opitz JM, Moeschler JB, Peiffer AP, May M, Joseph SM, Jones JR, Stevenson RE, Schwartz CE, Friez MJ. A recurrent mutation in MED12 leading to R961W causes Opitz-Kaveggia syndrome. *Nat Genet*. 2007 Apr;39(4):451–3
13. The role of super-enhancers in pluripotent cells was first identified in Whyte WA, Orlando DA, Hnisz D, Abraham BJ, Lin CY, Kagey MH, Rahl PB, Lee TI, Young RA. Master transcription factors and mediator establish super-enhancers at key cell identity genes. *Cell*. 2013 Apr 11;153(2):307–19
14. Takahashi K, Yamanaka S. Induction of pluripotent stem cells from mouse embryonic and adult fibroblast cultures by defined factors. *Cell*. 2006 Aug 25;126(4):663–76

15. http://www.nobelprize.org/nobel_prizes/medicine/laureates/2012/
16. Lovén J, Hoke HA, Lin CY, Lau A, Orlando DA, Vakoc CR, Bradner JE, Lee TI, Young RA. Selective inhibition of tumor oncogenes by disruption of super-enhancers. *Cell*. 2013 Apr 11;153(2):320–34
17. For an overview of the various molecular causes see Skibbens RV, Colquhoun JM, Green MJ, Molnar CA, Sin DN, Sullivan BJ, Tanzosh EE. Cohesinopathies of a feather flock together. *PLoS Genet*. 2013 Dec;9(12):e1004036
18. http://www.cdls.org.uk/information-centre/
19. Sanyal A, Lajoie BR, Jain G, Dekker J. The long-range interaction landscape of gene promoters. *Nature*. 2012 Sep 6;489(7414):109–13
20. Jackson DA, Hassan AB, Errington RJ, Cook PR. Visualization of focal sites of transcription within human nuclei. *EMBO J*. 1993 Mar;12(3):1059–65
21. For an excellent review of this topic see Rieder D, Trajanoski Z, McNally JG. Transcription factories. *Front Genet*. 2012 Oct 23;3:221. doi: 10.3389/fgene.2012.00221. eCollection 2012
22. Iborra FJ, Pombo A, Jackson DA, Cook PR. Active RNA polymerases are localized within discrete transcription 'factories' in human nuclei. *J Cell Sci*. 1996 Jun;109 (Pt 6):1427–36
23. Jackson DA, Iborra FJ, Manders EM, Cook PR. Numbers and organization of RNA polymerases, nascent transcripts, and transcription units in HeLa nuclei. *Mol Biol Cell*. 1998 Jun;9(6):1523–36
24. Papantonis A, Larkin JD, Wada Y, Ohta Y, Ihara S, Kodama T, Cook PR. Active RNA polymerases: mobile or immobile molecular machines? *PLoS Biol*. 2010 Jul 13;8(7):e1000419
25. Osborne CS, Chakalova L, Brown KE, Carter D, Horton A, Debrand E, Goyenechea B, Mitchell JA, Lopes S, Reik W, Fraser P. Active genes dynamically colocalize to shared sites of ongoing transcription. *Nat Genet*. 2004 Oct;36(10):1065–71
26. Osborne CS, Chakalova L, Mitchell JA, Horton A, Wood AL, Bolland DJ, Corcoran AE, Fraser P. Myc dynamically and preferentially relocates to a transcription factory occupied by Igh. *PLoS Biol*. 2007 Aug;5(8):e192

第13章

1. It's difficult to find a definitive first use of this description, as discussed in http://english.stackexchange.com/questions/103851/where-does-the-phrase-of-boredom-punctuated-by-moments-of-terror-come-from
2. For a review of this, see Moltó E, Fernández A, Montoliu L. Boundaries in vertebrate genomes: different solutions to adequately insulate gene expression domains. *Brief Funct Genomic Proteomic*. 2009 Jul;8(4):283–96
3. Ishihara K, Oshimura M, Nakao M. CTCF-dependent chromatin insulator is linked to epigenetic remodeling. *Mol Cell*. 2006 Sep 1;23(5):733–42
4. Lutz M, Burke LJ, Barreto G, Goeman F, Greb H, Arnold R, Schultheiss H, Brehm A, Kouzarides T, Lobanenkov V, Renkawitz R. Transcriptional repression by the insulator protein CTCF involves histone deacetylases. *Nucleic Acids Res*. 2000 Apr 15;28(8):1707–13
5. Lunyak VV, Prefontaine GG, Núñez E, Cramer T, Ju BG, Ohgi KA, Hutt K, Roy R, García-Díaz A, Zhu X, Yung Y, Montoliu L, Glass CK, Rosenfeld MG. Developmentally regulated activation of a SINE B2 repeat as a domain boundary in organogenesis. *Science*. 2007 Jul 13;317(5835):248–51
6. Reviewed in Kirkland JG, Raab JR, Kamakaka RT. TFIIIC bound DNA elements in nuclear organization and insulation. *Biochim Biophys Acta*. 2013 Mar–Apr;1829(3–4):418–24
7. This is known as Turner's syndrome and more information can be found at http://www.nhs.uk/Conditions/Turners-syndrome/Pages/Introduction.aspx
8. For more information see http://ghr.nlm.nih.gov/condition/triple-x-syndrome
9. This condition is known as Klinefelter's syndrome and more information can be found at http://ghr.nlm.nih.gov/condition/klinefelter-syndrome
10. *Star Trek: First Contact* (1996). By far the best of all the Star Trek movies, at least until the JJ Abrams franchise reboot.
11. See https://ghr.nlm.nih.gov/gene/SHOX
12. Hemani G, Yang J, Vinkhuyzen A, Powell JE, Willemsen G, Hottenga JJ,

Abdellaoui A, Mangino M, Valdes AM, Medland SE, Madden PA, Heath AC, Henders AK, Nyholt DR, de Geus EJ, Magnusson PK, Ingelsson E, Montgomery GW, Spector TD, Boomsma DI, Pedersen NL, Martin NG, Visscher PM. Inference of the genetic architecture underlying BMI and height with the use of 20,240 sibling pairs. *Am J Hum Genet*. 2013 Nov 7;93(5):865–75

第 14 章

1. A wealth of information about ENCODE, including interviews with some of the leading scientists, can be accessed at http://www.nature.com/encode/
2. http://www.theguardian.com/science/2012/sep/05/genes-genome-junk-dna-encode
3. http://edition.cnn.com/2012/09/05/health/encode-human-genome/index.html?hpt=hp_bn12
4. http://www.telegraph.co.uk/science/science-news/9524165/Worldwide-army-of-scientists-cracks-the-junk-DNA-code.html
5. ENCODE Project Consortium, Bernstein BE, Birney E, Dunham I, Green ED, Gunter C, Snyder M. An integrated encyclopedia of DNA elements in the human genome. *Nature*. 2012 Sep 6;489(7414):57–74
6. Mattick JS. A new paradigm for developmental biology. *J Exp Biol*. 2007 May;210(Pt 9):1526–47
7. Sanyal A, Lajoie BR, Jain G, Dekker J. The long-range interaction landscape of gene promoters. *Nature*. 2012 Sep 6;489(7414):109–13
8. Thurman RE, Rynes E, Humbert R, Vierstra J, Maurano MT, Haugen E, Sheffield NC, Stergachis AB, Wang H, Vernot B, Garg K, John S, Sandstrom R, Bates D, Boatman L, Canfield TK, Diegel M, Dunn D, Ebersol AK, Frum T, Giste E, Johnson AK, Johnson EM, Kutyavin T, Lajoie B, Lee BK, Lee K, London D, Lotakis D, Neph S, Neri F, Nguyen ED, Qu H, Reynolds AP, Roach V, Safi A, Sanchez ME, Sanyal A, Shafer A, Simon JM, Song L, Vong S, Weaver M, Yan Y, Zhang Z, Zhang Z, Lenhard B, Tewari M, Dorschner MO, Hansen RS, Navas PA, Stamatoyannopoulos G, Iyer VR, Lieb JD, Sunyaev SR, Akey JM, Sabo PJ, Kaul R, Furey TS, Dekker J, Crawford GE, Stamatoyannopoulos JA. The accessible chromatin landscape of the human genome. *Nature*. 2012 Sep 6;489(7414):75–82

9. Djebali S, Davis CA, Merkel A, Dobin A, Lassmann T, Mortazavi A, Tanzer A, Lagarde J, Lin W, Schlesinger F, Xue C, Marinov GK, Khatun J, Williams BA, Zaleski C, Rozowsky J, Röder M, Kokocinski F, Abdelhamid RF, Alioto T, Antoshechkin I, Baer MT, Bar NS, Batut P, Bell K, Bell I, Chakrabortty S, Chen X, Chrast J, Curado J, Derrien T, Drenkow J, Dumais E, Dumais J, Duttagupta R, Falconnet E, Fastuca M, Fejes-Toth K, Ferreira P, Foissac S, Fullwood MJ, Gao H, Gonzalez D, Gordon A, Gunawardena H, Howald C, Jha S, Johnson R, Kapranov P, King B, Kingswood C, Luo OJ, Park E, Persaud K, Preall JB, Ribeca P, Risk B, Robyr D, Sammeth M, Schaffer L, See LH, Shahab A, Skancke J, Suzuki AM, Takahashi H, Tilgner H, Trout D, Walters N, Wang H, Wrobel J, Yu Y, Ruan X, Hayashizaki Y, Harrow J, Gerstein M, Hubbard T, Reymond A, Antonarakis SE, Hannon G, Giddings MC, Ruan Y, Wold B, Carninci P, Guigó R, Gingeras TR. Landscape of transcription in human cells. *Nature*. 2012 Sep 6;489(7414):101–8
10. I originally used this description in a Huffington Post blog about the ENCODE project. I've decided I like it so much I will use it again here! For the original blog, see http://www.huffingtonpost.com/nessa-carey/the-value-of-encode_b_1909153.html
11. A good example can be found at http://blog.art21.org/2009/03/06/on-representations-of-the-artist-at-work-part-2/#.UyDZjZZFDIU
12. Ward LD, Kellis M. Evidence of abundant purifying selection in humans for recently acquired regulatory functions. *Science*. 2012 Sep 28;337(6102):1675–8.
13. Ecker JR, Bickmore WA, Barroso I, Pritchard JK, Gilad Y, Segal E. Genomics: ENCODE explained. *Nature*. 2012 Sep 6;489(7414)
14. For a fascinating example of epigenetic transgenerational inheritance see this paper, in which a fear response was passed on from parent to pups: Dias BG, Ressler KJ. Parental olfactory experience influences behavior and neural structure in subsequent generations. *Nat Neurosci*. 2014 Jan;17(1):89–96
15. Graur D, Zheng Y, Price N, Azevedo RB, Zufall RA, Elhaik E. On the immortality of television sets: 'function' in the human genome according to the evolution-free gospel of ENCODE. *Genome Biol Evol*. 2013;5(3):578–90

第15章

1. http://womenshistory.about.com/od/mythsofwomenshistory/a/Did-Anne-Boleyn-Really-Have-Six-Fingers-On-One-Hand.htm
2. Lettice LA, Heaney SJ, Purdie LA, Li L, de Beer P, Oostra BA, Goode D, Elgar G, Hill RE, de Graaff E. A long-range Shh enhancer regulates expression in the developing limb and fin and is associated with preaxial polydactyly. *Hum Mol Genet.* 2003 Jul 15;12(14):1725–35
3. www.hemingwayhome.com/cats/
4. Lettice LA, Hill AE, Devenney PS, Hill RE. Point mutations in a distant sonic hedgehog cis-regulator generate a variable regulatory output responsible for preaxial polydactyly. *Hum Mol Genet.* 2008 Apr 1;17(7):978–85
5. For a fuller description, see http://www.genome.gov/12512735
6. Jeong Y, Leskow FC, El-Jaick K, Roessler E, Muenke M, Yocum A, Dubourg C, Li X, Geng X, Oliver G, Epstein DJ. Regulation of a remote Shh forebrain enhancer by the Six3 homeoprotein. *Nat Genet.* 2008 Nov;40(11):1348–53
7. For more information see http://rarediseases.info.nih.gov/gard/10874/pancreatic-agenesis/resources/1
8. Lango Allen H, Flanagan SE, Shaw-Smith C, De Franco E, Akerman I, Caswell R; International Pancreatic Agenesis Consortium, Ferrer J, Hattersley AT, Ellard S. GATA6 haploinsufficiency causes pancreatic agenesis in humans. *Nat Genet.* 2011 Dec 11;44(1):20–2
9. Sellick GS, Barker KT, Stolte-Dijkstra I, Fleischmann C, Coleman RJ, Garrett C, Gloyn AL, Edghill EL, Hattersley AT, Wellauer PK, Goodwin G, Houlston RS. Mutations in PTF1A cause pancreatic and cerebellar agenesis. *Nat Genet.* 2004 Dec;36(12):1301–5
10. Weedon MN, Cebola I, Patch AM, Flanagan SE, De Franco E, Caswell R, Rodríguez-Seguí SA, Shaw-Smith C, Cho CH, Lango Allen H, Houghton JA, Roth CL, Chen R, Hussain K, Marsh P, Vallier L, Murray A; International Pancreatic Agenesis Consortium, Ellard S, Ferrer J, Hattersley AT. Recessive mutations in a distal PTF1A enhancer cause isolated pancreatic agenesis. *Nat Genet.* 2014 Jan;46(1):61–4
11. For a review of this, see Sturm RA. Molecular genetics of human pigmentation diversity. *Hum Mol Genet.* 2009 Apr 15;18(R1):R9–17

12. Durham-Pierre D, Gardner JM, Nakatsu Y, King RA, Francke U, Ching A, Aquaron R, del Marmol V, Brilliant MH. African origin of an intragenic deletion of the human P gene in tyrosinase positive oculocutaneous albinism. *Nat Genet*. 1994 Jun;7(2):176–9
13. Visser M, Kayser M, Palstra RJ. HERC2 rs12913832 modulates human pigmentation by attenuating chromatin-loop formation between a long-range enhancer and the OCA2 promoter. *Genome Res*. 2012 Mar;22(3):446–55
14. For an up-to-date catalogue, see www.genome.gov/gwastudies/
15. Hindorff LA, Sethupathy P, Junkins HA, Ramos EM, Mehta JP, Collins FS, Manolio TA. Potential etiologic and functional implications of genome-wide association loci for human diseases and traits. *Proc Natl Acad Sci U S A*. 2009 Jun 9;106(23):9362–7
16. Gorkin DU, Ren B. Genetics: Closing the distance on obesity culprits. *Nature*. 2014 Mar 20;507(7492):309–10
17. Frayling TM, Timpson NJ, Weedon MN, Zeggini E, Freathy RM, Lindgren CM, Perry JR, Elliott KS, Lango H, Rayner NW, Shields B, Harries LW, Barrett JC, Ellard S, Groves CJ, Knight B, Patch AM, Ness AR, Ebrahim S, Lawlor DA, Ring SM, Ben-Shlomo Y, Jarvelin MR, Sovio U, Bennett AJ, Melzer D, Ferrucci L, Loos RJ, Barroso I, Wareham NJ, Karpe F, Owen KR, Cardon LR, Walker M, Hitman GA, Palmer CN, Doney AS, Morris AD, Smith GD, Hattersley AT, McCarthy MI. A common variant in the FTO gene is associated with body mass index and predisposes to childhood and adult obesity. *Science*. 2007 May 11;316(5826):889–94
18. Scuteri A, Sanna S, Chen WM, Uda M, Albai G, Strait J, Najjar S, Nagaraja R,Orrú M, Usala G, Dei M, Lai S, Maschio A, Busonero F, Mulas A, Ehret GB, Fink AA,Weder AB, Cooper RS, Galan P, Chakravarti A, Schlessinger D, Cao A, Lakatta E, Abecasis GR. Genome-wide association scan shows genetic variants in the FTO gene are associated with obesity-related traits. *PLoS Genet*. 2007 Jul;3(7):e115
19. Church C, Moir L, McMurray F, Girard C, Banks GT, Teboul L, Wells S, Brüning JC, Nolan PM, Ashcroft FM, Cox RD. Overexpression of Fto leads to increased food intake and results in obesity. *Nat Genet*. 2010 Dec;42(12):1086–92
20. Fischer J, Koch L, Emmerling C, Vierkotten J, Peters T, Brüning JC,

Rüther U. Inactivation of the Fto gene protects from obesity. *Nature*. 2009 Apr 16;458(7240):894–8

21. Smemo S, Tena JJ, Kim KH, Gamazon ER, Sakabe NJ, Gómez-Marín C, Aneas I, Credidio FL, Sobreira DR, Wasserman NF, Lee JH, Puviindran V, Tam D, Shen M, Son JE, Vakili NA, Sung HK, Naranjo S, Acemel RD, Manzanares M, Nagy A, Cox NJ, Hui CC, Gomez-Skarmeta JL, Nóbrega MA. Obesity-associated variants within FTO form long-range functional connections with IRX3. *Nature*. 2014 Mar 20;507(7492):371–5
22. For a recent review of this field see Trent RJ, Cheong PL, Chua EW, Kennedy MA. Progressing the utilisation of pharmacogenetics and pharmacogenomics into clinical care. *Pathology*. 2013 Jun;45(4):357–70
23. http://www.nhs.uk/Conditions/Herceptin/Pages/Introduction.aspx
24. http://www.nature.com/scitable/topicpage/gleevec-the-breakthrough-in-cancer-treatment-565
25. http://www.cancer.gov/cancertopics/druginfo/fda-crizotinib

第16章

1. Examples of such cases can be found at http://medicalmisdiagnosisresearch.wordpress.com/category/osteogenesis-imperfecta-misdiagnosed-as-child-abuse/
2. For a good description of the symptoms and genetics, see http://ghr.nlm.nih.gov/condition/osteogenesis-imperfecta
3. Cho TJ, Lee KE, Lee SK, Song SJ, Kim KJ, Jeon D, Lee G, Kim HN, Lee HR, Eom HH, Lee ZH, Kim OH, Park WY, Park SS, Ikegawa S, Yoo WJ, Choi IH, Kim JW. A single recurrent mutation in the 5′-UTR of IFITM5 causes osteogenesis imperfecta type V. *Am J Hum Genet*. 2012 Aug 10;91(2):343–8
4. Semler O, Garbes L, Keupp K, Swan D, Zimmermann K, Becker J, Iden S, Wirth B, Eysel P, Koerber F, Schoenau E, Bohlander SK, Wollnik B, Netzer C. A mutation in the 5′-UTR of IFITM5 creates an in-frame start codon and causes autosomal-dominant osteogenesis imperfecta type V with hyperplastic callus. *Am J Hum Genet*. 2012 Aug 10;91(2):349–57
5. Moffatt P, Gaumond MH, Salois P, Sellin K, Bessette MC, Godin E, de Oliveira PT, Atkins GJ, Nanci A, Thomas G. Bril: a novel

bone-specific modulator of mineralization. *J Bone Miner Res*. 2008 Sep;23(9):1497–508

6. Liu L, Dilworth D, Gao L, Monzon J, Summers A, Lassam N, Hogg D. Mutation of the CDKN2A 5′ UTR creates an aberrant initiation codon and predisposes to melanoma. *Nat Genet*. 1999 Jan;21(1):128–32
7. Tietze JK, Pfob M, Eggert M, von Preußen A, Mehraein Y, Ruzicka T, Herzinger T. A non-coding mutation in the 5′ untranslated region of patched homologue 1 predisposes to basal cell carcinoma. *Exp Dermatol*. 2013 Dec;22(12):834–5
8. For a full description see http://omim.org/entry/309550
9. Ashley CT Jr, Wilkinson KD, Reines D, Warren ST. FMR1 protein: conserved RNP family domains and selective RNA binding. *Science*. 1993 Oct 22;262(5133):563–6
10. Qin M, Kang J, Burlin TV, Jiang C, Smith CB. Postadolescent changes in regional cerebral protein synthesis: an in vivo study in the FMR1 null mouse. *J Neurosci*. 2005 May 18;25(20):5087–95
11. Azevedo FA, Carvalho LR, Grinberg LT, Farfel JM, Ferretti RE, Leite RE, Jacob Filho W, Lent R, Herculano-Houzel S. Equal numbers of neuronal and nonneuronal cells make the human brain an isometrically scaled-up primate brain. *J Comp Neurol*. 2009 Apr 10;513(5):532–41
12. Drachman DA. Do we have brain to spare? *Neurology*. 2005 Jun 28;64(12):2004–5
13. Darnell JC, Van Driesche SJ, Zhang C, Hung KY, Mele A, Fraser CE, Stone EF, Chen C, Fak JJ, Chi SW, Licatalosi DD, Richter JD, Darnell RB. FMRP stalls ribosomal translocation on messenger RNAs linked to synaptic function and autism. *Cell*. 2011 Jul 22;146(2):247–61
14. Udagawa T, Farny NG, Jakovcevski M, Kaphzan H, Alarcon JM, Anilkumar S, Ivshina M, Hurt JA, Nagaoka K, Nalavadi VC, Lorenz LJ, Bassell GJ, Akbarian S, Chattarji S, Klann E, Richter JD. Genetic and acute CPEB1 depletion ameliorate fragile X pathophysiology. *Nat Med*. 2013 Nov;19(11):1473–7
15. Summarised in http://www.ncbi.nlm.nih.gov/books/NBK1165/
16. Jiang H, Mankodi A, Swanson MS, Moxley RT, Thornton CA. Myotonic dystrophy type 1 is associated with nuclear foci of mutant RNA, sequestration of muscleblind proteins and deregulated alternative splicing in neurons. *Hum Mol Genet*. 2004 Dec 15;13(24):3079–88

17. Savkur RS, Philips AV, Cooper TA. Aberrant regulation of insulin receptor alternative splicing is associated with insulin resistance in myotonic dystrophy. *Nat Genet*. 2001 Sep;29(1):40–7
18. Ho TH, Charlet-B N, Poulos MG, Singh G, Swanson MS, Cooper TA. Muscleblind proteins regulate alternative splicing. *EMBO J*. 2004 Aug 4;23(15):3103–12
19. Kino Y, Washizu C, Oma Y, Onishi H, Nezu Y, Sasagawa N, Nukina N, Ishiura S. MBNL and CELF proteins regulate alternative splicing of the skeletal muscle chloride channel CLCN1. *Nucleic Acids Res*. 2009 Oct;37(19):6477–90
20. Hanson EL, Jakobs PM, Keegan H, Coates K, Bousman S, Dienel NH, Litt M, Hershberger RE. Cardiac troponin T lysine 210 deletion in a family with dilated cardiomyopathy. *J Card Fail*. 2002 Feb;8(1):28–32
21. Reviewed in Michalova E, Vojtesek B, Hrstka R. Impaired pre-messenger RNA processing and altered architecture of 3′ untranslated regions contribute to the development of human disorders. *Int J Mol Sci*. 2013 Jul 26;14(8): 15681–94
22. For a full description of the syndrome see http://ghr.nlm.nih.gov/condition/immune-dysregulation-polyendocrinopathy-enteropathy-x-linked-syndrome
23. Bennett CL, Brunkow ME, Ramsdell F, O'Briant KC, Zhu Q, Fuleihan RL, Shigeoka AO, Ochs HD, Chance PF. A rare polyadenylation signal mutation of the FOXP3 gene (AAUAAA→AAUGAA) leads to the IPEX syndrome. *Immunogenetics*. 2001 Aug;53(6):435–9
24. For further information see http://www.alsa.org/
25. A database of genes believed to be implicated in ALS can be found at http://alsod.iop.kcl.ac.uk/
26. Kwiatkowski TJ Jr, Bosco DA, Leclerc AL, Tamrazian E, Vanderburg CR, Russ C, Davis A, Gilchrist J, Kasarskis EJ, Munsat T, Valdmanis P, Rouleau GA, Hosler BA, Cortelli P, de Jong PJ, Yoshinaga Y, Haines JL, Pericak-Vance MA, Yan J, Ticozzi N, Siddique T, McKenna-Yasek D, Sapp PC, Horvitz HR, Landers JE, Brown RH Jr. Mutations in the FUS/TLS gene on chromosome 16 cause familial amyotrophic lateral sclerosis. *Science*. 2009 Feb 27;323(5918):1205–8
27. Vance C, Rogelj B, Hortobágyi T, De Vos KJ, Nishimura AL, Sreedharan J, Hu X, Smith B, Ruddy D, Wright P, Ganesalingam

J, Williams KL, Tripathi V, Al-Saraj S, Al-Chalabi A, Leigh PN, Blair IP, Nicholson G, de Belleroche J, Gallo JM, Miller CC, Shaw CE. Mutations in FUS, an RNA processing protein, cause familial amyotrophic lateral sclerosis type 6. *Science*. 2009 Feb 27;323(5918):1208–11

28. Lai SL, Abramzon Y, Schymick JC, Stephan DA, Dunckley T, Dillman A, Cookson M, Calvo A, Battistini S, Giannini F, Caponnetto C, Mancardi GL, Spataro R, Monsurro MR, Tedeschi G, Marinou K, Sabatelli M, Conte A, Mandrioli J, Sola P, Salvi F, Bartolomei I, Lombardo F; ITALSGEN Consortium, Mora G, Restagno G, Chiò A, Traynor BJ. FUS mutations in sporadic amyotrophic lateral sclerosis. *Neurobiol Aging*. 2011 Mar;32(3):550.e1–4
29. Sabatelli M, Moncada A, Conte A, Lattante S, Marangi G, Luigetti M, Lucchini M, Mirabella M, Romano A, Del Grande A, Bisogni G, Doronzio PN, Rossini PM, Zollino M. Mutations in the 3′ untranslated region of FUS causing FUS overexpression are associated with amyotrophic lateral sclerosis. *Hum Mol Genet*. 2013 Dec 1;22(23):4748–55

第 17 章

1. Johnson JM, Castle J, Garrett-Engele P, Kan Z, Loerch PM, Armour CD, Santos R, Schadt EE, Stoughton R, Shoemaker DD. Genome-wide survey of human alternative pre-mRNA splicing with exon junction microarrays. *Science*. 2003 Dec 19;302(5653):2141–4
2. Reviewed in Keren H, Lev-Maor G, Ast G. Alternative splicing and evolution: diversification, exon definition and function. *Nat Rev Genet*. 2010 May;11(5):345–55
3. These steps are laid out very clearly in some reviews e.g. Wang GS, Cooper TA. Splicing in disease: disruption of the splicing code and the decoding machinery. *Nat Rev Genet*. 2007 Oct;8(10):749–61
4. More information on the spliceosome can be found in e.g. Padgett RA. New connections between splicing and human disease. *Trends Genet*. 2012 Apr;28(4):147–54
5. http://ghr.nlm.nih.gov/condition/retinitis-pigmentosa
6. Vithana EN, Abu-Safieh L, Allen MJ, Carey A, Papaioannou M, Chakarova C, Al-Maghtheh M, Ebenezer ND, Willis C, Moore AT,

Bird AC, Hunt DM, Bhattacharya SS. A human homolog of yeast pre-mRNA splicing gene, PRP31, underlies autosomal dominant retinitis pigmentosa on chromosome 19q13.4 (RP11). *Mol Cell.* 2001 Aug;8(2):375–81

7. McKie AB, McHale JC, Keen TJ, Tarttelin EE, Goliath R, van Lith-Verhoeven JJ, Greenberg J, Ramesar RS, Hoyng CB, Cremers FP, Mackey DA, Bhattacharya SS, Bird AC, Markham AF, Inglehearn CF. Mutations in the pre-mRNA splicing factor gene PRPC8 in autosomal dominant retinitis pigmentosa (RP13). *Hum Mol Genet.* 2001 Jul 15;10(15):1555–62
8. Chakarova CF, Hims MM, Bolz H, Abu-Safieh L, Patel RJ, Papaioannou MG, Inglehearn CF, Keen TJ, Willis C, Moore AT, Rosenberg T, Webster AR, Bird AC, Gal A, Hunt D, Vithana EN, Bhattacharya SS. Mutations in HPRP3, a third member of pre-mRNA splicing factor genes, implicated in autosomal dominant retinitis pigmentosa. *Hum Mol Genet.* 2002 Jan 1;11(1):87–92
9. Maita H, Kitaura H, Keen TJ, Inglehearn CF, Ariga H, Iguchi-Ariga SM. PAP-1, the mutated gene underlying the RP9 form of dominant retinitis pigmentosa, is a splicing factor. *Exp Cell Res.* 2004 Nov 1;300(2):283–96
10. Microcephalic osteodysplastic primordial dwarfism type 1 also known as Taybi-Linder syndrome. http://rarediseases.info.nih.gov/gard/5120/microcephalic-osteodysplastic-primordial-dwarfism-type-1/resources/1
11. He H, Liyanarachchi S, Akagi K, Nagy R, Li J, Dietrich RC, Li W, Sebastian N, Wen B, Xin B, Singh J, Yan P, Alder H, Haan E, Wieczorek D, Albrecht B, Puffenberger E, Wang H, Westman JA, Padgett RA, Symer DE, de la Chapelle A. Mutations in U4atac snRNA, a component of the minor spliceosome, in the developmental disorder MOPD I. *Science.* 2011 Apr 8;332(6026):238–40
12. Padgett RA. New connections between splicing and human disease. *Trends Genet.* 2012 Apr;28(4):147–54
13. Haas JT, Winter HS, Lim E, Kirby A, Blumenstiel B, DeFelice M, Gabriel S, Jalas C, Branski D, Grueter CA, Toporovski MS, Walther TC, Daly MJ, Farese RV Jr. DGAT1 mutation is linked to a congenital diarrheal disorder. *J Clin Invest.* 2012 Dec 3;122(12):4680–4
14. Byun M, Abhyankar A, Lelarge V, Plancoulaine S, Palanduz A, Telhan

L, Boisson B, Picard C, Dewell S, Zhao C, Jouanguy E, Feske S, Abel L, Casanova JL. Whole-exome sequencing-based discovery of STIM1 deficiency in a child with fatal classic Kaposi sarcoma. *J Exp Med*. 2010 Oct 25;207(11):2307–12

15. See http://www.genome.gov/11007255
16. Eriksson M, Brown WT, Gordon LB, Glynn MW, Singer J, Scott L, Erdos MR, Robbins CM, Moses TY, Berglund P, Dutra A, Pak E, Durkin S, Csoka AB, Boehnke M, Glover TW, Collins FS. Recurrent de novo point mutations in lamin A cause Hutchinson-Gilford progeria syndrome. *Nature*. 2003 May 15;423(6937):293–8
17. http://www.nhs.uk/conditions/spinal-muscular-atrophy/Pages/Introduction.aspx
18. http://www.smatrust.org/what-is-sma/what-causes-sma/
19. Monani UR, Lorson CL, Parsons DW, Prior TW, Androphy EJ, Burghes AH, McPherson JD. A single nucleotide difference that alters splicing patterns distinguishes the SMA gene SMN1 from the copy gene SMN2. *Hum Mol Genet*. 1999 Jul;8(7):1177–83
20. Cooper TA, Wan L, Dreyfuss G. RNA and disease. *Cell*. 2009 Feb 20;136(4):777–93
21. http://quest.mda.org/news/dmd-drisapersen-outperforms-placebo-walking-test
22. http://www.fiercebiotech.com/story/glaxosmithklines-duchenne-md-drug-mirrors-placebo-effect-phiii/2013-10-07

第18章

1. Ameres SL, Zamore PD. Diversifying microRNA sequence and function. *Nat Rev Mol Cell Biol*. 2013 Aug;14(8):475–88
2. For a more detailed description of classes of smallRNAs, see Castel SE, Martienssen RA. RNA interference in the nucleus: roles for small RNAs in transcription, epigenetics and beyond. *Nat Rev Genet*. 2013 Feb;14(2):100–12
3. Kang SG, Liu WH, Lu P, Jin HY, Lim HW, Shepherd J, Fremgen D, Verdin E, Oldstone MB, Qi H, Teijaro JR, Xiao C. MicroRNAs of the miR-17~92 family are critical regulators of T(FH) differentiation. *Nat Immunol*. 2013 Aug;14(8):849–57
4. Baumjohann D, Kageyama R, Clingan JM, Morar MM, Patel S, de

Kouchkovsky D, Bannard O, Bluestone JA, Matloubian M, Ansel KM, Jeker LT. The microRNA cluster miR-17~92 promotes TFH cell differentiation and represses subset-inappropriate gene expression. *Nat Immunol.* 2013 Aug;14(8):840–8

5. Tassano E, Di Rocco M, Signa S, Gimelli G. De novo 13q31.1-q32.1 interstitial deletion encompassing the miR-17-92 cluster in a patient with Feingold syndrome-2. *Am J Med Genet A.* 2013 Apr;161A(4):894–6
6. For more information see http://ghr.nlm.nih.gov/condition/feingold-syndrome
7. Han YC, Ventura A. Control of T(FH) differentiation by a microRNA cluster. *Nat Immunol.* 2013 Aug;14(8):770–1
8. Reviewed in Koerner MV, Pauler FM, Huang R, Barlow DP. The function of non-coding RNAs in genomic imprinting. *Development.* 2009 Jun;136(11):1771–83
9. Rogler LE, Kosmyna B, Moskowitz D, Bebawee R, Rahimzadeh J, Kutchko K, Laederach A, Notarangelo LD, Giliani S, Bouhassira E, Frenette P, Roy-Chowdhury J, Rogler CE. Small RNAs derived from lncRNA RNase MRP have gene-silencing activity relevant to human cartilage-hair hypoplasia. *Hum Mol Genet.* 2014 Jan 15;23(2):368–82
10. Subramanyam D, Lamouille S, Judson RL, Liu JY, Bucay N, Derynck R, Blelloch R. Multiple targets of miR-302 and miR-372 promote reprogramming of human fibroblasts to induced pluripotent stem cells. *Nat Biotechnol.* 2011 May;29(5):443–8
11. Li Z, Yang CS, Nakashima K, Rana TM. Small RNA-mediated regulation of iPS cell generation. *EMBO J.* 2011 Mar 2;30(5):823–34
12. Ameres SL, Zamore PD. Diversifying microRNA sequence and function. *Nat Rev Mol Cell Biol.* 2013 Aug;14(8):475–88
13. Huang TC, Sahasrabuddhe NA, Kim MS, Getnet D, Yang Y, Peterson JM, Ghosh B, Chaerkady R, Leach SD, Marchionni L, Wong GW, Pandey A. Regulation of lipid metabolism by Dicer revealed through SILAC mice. *J Proteome Res.* 2012 Apr 6;11(4):2193–205
14. Yi R, O'Carroll D, Pasolli HA, Zhang Z, Dietrich FS, Tarakhovsky A, Fuchs E. Morphogenesis in skin is governed by discrete sets of differentially expressed microRNAs. *Nat Genet.* 2006 Mar;38(3):356–62
15. Crist CG, Montarras D, Pallafacchina G, Rocancourt D, Cumano A, Conway SJ, Buckingham M. Muscle stem cell behavior is modified by

microRNA-27 regulation of Pax3 expression. *Proc Natl Acad Sci U S A*. 2009 Aug 11;106(32):13383–7

16. Chen JF, Tao Y, Li J, Deng Z, Yan Z, Xiao X, Wang DZ. microRNA-1 and microRNA-206 regulate skeletal muscle satellite cell proliferation and differentiation by repressing Pax7. *J Cell Biol*. 2010 Sep 6;190(5):867–79
17. da Costa Martins PA, Bourajjaj M, Gladka M, Kortland M, van Oort RJ, Pinto YM, Molkentin JD, De Windt LJ. Conditional dicer gene deletion in the postnatal myocardium provokes spontaneous cardiac remodeling. *Circulation*. 2008 Oct 7;118(15):1567–76
18. de Chevigny A, Coré N, Follert P, Gaudin M, Barbry P, Béclin C, Cremer H. miR-7a regulation of Pax6 controls spatial origin of forebrain dopaminergic neurons. *Nat Neurosci*. 2012 Jun 24;15(8):1120–6
19. Konopka W, Kiryk A, Novak M, Herwerth M, Parkitna JR, Wawrzyniak M, Kowarsch A, Michaluk P, Dzwonek J, Arnsperger T, Wilczynski G, Merkenschlager M, Theis FJ, Köhr G, Kaczmarek L, Schütz G. MicroRNA loss enhances learning and memory in mice. *J Neurosci*. 2010 Nov 3;30(44):14835–42
20. Schaefer A, O'Carroll D, Tan CL, Hillman D, Sugimori M, Llinas R, Greengard P. Cerebellar neurodegeneration in the absence of microRNAs. *J Exp Med*. 2007 Jul 9;204(7):1553–8
21. Pietrzykowski AZ, Friesen RM, Martin GE, Puig SI, Nowak CL, Wynne PM, Siegelmann HT, Treistman SN. Posttranscriptional regulation of BK channel splice variant stability by miR-9 underlies neuroadaptation to alcohol. *Neuron*. 2008 Jul 31;59(2):274–87
22. Hollander JA, Im HI, Amelio AL, Kocerha J, Bali P, Lu Q, Willoughby D, Wahlestedt C, Conkright MD, Kenny PJ. Striatal microRNA controls cocaine intake through CREB signalling. *Nature*. 2010 Jul 8;466(7303):197–202
23. Fernández-Hernando C, Baldán A. MicroRNAs and Cardiovascular Disease. *Curr Genet Med Rep*. 2013 Mar;1(1):30–38
24. For a review, see for example Suzuki H, Maruyama R, Yamamoto E, Kai M. Epigenetic alteration and microRNA dysregulation in cancer. *Front Genet*. 2013 Dec 3;4:258. eCollection 2013
25. Kleinman CL, Gerges N, Papillon-Cavanagh S, Sin-Chan P,

Pramatarova A, Quang DA, Adoue V, Busche S, Caron M, Djambazian H, Bemmo A, Fontebasso AM, Spence T, Schwartzentruber J, Albrecht S, Hauser P, Garami M, Klekner A, Bognar L, Montes L, Staffa A, Montpetit A, Berube P, Zakrzewska M, Zakrzewski K, Liberski PP, Dong Z, Siegel PM, Duchaine T, Perotti C, Fleming A, Faury D, Remke M, Gallo M, Dirks P, Taylor MD, Sladek R, Pastinen T, Chan JA, Huang A, Majewski J, Jabado N. Fusion of TTYH1 with the C19MC microRNA cluster drives expression of a brain-specific DNMT3B isoform in the embryonal brain tumor ETMR. *Nat Genet.* 2014 Jan;46(1):39–44

26. Song SJ, Poliseno L, Song MS, Ala U, Webster K, Ng C, Beringer G, Brikbak NJ, Yuan X, Cantley LC, Richardson AL, Pandolfi PP. MicroRNA-antagonism regulates breast cancer stemness and metastasis via TET-family-dependent chromatin remodeling. *Cell.* 2013 Jul 18;154(2):311–24
27. For an extensive review of this approach, see Schwarzenbach H, Nishida N, Calin GA, Pantel K. Clinical relevance of circulating cell-free microRNAs in cancer. *Nat Rev Clin Oncol.* 2014 Mar;11(3):145–56
28. Chen W, Cai F, Zhang B, Barekati Z, Zhong XY. The level of circulating miRNA-10b and miRNA-373 in detecting lymph node metastasis of breast cancer: potential biomarkers. *Tumour Biol.* 2013 Feb;34(1):455–62
29. Hong F, Li Y, Xu Y, Zhu L. Prognostic significance of serum microRNA-221 expression in human epithelial ovarian cancer. *J Int Med Res.* 2013 Feb;41(1):64–71
30. Shen J, Liu Z, Todd NW, Zhang H, Liao J, Yu L, Guarnera MA, Li R, Cai L, Zhan M, Jiang F. Diagnosis of lung cancer in individuals with solitary pulmonary nodules by plasma microRNA biomarkers. *BMC Cancer.* 2011 Aug 24;11:374
31. For more information see http://emedicine.medscape.com/article/233442-overview
32. Trobaugh DW, Gardner CL, Sun C, Haddow AD, Wang E, Chapnik E, Mildner A, Weaver SC, Ryman KD, Klimstra WB. RNA viruses can hijack vertebrate microRNAs to suppress innate immunity. *Nature.* 2014 Feb 13;506(7487):245–8

33. Jopling CL, Yi M, Lancaster AM, Lemon SM, Sarnow P. Modulation of hepatitis C virus RNA abundance by a liver-specific MicroRNA. *Science*. 2005 Sep 2;309(5740):1577–81

第19章

1. See http://www.fiercepharma.com/special-reports/15-best-selling-drugs-2012 for a summary of the best-selling drugs in recent years
2. There are multiple blogs in this area, for example http://biopharmconsortium.com/rnai-therapeutics-stage-a-comeback
3. More information can be found at http://ghr.nlm.nih.gov/condition/transthyretin-amyloidosis
4. http://investors.alnylam.com/releasedetail.cfm?ReleaseID=805999
5. Updates on this programme can be found at http://mirnarx.com/pipeline/mirna-MRX34.html
6. Koval ED, Shaner C, Zhang P, du Maine X, Fischer K, Tay J, Chau BN, Wu GF, Miller TM. Method for widespread microRNA-155 inhibition prolongs survival in ALS-model mice. *Hum Mol Genet*. 2013 Oct 15;22(20):4127–35
7. Ozsolak F, Kapranov P, Foissac S, Kim SW, Fishilevich E, Monaghan AP, John B, Milos PM. Comprehensive polyadenylation site maps in yeast and human reveal pervasive alternative polyadenylation. *Cell*. 2010 Dec 10;143(6):1018–29
8. A very good review of how antisense expression can regulate genes is Pelechano V, Steinmetz LM. Gene regulation by antisense transcription. *Nat Rev Genet*. 2013 Dec;14(12):880–93
9. http://www.drugs.com/cons/fomivirsen-intraocular.html
10. https://www.bhf.org.uk/heart-matters-online/august-september-2012/medical/familial-hypercholesterolaemia.aspx
11. http://www.medscape.com/viewarticle/804574_5
12. http://www.fda.gov/NewsEvents/Newsroom/PressAnnouncements/ucm337195.htm
13. http://www.medscape.com/viewarticle/781317
14. http://www.nature.com/nrd/journal/v12/n3/full/nrd3963.html
15. Lindow M, Kauppinen S. Discovering the first microRNA-targeted drug. *J Cell Biol*. 2012 Oct 29;199(3):407–12

16. http://www.fiercebiotech.com/story/merck-writes-rnai-punts-sirna-alnylam-175m/2014-01-13
17. http://www.fiercebiotech.com/press-releases/rana-therapeutics-raises-207-million-harness-potential-long-non-coding-rna
18. http://www.bostonglobe.com/business/2014/01/30/dicerna-shares-soar-first-day-trading-after-biotech-raises-million-initial-public-offering/mbwMnXBSPsVCUVkGQLc64I/story.html
19. http://www.dicerna.com/pipeline.php as of 14 April 2014
20. http://www.fiercebiotech.com/story/breaking-novartis-slams-brakes-rnai-development-efforts/2014-04-14

第 20 章

1. The final story draws together multiple findings from a number of different researchers. Rather than refer to each publication, I recommend the following excellent review article: van der Maarel SM, Miller DG, Tawil R, Filippova GN, Tapscott SJ. Facioscapulohumeral muscular dystrophy: consequences of chromatin relaxation. *Curr Opin Neurol*. 2012 Oct;25(5):614–20
2. This is a distinction, and a terminology, first coined by Sidney Brenner.

术语说明

在写这本书的过程中，我遇到了一点儿语言学上的困难，因为“无用”DNA的内涵总是不断地发生着改变。部分原因在于新的实验数据总在推翻我们以往的认识。结果，一旦发现某段“无用”DNA拥有实际的功能，就会有科学家站出来说它不是无用的（他们说得有道理）。我们对人类基因组的认识在过去这些年里发生了翻天覆地的变化，科学家细致入微的专业视角虽然有道理，却可能不利于公众认识到这种巨变。

纠结这个术语的精确定义是一件费力不讨好的事，因此我采取了最原始的定义。我在书中将所有不能编码蛋白质的序列全都归类为“无用”DNA，这也是人们当初（20世纪下半叶）刚提出这个概念时的本意。追求精确和纯粹的人或许无法接受这么粗糙的定义，但是没关系。如果问3名科学家是怎么理解“无用”DNA的，我们很可能会得到4个不同的答案。有鉴于此，在本书的开篇稍微因循守旧一些可能也不是坏事。

另一个可能显得有些过时的术语是“基因”，它在前几章的定义是所有能够编码蛋白质的DNA序列。随着讨论变得深入，这个定义同样会逐渐变得丰满和完善。

在我的第一本书《遗传的革命》（*The Epigenetics Revolution*）出版后，我发现读者对基因名称的态度十分两极化。有的人非常乐意看到书中列出基因的确切名称，有的人却不然，因为这些名称严重干扰了阅读的流畅性。所以这一次，正文只会在绝对有必要的时候才提到某个基因的确切名称。如果你对其余的基因有兴趣，可以在脚注里找到它们的名字，也可以到本书后面的原始文献里查找相关术语的原始出处。

附录

出现过的人类疾病（或病毒）罗列如下，它们都与“无用”DNA有关：

11p部分三体综合征（partial trisomy 11p syndrome，Beckwith-Wiedemann syndrome） 又称贝-维综合征，一种由异常的基因组印记引起的疾病。在印记调控中扮演重要角色的“无用”DNA包括印记控制元件、启动子、长链非编码RNA，另外，“无用”RNA与表观遗传系统的协作也不可忽略。

13三体综合征（trisomy 13 syndrome，Patau syndrome） 又称帕塔综合征，由13号染色体在配子细胞中的不均匀分配引起，染色体的分离需要依靠一种名叫着丝粒的“无用”序列。

18三体综合征（trisomy 18 syndrome，Edward syndrome） 又称爱德华综合征，由18号染色体在配子细胞中的不均匀分配引起，染色体的分离需要依靠一种名叫着丝粒的“无用”序列。

21三体综合征（trisomy 21 syndrome, Down syndrome） 又称唐氏综合征，由21号染色体在配子细胞中的不均匀分配引起。正常情况下，染色体在分裂中应当被平均分配给每个子细胞，该过程的完成有赖于一种名叫着丝粒的“无用”序列。

HHV-8 的易感性（HHV-8 susceptibility） 可能是由某个基因内的一个剪接信号位点发生变异引起的。

IPEX综合征（IPEX syndrome） 一种自身免疫病，由某个基因末端的非编码区序列发生变异引起，该变异导致mRNA无法得到正确的加工处理。

XXY综合征（XXY syndrome, Klinefelter syndrome） 又称克兰费尔特综合征，发生在含有2条X染色体的男性身上，由X染色体在配子细胞中的不均匀分配引起，染色体的分离需要依靠一种名叫着丝粒的“无用”序列。

阿尔茨海默病（Alzheimer's disease） 或许与一种反义RNA有关，这种反义分子能与关键性的*BACE1* mRNA结合，提高后者的稳定性。

阿姆斯特丹型侏儒征（Cornelia de Lange syndrome） DNA立体结构的维持需要“无用”序列的介导和帮助，如果参与该过程的必需蛋白质出现缺陷，就会引发该疾病。

癌症（cancer）“无用”DNA不同程度地参与了细胞的癌变，比如有的癌症是由某些长链非编码RNA的过度表达引起的。在绝大多数情况下，已有的证据还不足以表明“无用”DNA是否真的在癌症的病理改变中起到了关键的作用。不过目前普遍认为，一些与维持端粒（每条染色体末端的“无用”序列）长度有关的蛋白质的过量表达，与某些癌症的发生明确相关。除此之外，还有一种可能的情况是，长链非编码RNA的异常表达将催化表观遗传修饰的酶引导到了错误的位置，因此造成癌细胞的异常增殖。这种假说是目前处于研究中的热门理论之一。

奥皮茨-卡维吉亚综合征（Opitz-Kaveggia syndrome） 又称FG综合征，病因是一种对中介体复合物与长链非编码RNA的相互作用来说至关重要的蛋白质组分发生了变异。

丙型肝炎病毒（hepatitis C virus） 人类肝细胞合成的一种小RNA能与该病毒的RNA结合，使其变得更稳定，增强病毒的增殖能力。

伯基特淋巴瘤（Burkitt lymphoma） 该病的病因是原本位于 8 号染色体的原癌基因 *MYC* 错误地易位到了 14 号染色体上，并因此被置于某个免疫球蛋白基因的启动子的调控之下。

超雌综合征（XXX syndrome） 又称XXX综合征/超X综合征，发生在含有 3 条X染色体的女性身上，由X染色体在配子细胞中的不均匀分配引起，染色体的分离需要依靠一种名叫着丝粒的“无用”序列。

成骨不全（osteogenesis imperfecta） 小部分病例由某个基因前端的非编码序列发生变异引起，该变异导致蛋白质的前部多出了一小段原本不存在的氨基酸残基。

东方马脑炎病毒（eastern equine encephalitis virus） 人类免疫细胞产生的一种小RNA分子能与该病毒的基因组相结合，继而阻止免疫系统对这种病毒的识别，使其放任病毒攻击人体。

多指/趾畸形（extra digits）由一种形态发生素基因的某个增强子内所发生的单核苷酸变异引起。

俄亥俄阿米什侏儒症（Ohio Amish dwarfism） 由一种非编码RNA的变异引起，这种RNA是细胞执行正常的剪接功能所必需的。

恶性黑色素瘤（malignant melanoma） 小部分病例由某个基因前端的非编码区序列发生变异引起，该变异导致蛋白质的前部多出了一小段原本不存在的氨基酸残基。

法因戈尔德综合征（Feingold syndrome） 部分病例是由基因组缺失某个小RNA基因簇导致的。

弗里德赖希共济失调（Friedreich ataxia） 原因是，在某个基因内的非编码序列中，“GAA”序列发生了异常的重复扩增。过长的“GAA”序列导致细胞难以将该基因转录为RNA分子。

基底细胞癌（basal cell carcinoma） 小部分病例的病因是位于某个基因前部的非编码序列发生了变异，导致该基因转录的RNA减少。

脊髓性肌萎缩（spinal muscular atrophy） 基因*SMN2*无法代偿基因*SMN1*的功能，原因是*SMN1*内的一个核苷酸发生了变异，这严重干扰了mRNA分子的剪接，导致*SMN1*变异后得到的*SMN2*无法通过剪接产生正常的mRNA，也无法合成功能正常的蛋白质。

进行性假肥大性肌营养不良（Duchenne muscular dystrophy） 又称迪谢内肌营养不良，部分病例的变异造成了抗肌肉萎缩蛋白的RNA分子的异常剪接。

拉塞尔-西尔弗综合征（Russell-Silver/ Silver-Russell syndrome） 一种由异常的基因组印记引起的疾病。在印记的调控中扮演重要角色的“无用”DNA包括印记控制元件、启动子、长链非编码RNA，另外，“无用”RNA与表观遗传系统的协作也不可忽略。

罗伯茨综合征（Roberts Syndrome） DNA立体结构的维持需要“无用”序列的介导和帮助，如果参与该过程的必需蛋白质出现缺陷，就会引发该疾病。

面肩肱型肌肉萎缩症（facioscapulo-humeral muscular dystrophy） 由一系列“无用”DNA序列相互协作造成的疾病，最终的效应是导致一段逆基因序列的异常表达。

普拉德-威利综合征（Prader-Willi syndrome） 一种由异常的基因组印记引起的疾病。在印记调控中扮演重要角色的“无用”DNA包括印记控制元件、启动子、长链非编码RNA，另外，“无用”RNA与表观遗传系统的协作也不可忽略。

前脑无裂畸形（holoprosencephaly） 部分病例是由形态发生素基因的某个增强子发生变异造成的。

强直性肌营养不良（myotonic dystrophy） 原因是在某个基因末端的非编码序列内，“CTG”序列发生了异常的重复扩增。变异的基因可以被转录成RNA，但过长的尾部截留了过多的RNA结合蛋白，导致大量其他的mRNA分子无法得到正确的调控。

软骨毛发发育不全（cartilage hair hypoplasia） 由发生在长链非编码RNA上的变异波及内含的小RNA引起。

神经病理性疼痛（neuropathic pain） 可能涉及一种长链非编码RNA的过量表达，这种RNA分子与调节另一种在病理性疼痛中发挥关键作用的离子通道的表达有关。

视网膜色素变性（retinitis pigmentosa） 部分病例是由一种蛋白质的功能缺陷导致的，这种蛋白质是细胞执行正常的剪接功能以及移除mRNA内的“无用”序列所必需的。

特发性肺纤维化（idiopathic pulmonary fibrosis） 可能与多种基因的变异有关，但这些基因都与维持端粒的长度有关，端粒指的是每条染色体末端的垃圾序列。

特纳综合征（Turner syndrome） 发生在只含有一条X染色体的女性身上，由X染色体在配子细胞中的不均匀分配引起，染色体的分离需要依靠一种名叫着丝粒的“无用”序列。

天使综合征（Angelman syndrome） 一种由异常的基因组印记引起的疾病。在印记调控中扮演重要角色的“无用”DNA包括印记控制元件、启动子、长链非编码RNA，另外，“无用”RNA与表观遗传系统的协作也不可忽略。

先天性腹泻病（congenital diarrhoea disorder） 由基因内的一个剪接信号变异引起。

先天性角化不良（congenital dyskeratosis） 可能由多种基因的变异引起，但每一种都与维持端粒的长度有关。

胰腺发育不全（pancreatic agenesis） 有的病例与发生在增强子序列内的变异有关。

由脆性X染色体综合征引起的精神发育迟缓/智力低下（Fragile X syndrome of mental retardation） 原因是在某个基因开头的非编码序

列内，“CCG”序列发生了异常的重复扩增。过长的“CCG”序列导致细胞难以将该基因转录为RNA分子。

有多层菊形团的胚胎性小儿脑肿瘤（ETMR paediatric brain tumour） 由一个编码多种小RNA的基因簇的重排和复制引起。

再生障碍性贫血（aplastic anaemia） 在大约5%的病例中，引起该病的原因是维持端粒长度的关键基因发生了变异。端粒是位于每条染色体末端的“无用”序列。

早老症（Hutchinson-Gilford progeria） 又称哈-吉二氏综合征，变异造成某个基因内多出一个剪接信号位点。

译后记

接下这本书的翻译时，我不知为何生了一场病，头疼发热，咳嗽不止，所幸当时得的并不是这三年来严防死守的那种病；在翻译的收尾阶段，我又生了一场病，同样是头疼发热，但这一次病因明确，传播链清晰，还好恢复得奇快，没有耽误太多的事。

想起今年秋意渐起的某一天，骑车经过一个小学的门口，前面的一辆自行车载着祖孙二人。爷爷（姑且这么认为吧）说：“我得去做核酸检测了，你去吗？”后座上的小女孩回答：“我今天在学校做过了，不用。”那是一个非常普通的傍晚，可不知道为什么，就是这么两句稀松平常、偶然飘进耳朵里的闲聊，却一直令我莫名地印象深刻。

“核酸”大概是每个人在过去的一年里最熟悉的词了。不管从事什么职业，无论在哪个地区，应该都离不开这两个字。如果说从前的日子是围着衣食住行转，那么这两年说是围着衣食住行核酸转似乎也不为过。在此之前，我（还有很多我认识的人）大概怎么也想不到，“核酸”竟能有朝一日变成一个全民皆知的术语。因为对绝大多数的人来说，类似的东西在学完高中生物和脱离高考之后，就跟二次函数或者牛顿第二定律一样，都成了无用的知识。

其实我们每天都在和这些无用的知识打交道，只是生活总被十万火急的事情填得满满当当，让人无暇顾及。直到同样是在生活的逼迫下，你才不得不正视它们的存在。

让我印象深刻的或许正是小女孩那对答如流的模样。我想起了自己第一次能把“脱氧核糖核酸”这个拗口的名字背下来的时候，我记得书上那幅插图，记得DNA三个主要的组分，记得双螺旋的样子。那是我凭着兴趣，在课余时间自己翻看的东西。如今，每一个会说话的孩子想必都知道核酸。和大多数家长一样，他们知道核酸就是捅嗓子，知道没有核酸就哪里也去不了。他们很可能不知道核酸的全称，不清楚核酸的原理，甚至不知道核酸其实还有DNA和RNA的区别。

一个新词的意义是被赋予的，很大程度上是由人们最初接触这个词语时的情景所决定的。在过去的几年时间里，我们已经赋予核酸足够多的社会内涵，这个专业的生物化学术语已然走进千家万户的生活，成了祖孙二人放学路上日常寒暄的话题。随着疫情的阴霾渐渐散去，希望过往的喧闹和浮躁多少能留下一些反思和沉淀。

非常高兴能与中信出版社的尹涛老师再次合作。翻译这本书也让我受益良多。本书的条理非常清晰，深入浅出，很适合那些想要进一步了解基因组的功能却又对教科书犯难的读者。

祝锦杰

2022 年 12 月 31 日于杭州